湛庐CHEERS

与最聪明的人共同进化

HERE COMES EVERYBODY

当感受涌现时

The Feeling of What Happens

[葡] 安东尼奥·达马西奥 著
Antonio Damasio

周仁来 严严 等 译

中国纺织出版社有限公司

ANTONIO DAMASIO
解码人类情绪脑
开启感官新时代
安东尼奥 · 达马西奥

01 掀起情绪革命浪潮的神经科学家

安东尼奥·达马西奥是公认的神经科学思想领袖，他是美国南加州大学神经科学、心理学和哲学教授，也是美国艺术与科学学院、美国国家医学院、欧洲科学与艺术学院院士。

长期以来，人们普遍认为情绪会扰乱一个人的推理和决策：古代的哲学家大都认为情绪是理性思考的杂音，是一种多余的心理能力；早期经典决策理论的假定也与之相似，认为人们所做出的决策是完全理性的；20 世纪认知科学的兴起更是让科学家们把注意力放在了认知模型和推理过程上。

然而，既是临床医生又是神经科学家的达马西奥通过研究得出了截然不同的结论，他认为人类的理性决策离不开对身体情绪状态的感受。这一论断简单却有力，从根本上颠覆了支配西方几百年的身心二元论。

他在首部著作《笛卡尔的错误》中对此做了详细讨论。由于书名较为尖锐，达马西奥原本只是希望可以安静地陈述观点，只要不被人轰下台就好。但意想不到的是，这本书受到了众多读者的支持和欢迎，已被翻译成 20 多种语言，畅销全球 30 多个国家。达马西奥带来的情感革命浪潮，也使得心理学、神经科学、经济学、哲学、社会学、管理学、政治科学等众多学科的关注点发生了转变。

02 解密科学史上最经典案例的模范夫妻档

达马西奥的妻子汉娜·达马西奥也是一位杰出的神经科学家，她在脑成像和损伤分析领域建树颇丰。两人携手走过了 50 多年的科研之路，堪称科研界的模范夫妻档，他们曾经模拟出了神经科学史上最有名的病人之一盖奇的受伤场景。

当年，25 岁的盖奇在美国佛蒙特州铁路工地工作时发生意外，一根铁棍从他的颧骨下方刺入，又扎穿了他的眉骨，穿透头颅，但他却在严重的脑损伤后奇迹般地存活了 13 年。更为引人注目的是，盖奇在经历了脑损伤以后，脾气秉性和为人处世的风格都发生了巨大的转变，与从前判若两人。这让盖奇成

了科学界研究的热点。

达马西奥夫妇为了完成有关情绪工作的整套理论，对盖奇和其他几位额叶缺失患者进行了深入研究，试图寻找盖奇人格翻天覆地的变化的原因。最终他们得到了满意的结论，并且让这项研究登上了 1994 年的一期《科学》杂志封面。这奠定了当代认知神经科学的基础。

03 极客型资深音乐发烧友

除了研究大脑，达马西奥还爱好艺术，他平时喜欢收集自己的作品在各国的不同版本，而妻子汉娜的业余爱好则是制作雕塑，两人对艺术的兴趣促使他对情绪有着比常人更深刻的理解。他与汉娜创立了大脑与创造力研究院，并在其中专门设立了音乐厅，希望通过音乐会的形式探讨情绪在艺术创作以及儿童教养方面的重要作用。

2009 年，达马西奥联手知名大提琴演奏家马友友，在美国自然历史博物馆举行了一场音乐公演。公演以达马西奥的著作《当自我来敲门》为题，演奏期间，舞台屏幕上同步呈现了炫丽的大脑成像图。

知名作曲家布鲁斯 · 阿道夫曾说：“达马西奥教授的科学著作为作曲家提供了生动的描述，进而对音乐创作带来了结构性影响，他诗性的语言也为音乐等抽象表达方式预留了必要的空间。”

04 影响力遍及全球的思想引领者

达马西奥在神经科学研究的第一线奋战了几十年，获奖无数。他提出的躯体标记假设启发了欧美诸多神经科学实验室研究人员的思路，并为理解情绪、感受和意识背后的大脑运行方式作出了重要贡献。

在神经科学领域外，他的研究成果还被其他学科的许多研究者引用，美国科学信息研究所称其为“最高被引学者”之一。他影响的学者包括诺贝尔生理学或医学奖得主大卫·休伯尔、诺贝尔经济学奖得主弗农·史密斯、著名哲学家汉斯·约阿西姆·施杜里希等。达马西奥的名字还曾被写入施杜里希所著的《世界哲学史》，成为让 20 世纪哲学思想发生转变的标志性人物。

正是这样的跨界影响使得达马西奥的作品能够长踞心理学、脑科学、哲学、社会学、国际关系与管理学等领域经典书单之中。他的新作《万物的古怪秩序》为读者提供了一种理解生命、情感和文化起源的新方法，帮助我们重新理解这个世界以及我们在其中的位置。这位享誉世界的神经科学家总能给我们带来新的惊喜。

达马西奥“情绪与人性”五部曲

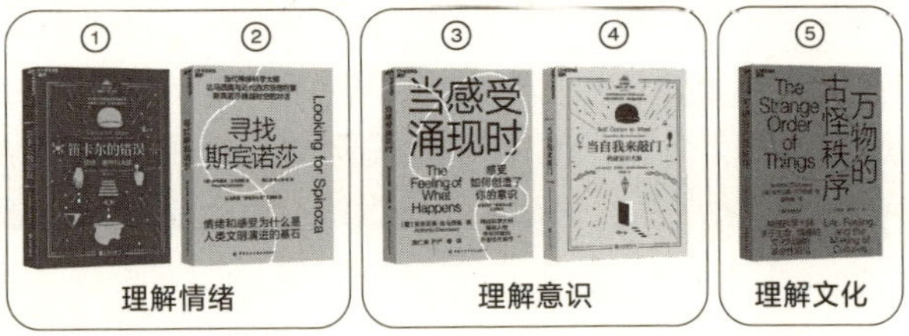

献给汉娜

For Hanna

赞誉

安东尼奥·达马西奥可能是世界上最杰出的脑功能领域神经学家。《当感受涌现时》一书是对理解意识的一次非同凡响的、雄心勃勃的尝试。

戴维·休布尔

诺贝尔生理学或医学奖得主

这是一本很了不起的书，是一部意义重大的著作。这是诗性直觉和精确调查的惊人结合。

彼得·布鲁克

著名戏剧和电影导演

达马西奥的书以一种令人信服的例证和娴熟的写作手法，首次揭示了自我的神经生物学的基础。

让-皮埃尔·尚热

法国巴斯德神经科学系名誉主席

安东尼奥·达马西奥——人类大脑研究领域中最有创造力的研习者之一，在这本书中以优美的语言描述了他对意识的双重定义……并说明了如何使意识的研究成为科学调查的对象。

埃里克·坎德尔

诺贝尔生理学或医学奖得主，《追寻记忆的痕迹》作者无须多言：阅读这本书，了解你是谁。

乔丽·格雷厄姆

著名诗人，普利策奖得主

这是近十年来关于大脑的最好的故事之一。对任何想要从神经病学家角度来研究意识这个最大未解之谜的人来说，这是一本必读书——它是意识类书籍中一项罕见的成就。

《纽约时报》

达马西奥将发育生物学、临床神经学和生理心理学融合在一起，以一种令人惊叹的原创视角带领读者探索迄今为止朦胧的意识国度。在他之前，有许多杰出而睿智的思想家也曾在那里冒险，但还没有人给出过如此令人信服的解释。

《星期日泰晤士报》（伦敦）

达马西奥令人惊叹的新书不仅为我们提供了感受状态的具身解释，而且为理解神经科学中的重要问题提出了相关建议。《当感受涌现时》的惊人大胆之处在于，它坦然地面对这些问题，并在这个过程中提供了第一个真正令人信服的对自我的神经生物学解释。

《自然》

达马西奥不仅认为人类意识是可以理解的，而且对它的工作原理提供了一个引人注目的原创解释。他的观点之所以如此引人注目，是因为这些观点并非基于理论思考，而是基于多年来对癫痫患者或因脑卒中、其他疾病或创伤而遭受脑损伤的患者的临床研究。

《时代周刊》

这是一本具有里程碑意义的书。毫无疑问，这是迄今为止关于意识和大脑主题的最好的书。这本书对于资深读者既是一个挑战，也是一份欣喜。而对于不那么资深的读者，这本书既不会让他们迷失，也不至于让他们眼花缭乱。

《意识研究杂志》

这本书清晰优美的语言、引人入胜的案例研究，以及为不同兴趣的读者生动呈现科学难题的方式，可能使它成为跨学科意识研究项目的里程碑。

《科学美国人》

安东尼奥·达马西奥是其研究领域里最重要的在世人物，是对人类高级认知理解最深刻的人。《笛卡尔的错误》和《当感受涌现时》都是必读的书籍，是心理学和神经科学的开创性经典。这两部作品都值得购买、收藏和深思，而如果你这样做了，那么将至少领先常人 10 年。

《英国皇家医学会杂志》

这是一本精彩的书，内容一点儿不少，一点儿不多。这本书观点衔接流畅，语言通俗易懂。作者在充满疑问的旅程中率先迈出了一步。这本书也许可谓人类心智观值得信赖的基石。

《商业公报》（圣保罗）

当达马西奥撰写《当感受涌现时》的时候，神经科学变得栩栩如生。世界上没有比意识的来源和运转更有趣的主题了，也很少有作家比达马西奥更有资格解释它们。

《卫报》（伦敦）

这本书给人留下深刻印象的，除了它的科学价值，还有它的清晰表达。作者擅用行话和俚语，始终尊重普通读者的需求，这使这本书成为有效科学写作的典范。

《达拉斯晨报》

达马西奥就是一个向你展示你有多么迷人的人。他不仅仅是一位有时能就晦涩难懂的话题写出轻快散文的罕见作家，在他作品所针对的领域中，他还是一位积极的、开创性的研究者。不要跳过神经解剖学课程，你会从中收获新的见解和难题。

《布鲁姆斯伯里评论》

从理性和感性走向演化理性

——序达马西奥著作五部曲中译本

汪丁丁

北京大学国家发展研究院经济学教授

大约 15 年前，我陪诺贝尔经济学奖得主弗农·史密斯（Vernon Smith）在友谊宾馆吃午餐，他来北京大学参加中国经济研究中心十周年庆典的系列演讲活动。闲聊一小时，我的印象是，给这位实验经济学家留下较深印象的脑科学家只有一位，那就是达马西奥。其实，达马西奥至少有三本畅销书令许多经济学家印象深刻，其中包括索罗斯。大约 2011 年，索罗斯想必是买了不少达马西奥的书送给他的经济学家朋友，于是达马西奥那年才会为一群经济学家演讲，并介绍自己 2010 年的新书《当自我来敲门》（*Self Comes to Mind: Constructing the Conscious Brain*，我建议的直译是“自我碰上心智：意识脑的构建”），同时主持人希望达马西奥向经济学家们介绍他此前写的另外两本畅销书，即《寻找斯宾诺莎》（2003）和《笛卡尔的错误》（1994），后者可能也是索罗斯最喜欢的书。索罗斯总共送给那位主持人三本《笛卡尔的错误》。笛卡尔是近代西方思想传统的“理性构建主义”宗师，所以哈耶克追溯“社会主义的谬误”至 360 年前的笛卡尔也不算“过火”。索罗斯喜爱达马西奥，与哈耶克批判笛卡尔的理由是同源的。

脑科学家达马西奥，在我这类经济学家的阅读范围里，可与年长五岁的脑科学家加扎尼加相提并论，都被列为“泰斗”。术业有专攻，达马西奥主要研究情感脑，而加扎尼加主要研究理性脑。“情感”这一语词在汉语里的意思包含了被感受到的情绪，“理性”这一语词在汉语里的意思远比在西方思想传统里更宽泛，王国维试图译为“理由”，梁漱溟试图译为“性理”（沿袭宋明理学和古代儒学传统），我则直接译为“情理”，以区分于西方的“理性”。标志着达马西奥的情感与理性“融合”思路的畅销书，是1999年出版的《当感受涌现时》（*The Feeling of What Happens: Body and Emotion in the Making of Consciousness*，我的直译是：“发生什么的感觉：身体与情绪生成意识”）。达马西奥融合理性与感性的思路的顶峰，或许就是他2018年出版的新书《万物的古怪秩序》（*The Strange Order of Things: Life, Feeling, and the Making of Cultures*，我的直译是：“世界的奇怪秩序：生命、感受、文化之形成”）。

在与哲学家丽贝卡·戈尔茨坦（Rebecca Goldstein，史蒂芬·平克的妻子）的一次广播对话中，达马西奥承认斯宾诺莎对他的科学研究思路有根本性的影响，甚至为了融入斯宾诺莎，他与妻子[①]专程到阿姆斯特丹去“寻找斯宾诺莎”。他在《寻找斯宾诺莎》一书的开篇就描写了这一情境：他和她，坐在斯宾诺莎故居门前，想象这位伟大高贵的思想者当时如何被逐出教门，又如何拒绝莱布尼茨亲自送来的教授聘书；想象他如何独立不羁，终日笼罩在玻璃粉尘之中打磨光学镜片，并死于肺痨。如果这两位伟大的脑科学家知道陈寅恪写于王国维墓碑上的名言——“惟此独立之精神，自由之思想，历千万祀，与天壤而同久，共三光而永光”，可能要将这一名言写在《寻找斯宾诺莎》一书的扉页。

斯宾诺莎的泛神论、斯宾诺莎的情感学说、斯宾诺莎的伦理学和政治哲学，对达马西奥产生的影响，不论怎样估计都不过分。晚年达马西

① 达马西奥的妻子名为汉娜，是《脑解剖图册》（*Human Brain Anatomy in Computerized Images*）的主编，她在脑科学领域的名望不亚于达马西奥。

奥的问题意识，很明显地从神经科学转入演化生物学和演化心理学，再转入“文化”或“广义文化”（人类以及远比人类低级的生物社会的文化）的研究领域。文化为生活提供意义，广义文化常常隐含地表达着行为对生命的意义。最原始的生命，其演化至少开始于 10 亿年前的真核细胞。达马西奥和我都相信（参阅我 2011 年出版的《行为经济学讲义》），最早的生命是“共生演化”（symbiosis）的结果。并且，我们都认为广义文化的核心意义是“合作”——我宣称行为经济学的基本问题是“合作何以可能”。达马西奥认为关于合作行为的“算法”是 10 亿年演化的产物，虽然这样的广义文化将世界表达为一套“古怪的秩序”。例如，在原核细胞的演化阶段（大约 20 亿年前），很可能“线粒体”细胞与“DNA”细胞相互吞噬的行为形成僵局，于是共生演化形成真核细胞，而这样的细胞，基于共生演化或合作，确实看起来很奇怪。他把这一猜测写在 2018 年的新书里。不过，早在 2011 年，哈佛大学诺瓦克（Nowak）小组的仿真计算表明，在几千种可能的“道德”规范当中，只有几种形成合作的规范是“演化优胜”的。

最原始的生命，例如由细胞膜围成的内环境，只要有了“内环境稳态”（homeostasis）[①]，只要在生存情境里有可能偏离这一稳态，就有试图恢复这一稳态的生命行为，不论是否表达为“情绪”、“表象”或“偏好”（喜欢与厌恶）。因此，生命行为或（由于算法）被定义为“生命”的任何种类的行为，可视为是“内平衡”维持自身的努力，物理的、化学的、神经递质的，于是，在物理现象与生命现象之间并不存在鸿沟。根据演化学说，在原始情绪与高级情感之间也不存在鸿沟。在融合思路的顶峰，达马西奥推测，从生命现象（“脑”和“心智”）涌现的意识现象，以及从意识现象（基于“自我意识”）涌现的“精神现象”，都可从上述的演化过程中得到解释。个体与环境的这种共生关系，不妨用这篇序言开篇提及的经济学家史密斯的表达，概括为“演化理性”，又称为“生态理性”。

---

① 简称为“内稳态”，正文统一使用了“内稳态”一词。——编者注

精神现象，在20世纪的“新精神运动”之前的数千年里，主要表达为“宗教”——个体生命融入更高存在的感觉以及由此而有的信仰，还有信仰外化而生的制度。在当代心理学视角下，任何生命个体都需要处理它与环境之间的关系问题。对个体而言，最广义的环境是宇宙，或称为“整全”，中国人也称为“太一”。古代以色列人禁止为“太一”命名，因为，任何“名”（可名之名，可道之道）都不可能穷尽整全，于是都算“亵渎”。最初的信仰，就是对个体生命在这一不可名、不可道的整全之内的位置的敬畏感，以及因个体和族群得以繁衍而产生的恩典感。个性弘扬，抗拒宗教对信仰的束缚，诸如路德的改革，于是个体生命可以表达与神圣“太一”合体的感受（天降大任于斯人也）。归根结底，还是个体要处理它与“整全”之间的关系问题。这套关系是连续的谱系，从低级的细胞膜行为——称为“情绪”，演化为高级的信仰行为——称为“精神”。

我认为达马西奥的这几本书，或许远比我的《行为经济学讲义》更容易读懂。众所周知，以目前中国学术界的状况，优秀译文难得。谨以此序，为湛庐在这一领域坚持不懈的努力提供道义支持。

探索情绪与感受的世界

多年以前，中国的研究者就已经听说过我所从事的研究，但这是我的重要著作首次由同一家出版机构出版，走近广大的中国读者。能拥有这次合作机会，我感到非常高兴。

这个系列一共收录了五本书，它们几乎囊括了我 25 年来的科研工作与思考。第一本是 1994 年首次出版的《笛卡尔的错误》，最新的一本是 2018 年出版的《万物的古怪秩序》。

在这两本书之间，我还出版了《当感受涌现时》（1999）、《寻找斯宾诺莎》（2003）以及《当自我来敲门》（2010）。

这几本书写了什么呢？相信读者们能很容易地发现它们的主旨：介绍人类心智，特别是心智在人体内部构建的方式。贯穿这几部作品，我秉持的基本观点也是显而易见的：假如脱离了感受，就无法思考心智；假如不考虑躯体的存在，就无法思考感受与心智。这几本书的内容各异，它们反映了多年以来我的研究方向是如何发展演变的，同时也集合了神经系统及其工作原理的新发现。除此之外，在后面几部著作中，普通生物学和哲学会占据更多的篇幅。

《笛卡尔的错误》与《当感受涌现时》所描述的是情感世界，也就是情绪与感受的世界。这两本书让情感世界得到了公正的对待，在遭遇了长达近一个世纪的忽视之后，重回主流科学之列。《笛卡尔的错误》关注情感，反对心理学和神经科学只致力于研究所谓的“高级认知”，即知觉、学习、记忆、推理与语言的观点。我在这两本早期著作中并没有忽视这些研究主题，但我明确提出了情绪与感受是心理过程不可或缺的基础。两本书首次出版的时候，正好是现代神经科学开始对情绪背后的脑机制进行解释的时候。

《寻找斯宾诺莎》歌颂了一位哲学家的思想与人生，这位哲学家重视躯体与情绪，与笛卡尔所主张的观点相对立。在这本书里，我希望向这位特立独行、未曾得到应享赞誉的思想家致敬，感谢他对英美哲学及科学做出的贡献。因此，该书具有较强的个人风格。但这本书也增进了我们有关感受区别于情绪的神经科学的理解。

《当自我来敲门》致力于探讨意识。这本书整合了《当感受涌现时》中出现的观点，意欲从生物学的角度来探讨主体性现象。但它并没有穷尽意识这一主题的所有内容，当然它也不可能做到这一点。我会在《万物的古怪秩序》以及后续的作品中继续探讨意识这个庞大的主题。

《万物的古怪秩序》的英文版副标题意为“生命、感受与文化的产生”，这本书与《笛卡尔的错误》产生了奇妙的联系。它相当直接地探讨了我在《笛卡尔的错误》中提及的问题，当时，我首次提出这些问题，很是小心谨慎。这本书也实现了我在《笛卡尔的错误》的后记中许下的诺言，讨论了生物基础对文化构建的作用。《万物的古怪秩序》明确提出生理与文化的起源有关，即便是无脑的简单生物的生理也不例外。此外，它再次证实了我长年的研究工作所得出的一种观点，即单靠神经系统是无法构建心智的，身体的神经组织与非神经组织必须紧密合作，才能构建出被我们称为“心智”的基础，这种观点也得到了越来越多的证明。

我希望我的中国读者能够拥有愉快的阅读体验。希望我在这几本书中所提出的事实与观点能激发大量的讨论，推动研究的发展，并引发更多的思考。

安东尼奥·达马西奥

测一测

关于感受，你了解多少？

扫码鉴别正版图书
获取您的专属福利

扫码获取全部测试题及答案
一起认识感受

- 以下哪一种状态中，个体可以做出走动、喝水等动作，但事后会完全遗忘？

  A. 昏迷

  B. 持续性植物状态

  C. 癫痫性自动症

  D. 失认症

- 人类因为有语言才会有意识，这是对的吗？

  A. 对

  B. 错

- 无所畏惧的人能更好地应对生活中的种种困难吗？

  A. 能

  B. 否

扫描左侧二维码查看本书更多测试题

目录

第一部分

导论

本书是关于我对意识的理解，以及它是如何在人类心智中构建的。意识的神经生物学研究至少面临着两个问题：脑中的影像是如何产生的，以及脑是如何产生影像拥有者和观察者的这种感受的？区别它们是拆分意识问题的一种方法，只有这样做，才能使全面研究意识问题变得可行。

01

走到聚光灯下

我总是会被某一特定的时刻所吸引，那就是：当我们坐在观众席上等待时，通往舞台的门被打开，演员走到聚光灯下的那个瞬间；或是换个视角，当演员在半黑暗中等待时，看到同一扇门被打开，灯光、舞台、观众出现在眼前的那个瞬间。

几年前我就意识到，无论你持何种观点，这个时刻的动人之处都来自对一个出生时刻或通过一个门槛的时刻的具象化。这个门槛后是一个具有一定保护作用的庇护所，与未来世界的可能性和风险隔离开来。然而，当我准备介绍本书时，当我反思我所写的东西时，我意识到走到聚光灯下也是一种有力的隐喻，它暗示了意识、知晓心（knowing mind）的诞生、简单却重要的自我感在精神世界中的产生。我们如何走到意识的聚光灯下正是本书的主题。我谈到了自我感，以及从无知和纯真到知晓和自我的转变，尤其对使这种关键转变得以产生的生物环境进行了思考。

人类心智的任何方面都不易研究，对希望理解心智的生物学基础的人来说，意识通常被认为是最重要的问题，尽管研究者们对于这个问题的定义各不相同。如果说对心智问题的阐明是生命科学最后的边界，那么意识更像是其中的最后一个谜团，而有些人认为心智问题是不可解决的。

然而，很难再想到一个比阐明心智问题更有诱惑力的难题，值得我们去反思和探索。一般来说，心智问题，特别是意识问题，会让人类拼尽全力为其探索。这源自人类本性中的求知欲和对奇迹的渴望；亚里士多德将其看作人类的独特之处。还有什么比知晓我们是如何知晓更难的呢？正是由于我们有了意识，我们才有可能且不可避免地认识到意识问题，而又有什么比意识到这一点更令人头晕目眩的呢？

尽管我并未将意识视为生物进化的顶峰，但我将其视为生命漫长历史中的一个转折点。甚至当我们查看字典中对“意识”一词那简单而标准的释义——有机体对自身和周围环境的一种觉察时，我们都能轻易想象到意识是如何开启了人类进化的道路，使其通向了一个新的造物秩序：道德、宗教、社会和政治组织、艺术、科学和技术。如果没有意识，这些是不可能出现的。也许更令人信服的是，意识具有重要的生物功能。它使我们知晓到悲伤或快乐、苦难或幸福，感受到尴尬或骄傲，哀悼失去的爱或生命。无论是个人体验到还是观察到的，痛苦和欲望都是意识的副产品。如果没有意识，我们就不会知晓这些个人状态。不要因为夏娃的“知晓”而去责备她；责怪意识，但也要感谢意识。

当我在斯德哥尔摩的市中心写下这些思考时，我望向窗外，看到一位虚弱的老人正朝一艘即将起航的渡轮走去。时间紧迫，但他的步伐却很慢。他因关节炎疼痛而步履蹒跚。他的头发花白，外套破旧不堪。雨下个不停，而风吹得他微微弯腰，就像旷野上一棵孤独的树。他终于走到了渡轮旁，艰难地攀爬上踏板的高台阶，然后开始往下走到甲板上。因为害怕从斜坡上滚下去，他环视左右，检查所处的环境以保证安全。他的整个躯体似乎在说：“是这儿吗？我在正确的地方吗？我接下来要去哪儿？”甲板上的两位男士随后帮助他平稳地下了最后几级台阶，搀扶着他进入了船舱。他似乎已经安全抵达了他的目的地。我不再担心，渡轮也起航了。

现在发散你的思维，想象一下：如果没有意识，那么老人的不便之处，或者说屈辱，就不会被他自己知晓到；如果没有意识，甲板上的两个人就不会因为同情而去帮助老人；如果没有意识，我可能根本不会去担心老人，也不会想到也许有一天我会和他一样，带着同样的痛苦、犹豫和不适走在路上。在这个场景中，意识放大了这些感受在这些人心智中的影响。

事实上，意识是人生得以审视的关键，无论结果是福还是祸。它让我们开始觉知饥饿、口渴、性、眼泪、大笑、拳打脚踢、我们称为思想的表象流动、感受、文字、故事、信仰，以及音乐和诗歌、幸福和狂喜。在最简单、最基本的层面上，意识让我们认识到一种不可抗拒的活下去的冲动，并发展出对自我的关注；在最复杂、最精细的层面上，意识帮助我们去发展对他人的关注，提高生命的艺术性。

意识游离

32 年前，在一间奇怪的、圆形的、漆成灰色的检查室里，一个男人坐在我对面。在我们轻声交谈的时候，午后的阳光透过天窗照在我们身上。突然，那人在说到一半时停住了，脸上失去了生气，嘴唇仿佛凝固了，但却依然张开着，目光空洞地盯着我身后墙上的某个点。他一动不动地待了几秒钟，连我叫他的名字也没有反应。然后他开始稍微移动了一下，撇了撇嘴，两眼转向我们之间的桌子，似乎是看向桌上的那杯咖啡和装着花的小金属瓶。他一定是看向那杯咖啡，因为他端起杯子喝了起来。我一遍又一遍地和他说话，但他没有回答。他碰了碰花瓶。我问他发生了什么事。他依旧没有回答，脸上没有任何表情，连看都没有看我一眼。忽然，他抬起脚。我有些紧张，不知道接下来会发生什么。我叫他的名字，他也没有反应。这种状态什么时候才会结束呢？他转过身来，慢慢地向门口走去。我连忙起身又叫了一遍他的名字。他停了下来，看向我，脸上恢复了一些表情，显得很困惑。我又叫了他一声，他困惑地问我："怎么了？"

就在刚刚过去的这段时间，这个人的意识受到了损害。时间虽短，但对于我似乎过了几个世纪。从神经病学上来说，他先是失神发作，接着是自动症。这是癫痫的两种表现，而癫痫由脑功能障碍所致。这不是我第一次接触到意识受损的患者，却是至今为止最令我感兴趣的一次。我知道从第一人称视角看，自发地进入无知觉的状态，然后回归意识状态是什么样的。我在孩提时期，曾经在一次事故中失去过意识；我在青少年时期，经历过一次全身麻醉。我也曾见过昏迷的患者，从第三人称的视角观察到无意识状态是什么样子的。然而，在所有这些例子中，如同入睡或醒来时一样，意识彻底丧失了，就像机器完全断电一样。但那天下午，我在那间灰色的圆形房间里所看到的情景远比这更令人惊讶。那人并没有昏倒在地板上，也没有睡着。他既在那儿又不在那儿，肯定是醒着的，有部分注意，也确定有行为。他的躯体在那儿，但人却不能自主、意识游离了。

这段情节一直萦绕在我的脑海中，而我觉得自己能够解释它意义的那天真是美好的一天。有件事我那时并没有想到，但我现在想到了，那就是我目睹了一个人从完全清醒状态到失去自我感的剧变。在意识受损期间，这个男人的觉醒状态、注意物体的基本能力以及空间导航的能力都还在。就他周围的事物而言，他心理过程的本质也许仍在，但是他的自我感和知晓感却已经丧失。我有关意识的概念可能就是从那天开始不知不觉形成的。我认为，自我感是意识中不可或缺的一部分。在见证了类似的案例后，我对这个观点更加确信了。

多年以来，我一直对意识问题保持着兴趣，既被意识带来的科学挑战所吸引，又憎恶意识受损在神经系统疾病方面给人类造成的后果，但我仍然和意识问题保持着距离。如果让我选择的话，我宁愿不去观察那些由于脑损伤而导致意识彻底受损所引起的昏迷，或是持续性植物状态。没有什么比看到一个人还活着，意识却突然强制消失更让人难过的了，也没有什么比去向患者家属解释这一情况更让人痛苦的了。一个人如何能够看着另一个人的眼睛，然后告诉对方，这种持续终生的安静状态也许看起来像睡着了，但却不是睡着了，告诉对方这种休息方式没有任何有益之处，告诉对方曾经有知觉的人可能永远也不会恢复知觉？但是，即使我作为一个神经病学家的生活没有让我对意识保持警惕，我作为一个神经科学家的生活也可能确保了我没有触及这个问题。① 在你获得终身教职之前，研究意识根本不是一件简单的事情；即使是在你获得终身教职后，人们也会以怀疑的眼光去看待研究意识这件事。近几年，意识才成为科学探究中比较安全的主题[1]。②

尽管如此，我最终转向意识研究的原因与意识研究的社会学几乎没有关系。直到我陷入绝境前，我都没有打算去研究意识。这一绝境与我在情绪研究方面的工作有关，而这意味着我可以将这个结果归咎于灵魂的激情[2]。

情况是这样的：我能很好地理解不同的情绪是如何在脑中被激发，并在躯体的剧场中上演的。我也能够想象情绪的激发和随之而来的躯体变化（这种变化在很大程度上构成了一种情绪状态），如何在一些适合映射这种变化的脑结构中被标记出来，从而构成情绪感受的基础。但对我而言，我无法理解脑的感受基质是如何被有情绪的有机体所知晓的。我无法想到一个令人满意的解释，来回答被我们这些有意识的生物称为“感受”的东西是如何被有感受的有机体所知晓的。通过哪种额外的机制可以使我们每个人都知晓发生在有机体内的感受？当我们知晓自己感受到一种情绪或疼痛时，或者当我们知晓一切时，在机体内，尤其是脑里还会发生什么？我遇到过意识障碍。具体来说，我遇到过自我的障碍，因为要使构成情绪感受的信号被拥有情绪的有机体所知晓，像自我感这样的东西是需要的。

---

① 作者既是神经病学家也是神经科学家，这里表现了两种职业的关注点差异。——编者注

② 正文中以数字上标提示此内容有更多注释说明或相关参考文献。考虑到环保因素，我们为本书制作了电子版的注释与参考文献。如有需要，请查看全书最后的“本书阅读资料包”页，扫描下方二维码获取。——编者注

在我看来，克服自我障碍，也就是理解自我的神经基础，可能有助于理解以下三种截然不同但又紧密相关的现象的生物学影响：情绪、情绪的感受、对情绪感受的知晓。同样重要的是，克服自我障碍可能也有助于阐明普遍意义下意识的神经基础。

意识的问题

那么，从神经生物学的角度来看，意识的问题是什么呢？尽管我认为自我问题是阐明意识的一个关键问题，但我们需要明白，意识问题并不局限于自我问题。简言之，我认为意识问题包含两个密切相关的问题。第一个问题是理解人类有机体内部的脑如何产生我们所谓的心理模式（mental pattern，因为没有更好的术语），也就是客体（object）的表象（image）。我所说的客体是指各种各样的实体，如一个人、一个地方、一段旋律、一次牙痛、一种幸福的状态；我所说的表象是指各种感觉形式的心理模式，如一个听觉表象、一个触觉表象、一个幸福感的表象。这些表象传达了客体物理特性的各个方面，可能也传达了个体对客体可能有的好恶反应、可能为其制订的计划，或是客体间的关系网络。坦白地说，意识的第一个问题就是我们如何得到“脑中的影像”（movie-in-the-brain）的问题。前提是我们意识到，在这个粗略的比喻中，影像有许多感觉通道，就像我们的神经系统有许多感觉门户，如视觉、听觉、味觉、嗅觉、触觉、内部感觉等[①]。

从神经生物学的角度来看，解决第一个问题的关键在于发现脑是如何在它的神经元回路中生成神经模式，并设法将这些神经模式转换成构成最高层次生物现象（我称其为表象）的外显心理模式的。要解决这个问题，就必须解决感受性这个哲学问题。感受性是指在天空的湛蓝色或大提琴演奏的乐音中所发现的简单的感觉特性。因此，在影像的比喻中，表象的基本构成也组成了感受性。我认为这些特性最终会从神经

① 请参阅附录的术语表部分，了解如表象、表征和映射等术语的用法。

生物学角度得到解释，尽管目前神经生物学的解释还不完整，还存在着解释上的缺陷[3]。

现在来说意识的第二个问题。这个问题是脑如何在产生客体的心理模式的同时，在知晓活动中产生自我感的。为了帮助阐明我所说的自我和知晓活动，我建议你现在就在自己的心智中检查它们的存在。

你正看着这一页，一边阅读文本，一边理解我的话的意义。但你心智中所发生的一切远不仅仅是对文本和意义的关注。在表征印刷文字和呈现理解文本所需的概念性知识的同时，你的大脑也在呈现着其他一些东西。它们能充分证明，是你，而不是其他人，此时此刻正在阅读和理解文本内容。你从外部知觉到的感觉表象和你回忆起的相关表象，占据了你心智的大部分空间，但并非全部。除了这些表象之外，还有另一种存在，它意味着你对事物表象而言是观察者、拥有者、潜在行动者。你存在于你和某个客体间的特殊关系中。如果没有这种存在，你的思想如何属于你？谁能证明它们属于你？这种存在是缄默而又微妙的。用T. S. 艾略特的话来说，有时它不过是“半信半疑的暗示”、一个“半懂的礼物”。随后我将提出，这种存在最简单的形式也是一种表象。实际上，它正是构成感受的那种表象。从这个角度看，你的存在是当你本身被理解某物的行为所改变时发生的感受。从醒来的那一刻到开始睡觉的那一刻，你的存在永远不会消失。存在必须在那里，否则就没有你。

解决意识的第二个问题需要理解当我写作时，我是如何有“我”的意识，当你阅读时，你是如何有“你”的意识；我们是如何感觉到这个时刻，你和我在我们的心智中看到的专有知识是在一个特定的视角中形成的，是在个人的内心中形成的，而不是在某种公认的、适用于所有人的视角中形成的。解决这个问题还需要理解客体的表象以及与客体相关的关系、反应和计划的复杂模型的表象，是如何被感知为一个自动拥有者的一项确定无疑的心理属性，而且对于所有的意图和目的，这个拥有者都是一个观察者、感知者、理解者、思想者和潜在行动者。第二个问题更具吸引力，因为我们可以肯定认为有一个负责知晓的小矮人的传统观点，显然是错误的。无论是在形而上的观点中还是在脑中，都没有小矮人像观众一样坐在笛卡尔的剧场里，等待着客体进入聚光灯下[4]。换言之，要解决意识的第二个问题，就需要探明我们人类所拥有的奇特能力的生物基础。这种能力让我们不仅可以构建客体的心理表象（人物、地点、旋律的表象及其关系的心理表象，简言之，就是对有待知晓的事物在时间和空间上加以整合的心理模式），还可以构建自动且自然地传达出知晓活动中的自我感的心理模式。正如我们通常认为的那样，无论是在基本的层面还是在最复杂的层面，意识都是把客体和自我联结起来的统一的心理模式。

那么，意识的神经生物学研究至少面临着两个问题：脑中的影像是如何产生的，以及脑是如何产生影像拥有者和观察者的这种感受的。这两个问题是如此密切相关，以至于后者包含在前者之中。实际上，后一个问题是在影像内生成影像拥有者和观察者的外部形象的问题；后一个问题背后的生理机制会对第一个问题背后的生理机制产生影响。然而，尽管两个问题密切相关，但区别它们是拆分意识问题的一种方法，而且只有这样做，才能使全面研究意识问题变得可行[5]。

本书试图解决意识障碍的问题。本书中，我聚焦于自我问题，但也并没有忽视或贬低意识的“其他”问题。这一尝试是由前文所提及的情绪绝境所引起的，但它已超出了解决这一特定问题的范围。本书中我用心理术语来解释意识是什么，以及意识是如何在人类的脑中构建的。我无意宣称自己已经解决了意识问题。在现阶段的认知科学和神经科学发展史上，尽管我们取得了一些实质性的新成果，但我仍对“意识问题已经解决了”这种想法持怀疑态度。我只希望本书中提及的观点能够有助于从生物学的角度最终阐明自我的问题[6]。

本书的背景是一个正在进行的研究项目。它基于各种调查活动——对有心智和行为障碍的神经疾病患者进行长期临床观察后的反思，以及对这些障碍症的神经心理学方面的实验研究成果的反思；利用普通生物学、神经解剖学和神经生理学的证据，建立有关正常人意识过程的理论；在这些反思和相关理论的基础上，提出关于意识的神经解剖学基础的可检验性假设。

接近意识

在进一步讨论之前，有必要就如何处理我们已定义的问题谈几句。当然，如果我们的心智内容能够比现在更加丰富地叠加，那就太好了，这样我就可以以平行的方式写这本书，而你可以同时读到有关理论假设、科学方法和基础事实的内容。但我们生活在一个经典物理学的世界中，我不得不借用一下伊丽莎白时代流行的表达手法——旁白和离题。我保证简短并紧扣主题。

心智、行为和脑

意识是一种完全私密的第一人称现象，它是作为我们称为心智的私人的、第一人称过程的一部分而出现的[7]。然而，意识和心智与可以被第三者观察到的外部行为密切相关。我们都共同拥有这些现象——心智、心智中的意识和行为，而且我们都非常清楚它们是如何相互联系的，首先是因为我们会进行自我分析，其次是因为我们有分析他人的自然倾向。智慧以及人类心智和行为的科学都是建立在个体和公众之间的一种无可争议的联系之上，那就是：一方面是第一人称的心智，另一方面是第三人称的行为。幸运的是，对于我们这些希望理解心智和行为背后机制的人来说，心智和行为碰巧也与有机体的功能，特别是脑的功能密切相关[8]。自神经学家保罗·布罗卡（Paul Broca）和卡尔·韦尼克（Carl Wernicke）发现语言和左脑特定区域之间存在联系以来，心智、行为和脑之间的这种三角关系的力量在近一个半世纪以来已经变得很明显了。这种三角关系带来了一种最为恰当的发展：传统的哲学和心理学世界逐渐与生物学世界融合在一起，形成了一种奇特而富有成效的联合。例如，数门学科交叉融合，形成了我们所熟知的认知神经科学，而这门新兴的学科让我们在理解视觉、记忆和语言方面取得了新的进展。我们有充分的理由认为，学科的融合将有助于理解意识。

在过去的20年里，认知神经科学的工作取得了显著的成绩。因为用于观察脑功能和结构的新技术的发展，现在我们不仅能够将临床或实验室观察到的特定行为与对应的假定心理联系起来，还能将其与对应的脑结构或脑活动的特定指标联系起来。

我可以举几个脑指标的例子。由神经疾病所引起的局限性脑损伤区域，即我们熟知的颅内病灶，长期以来都是人们在研究心智过程的神经基础时主要关注的对象。这种损伤过去只有在尸检时才会发现，而且通常是在对患者的研究结束多年之后。这种时间上的滞后延缓了分析的进程，并使解剖学和行为之间的相关性产生了一些不确定性。然而，最近的技术发展使我们能够在进行行为或认知观察的同时，对活体患者的脑进行三维重构以分析脑损伤。重构后的图像会在计算机屏幕上显示，并且是基于对磁共振扫描获得的原始数据所进行的精细处理。这一重构技术以极高的保真度描绘了神经结构，并使我们能够在虚拟空间中而非实验台上进行仔细解剖。其进步意义在于，以这种详细且及时的方式分析病变脑区，可以检验关于脑系统如何执行特定心理功能或行为的假设。例如，我们可以假设脑系统是由4个相互连接的区域A、B、C、D组成，整个系统以一种特定的方式运作，然后我们可以预测当区域C被破坏时，会发生什么样的变化。为了检验预测的有效性，我们可以研究区域C受损的患者在执行给定任务时会有怎样的行为。顺便说一句，同样的方法也被用在另一个新兴的神经科学领域——分子神经生物学中。例如，在实验中将老鼠的某类特定基因灭活，引起损伤（用科学的术语来说就是“基因敲除”[knock-out]），然后，研究人员判定基因敲除的结果是否符合预期。[9]

新型脑指标的另外一个例子就是通过正电子发射断层显像技术（PET）或功能性磁共振成像技术（fMRI）来显示脑某个区域活动的

增多或减少。这两种扫描技术不仅可用于神经疾病患者，也可用于没有脑部疾病的人。再次强调，在执行特定的心理任务时，对特定脑区活动的预测可以用来评估假设的有效性。

其他指标包括在皮肤中测量到的电反应的变化、从头皮测量到的相关电位或磁场的变化，以及在癫痫手术中直接在脑表面测量到的电位变化。值得注意的是，在私密心智、公共行为和脑功能之间建立复杂联系的可能性并不止于这些新技术的运用。这种交叉联系可以通过由神经解剖学家、神经生理学家、神经药理学家在解剖学和神经系统功能之间建立起来的新知识来拓展，而研究个体神经元内分子事件的神经生物学家可以将其研究对象与特定基因的组成和作用联系起来。最近，在这些科学发展的基础上收集到的事实，使我们能够逐步建立起关于心智、行为与脑特定方面的更详细的理论。有机体的私密心智、有机体的公共行为和它隐藏的脑因此可以加入这种理论的冒险中，而从冒险中产生的假说可以通过实验进行检验，根据它们的优点进行判断，并随后被认可、否定或修改。（有关脑解剖和组织的基本原理，参见附录。）

对神经学和神经心理学证据的反思

神经病学的观察和神经心理学的实验揭示了许多事实，而这些事实就是本书观点的出发点。第一个事实是，意识过程的某些方面可能与特定脑区和系统的运作有关，而这为我们发现支持意识的神经结构打开了大门。这些特定的区域和系统集中在有限的脑区内，而且与记忆、语言等功能一样，未来将有关于意识的解剖学。本书的目的之一是为意识过程的某些方面提出可检验的解剖学假设。

第二个事实是，意识与觉醒状态、意识与低层次的注意，是可以区分的。这一事实基于以下证据：患者可以在没有正常意识的情况下保持觉醒和注意，例如在前面提到的圆形房间里的那个男人。在本书的第 3 章和第 4 章中，我讨论了诸如此类的患者，并考虑了他们这种情况的理论意义。

第三个事实，或许也是最能说明问题的事实是，意识和情绪是不可分离的。正如第 2、3、4 章所讨论的，通常情况下，当意识受损时，情绪也会受损。事实上，情绪和意识之间的联系以及它们和躯体之间的联系构成了本书的主题。

第四个事实是，意识不是一个整体，至少在人类身上不是。意识可以分为简单的意识和复杂的意识，而神经病学上的证据使这种分类变得清晰可见。最简单的一类意识被我称为“核心意识”（core consciousness）。它为有机体提供了此时此地的自我感。核心意识作用的范围就是此时此地，并不能照亮未来。对于过去，它只能让我们模糊地瞥见刚刚过去的一瞬间发生了什么。核心意识不能让我们知晓彼地、过去和未来会发生什么。另一类是我称为“扩展意识”（extended consciousness）的复杂意识，有许多层次和等级。它为有机体提供了复杂的自我感（依旧是一种个性，一种同一性，你或我），以及个体处于其生命中某个时间点时的地点信息；它让个体能够明显地感知到过去和未来并敏锐地意识到在其之外的世界。

简言之，核心意识是一种简单的生物学现象。它只有一个单一的组织层次，在有机体的整个生命周期内都是稳定的；它不是人类独有的，也不依赖于常规记忆、工作记忆、推理或语言。扩展意识是一种复杂的生物学现象。它有多个组织层次，在有机体的整个生命周期内不断进化。尽管我相信简单层次的扩展意识也存在于一些非人类的有机体中，但它只在人类中达到最高水平。扩展意识依赖于常规记忆和工作记忆，当它在人类中达到顶峰时，也能为语言所加强。

核心意识的超感觉是步入知晓活动的聚光灯下的第一步，但它并不能照亮整体；扩展意识的超感觉最终使生命的完整结构清晰可见。在扩展意识中，过去和可预见的未来都与此时此地被一同感知，就像我在史诗故事的宏大视角下那样被尽收眼底。

如果“核心意识是步入知晓活动的仪式”这一说法是正确的，那么“只有扩展意识才能使人类达到创造性的知晓水平”这一说法同样正确。当我们想到辉煌的意识时，当我们将意识视为人类的独特之处时，我们想到的正是处在顶峰的扩展意识。而且我们必将认识到，扩展意识并不是一种独立的意识；相反，它是建立在核心意识的基础之上的。针对神经疾病的精细手术显示：即使扩展意识受损，核心意识仍能保持完好；而从核心意识层面开始的损伤，则会摧毁包括扩展意识在内的整座意识大厦。辉煌的意识需要两种意识的有序提升，但是如果我们想要阐明这种辉煌的结合，最好先从理解更为简单、基本的核心意识开始[10]。

另外，这两种意识对应着两种自我。核心意识中出现的自我感是核心自我（core self），是一种不断地被与脑交互的客体再创造的瞬间存在。然而，我们传统的自我概念与身份的概念有关。后者对应体现个体特性的独特事实和存在方式的非瞬间集合，我称之为“自传体自我”（autographical self）。自传体自我取决于对特定情境的系统性记忆；在这些情境中，核心意识参与对有机体生命中最具稳定性特征的知晓，如谁生了你、在哪里生的，你的好恶，你对问题或冲突的常见反应，你的名字，等等。

我用“自传体记忆”来表示这种对有机体生命历程的主要方面的有序记录。自传体自我与核心自我是相互联系的。在第 6 章我将会说明前者是如何从后者中诞生的。

第五个事实是，意识经常被简单地解释为其他的认知功能，如语言、记忆、推理、注意或工作记忆。虽然这些功能对于处在顶层的扩展意识的正常运作是必要的，但对神经疾病患者的研究表明，核心意识并不需要这些功能。因此，意识的理论不应该仅仅是一个解释记忆、推理和语言如何自上而下地帮助构建脑和心智活动的理论。可以肯定的是，记忆、智能推理和语言对我所谓的自传体自我的产生和扩展意识的进程有着至关重要的作用。一些解释认为，有机体内发生的一些事件出现在自传体自我和扩展意识就位之后，但我不认为意识是以这种方式在认知过程那么高的层次、在个体生命发展进程中那么晚的阶段才产生的。我认为意识最早的形式是先于推理和解释的。换言之，它们是最终使推理和解释成为可能的生物转变的一部分。因此，意识的理论应该用于解释一种更为简单、基本的现象。这种现象接近于有机体的非意识表征（整场演出都是为了该有机体聚合而成），并为同一性和个性的后续发展提供支持。

意识的理论也不应该仅仅是一个关于脑如何处理客体表象的理论。在我看来，自然的、低层次的注意先于意识，而聚焦性注意则是在意识展开之后出现。对于意识来说，注意和拥有表象同样重要。但对意识而言，仅有注意是不够的，注意并非意识。

意识的理论不应该仅仅是一个关于脑如何产生整合而统一的心理场景的理论，尽管整合而统一的心理场景的产生是意识，尤其是最高层次的意识的一个重要方面。这些场景并不存在于真空中。我认为它们之所以被整合和统一，一是因为该有机体的独特性，二是为了该有机体自身的利益。但促成心理场景这种整合与统一的机制尚待解释。

对于解释“处于知晓客体的活动中的自我感是如何在心智中出现的”所做出的努力，我接受对“我仅仅解决了所谓的自我感问题，而忽略这一问题的剩余部分，即感受性问题”的批评。我会对这些批评做出如下回应：如果“自我感”被理解为“有自我感觉的意识”，那么所有的人类意识都必然被“自我感”所涵盖，即在我看来，没有其他种类的意识。另外我认为，我们称为自我感的生物状态和负责产生它的生物机制，很可能有助于优化对有待知晓的客体的加工——拥有自我感不仅是恰当的知晓所必需的，而且可能会影响对任何有待知晓事物的加工。换言之，引起意识第二个问题的生物过程可能在引起意识第一个问题的生物过程中起作用。当我解决了自我问题，我也就解决了关于有意识有机体的表征的感受性问题[11]。

寻找自我

我们是如何知道我们正在看一个给定的物体的？我们是如何获得对某个词的完整意义的意识的？我们是如何将知晓活动中的自我感植入心智中的？当我开始从有机体和客体这两个关键角色，以及它们在自然互动过程中的关系来看待意识问题时，我这才踏上了可能解开自我问题的道路。这里所讨论的有机体是意识发生的地方，所讨论的客体是任何在意识过程中被知晓的物体，而有机体和客体之间的关系则是我们称为意识的知识内容。从这个角度来看，意识包含构建关于以下两个事实的知识：有机体与某些客体之间存在某种关系，而在这种关系中，客体会引起有机体的变化。

这种新视角也使对意识的生物学认识成为一个可处理的问题。知识的构建过程需要脑，并且需要一定的信号特性，使脑能够借以组装神经模式并形成表象。意识产生所必需的神经模式和表象，是构成有机体与客体以及两者之间关系的代表的神经模式和表象。在这个框架下，理解意识的生物学就变成了一个发现脑如何映射两个参与者以及它们之间关系的问题。

表征客体的一般性问题并非特别神秘莫测。对知觉、学习与记忆、语言的扩展研究提供了一个关于脑如何以感觉和运动的形式去处理客体的可行想法，即关于客体的知识可以储存在记忆中，按概念或语言学形式分类，并以回忆或再认的模式提取。这些过程的神经生理学细节尚待研究，但这些问题的大致轮廓是可理解的。在我看来，神经科学一直致力于理解我视为“客体代理”（object proxy）的神经基础。在意识的关系游戏中，客体的表现形式是映射其特性的感觉皮质的神经模式。例如，在客体的视觉方面，神经模式由视觉皮质的不同区域构建，并且不止一两个，而是许多个区域以协调一致的方式运行，以视觉的形式映射客体的不同方面[12]。然而，在有机体层面，情况则完全不同。为了说明情况是如何不同，我提议做一个练习。

从书页上抬起头来，看向直接呈现在你眼前的事物，专注地观察它，然后回到书页上。当你这样做时，你视觉系统的许多区域，从视网膜到大脑皮质，都会迅速切换，从映射书页内容，到映射你面前的房间，再到映射书页内容。现在旋转 180 度，看看你身后的物体。书页内容的映射会迅速消失，使得视觉系统能够映射出你注视的新场景。这个练习说明，在很短的时间内，完全相同的脑区通过有机体不同的运动设置和感觉输入，构建了完全不同的映射。脑中多重通道的屏幕上构建的表象发生了明显的变化。

现在思考一下：当你的视觉系统在它所映射的客体的支配下尽职尽责地改变时，许多调节生命进程并包含对你躯体各方面表征进行预设映射的脑区，在它们所表征的客体种类方面并没有根本变化。躯体始终是“客体”，并将一直如此，直到死亡来临。不仅客体的种类完全相同，而且客体（躯体）上发生的变化也相当小。为什么会这样？因为只有小范围的躯体状态与生命是兼容的，而有机体从基因而言，天生就是为了维持在这个狭窄的范围内，并且被赋予了相应装置，不论面对多少艰难险阻，都要达到目的。

那么，在这种情况下，我们所拥有的是一种有趣的不对称性，它可以用下面的言语来表达：一方面，脑的一些区域可以自由地漫游在世界各地，这样就可以自由地映射有机体的基因允许其映射的任何客体。另一方面，脑其他表征有机体自身状态的部分是完全不能漫游的。它们被限制住了，只能在预设映射的范围内映射躯体。它们是躯体的忠实听众，受躯体的动态同一性支配。

造成这种不对称的原因有以下几点。第一，就其特性而言，生命体的构成和一般功能在人的一生中保持不变。第二，就其数量而言，躯体会发生持续的变化，但变化很小。它们有一个狭窄的动态范围，因为如果生命体要继续生存，躯体必须在一个有限的参数范围内运作；与外界环境相比，人体的内部状态必须相对稳定。第三，这种稳定状态是由脑控制的，控制方式是由脑通过一个精心设计的神经机制来检测躯体内部化学成分参数的最小变化，并直接或间接地发出命令，对检测到的变化进行纠正。（我将在第 5 章讨论这个系统的神经解剖学；这个系统不是由单一单元而是由许多单元组成的，其中最重要的单元位于脑干、下丘脑和基底前脑部分。）简言之，处于意识关系游戏中的有机体是我们生命的整体，可以说是我们的躯体，而且，事实证明，有机体中被称为脑的那部分在它自身之中保存着某种整体模型。这是一个奇怪的、被忽视的但值得注意的事实，也许还是关于意识可能的基础的最重要线索。

我得出的结论是，在自己脑中得到表征的有机体很可能是一个生物前身，它最终成为难以捉摸的自我感。自我的深层根源，包含个体同一性和个性在内的复杂自我，都可以在所有脑装置的集合中找到。这些装置持续、无意识地将躯体状态维持在生存所需的狭小范围和相对稳定性内，并在许多维度上持续、无意识地表征着生命体的状态。我把这些装置内的活动状态称为“原始自我”（proto-self）。它作为意识的主角出现在我们心智中，是自我层面上核心自我和自传体自我的无意识前身。

在这一点上，如果有些读者担心我正在掉入小矮人陷阱的深渊，我可以斩钉截铁地说，情况并非如此。我所谈及的“躯体在脑中的模式”完全不像旧式神经学教科书中那种死板的小矮人。它里面没有任何东西看起来像一个小矮人嵌套在一个大人内；这个模式既没“感觉到”也没“知晓到”任何东西；它不会说话，也不产生意识。相反，这个模式是一个脑装置的集合，其主要工作是对有机体的生命进行自动管理。正如我将讨论的，生命的管理是通过各种各样与生俱来的调节行为实现的，即通过诸如激素这类化学物质的分泌，以及内脏和四肢的实际活动。这些调节行为的发生取决于邻近的神经元映射所提供的信息，而这些神经元映射每时每刻都在发出关于整个有机体状态的信号。最重要的是，尽管它们的存在对于实现核心意识的机制是不可缺少的，但无论是生命的调节装置，还是躯体的映射都不能产生意识。

正如我在第5章中将讨论的，这里的关键问题是：在意识的关系中，有机体在脑中被大量而多样地表征，而这种表征与生命过程的维持有关。如果这个观点是正确的，那生命和意识，尤其是意识的自我方面，就是不可磨灭地交织在一起的。

我们为什么需要意识

如果生命和意识之间的联系令你惊讶，那么请思考以下内容：生存依赖于寻找并吸收能源，依赖于阻止各种威胁生命组织的完整性的情况发生。毫无疑问，如果没有这些行为，像我们这样的生物将无法生存，因为更新有机体的结构和维持生命所需的能源将无法被找到并为有机体所利用，更不用说避开环境中的危险。但就行为本身而言，没有表象的指引，它们就不可能带我们走远。良好的行为需要良好的表象伴随。表象让我们能够在先前可利用的行为模式中进行选择，并优化所选择行为的传递。我们或多或少可以有意识、自动地在脑海中回顾表征不同行为选择、不同场景、不同行动结果的表象。我们可以拒绝不好的选项，而选出最合适的选项。表象还能让我们产生适用于新情境的新行为，并为未来的行为制订计划。换言之，转换、组合行为和场景表象的能力，是创造力的源泉。

如果行为是生存的根本，且它们的力量与指引表象的有效性密切相关，那么一种能够最大限度地有效操纵表象，以服务于特定有机体利益的装置，将给配备该装置的有机体带来巨大的优势，使其有可能在进化中占上风。而意识正是这样一种装置。

意识所提供了具有开创性的新颖之处，即使在生命调节的内部场所与表象加工之间建立联系成为可能。换言之，使生命调节的系统（位于脑深处，如脑干、下丘脑）与表象的加工（对发生在有机体内外的物体或事件的表征）之间相连是有可能的。为什么说这确实是个优势呢？因为能否在一个复杂的环境中生存，即能否对生命调节进行有效管理，取决于是否采取了正确的行动，并且反过来又能通过有目的地预览、操作心智中的表象，以及做出最优的规划来改善行动。意识使生命进程内部生命的调节和表象的产生这两个截然不同的方面得以相互连接。

意识产生了知识，而知识的表象存在于形成它们的个体之内。通过将这种表象与有机体的整合表征联系起来，意识就通过有机体的视角对表象进行了安置，这样做使对表象的操作对有机体有利。当意识在进化中出现时，它就宣告了个体从此将有深谋远虑的能力。

意识使在心智中构建与隐藏在脑核心的调节参数相对应的部分成为可能。这让生命的冲动得以通过一种新的方式去强调它的主张，也让有机体得以通过一种新的方式去依照这种主张而行动。意识是一种成人仪式；它允许一个有机体拥有调节新陈代谢的能力、先天反射，以及被称为条件反射的学习形式，从而成为一个有思想的有机体，一种被超然于其自身之上的心理关注所塑造的有机体。斯宾诺莎说，自我保存的努力是美德首要且唯一的基础[13]。意识使这种努力成为可能。

意识的开始

一旦我能想象脑是如何把代表客体的模式和代表有机体的模式组合在一起的，我就开始考虑脑用来表征客体和有机体之间关系的机制。我特意去寻找脑是如何表征以下事实：当有机体在处理一个客体时，该客体会引起有机体的反应，并在这个过程中改变有机体的状态。在第 6、7、8 章，我会给出一个可能的解释。我认为，当有机体的表征机制表现出一种特定的缄默知识，即有机体自身的状态已被客体改变这一知识，以及当这种知识与客体的显著表征同时发生时，我们就会变得有意识。在知晓客体这一活动中的自我感是一种新知识的输入。只要实际存在的或回忆的“客体”与有机体相互作用并导致其改变，这种新知识就会在脑中不断地被创造出来。

自我感是对有机体从未提出的以下问题的第一个回答：正在展开的心理模式属于谁？答案是它们属于有机体，如原始自我所表征的那样。然后我将说明脑是如何聚集要产生这个未被索取的答案所必需的缄默知识的。然而，在这一点上，我可以说缄默知识在心理层面浮现时最简单的形式是知晓感，即感受到当有机体处理客体时会发生什么，随后关于知晓感的推论和解释才会开始出现。

奇怪的是，意识的起始是我们看、听或触摸时的感受。用更精确的言语来表达，它是伴随有机体内任何形式（视觉、听觉、触觉、内脏感觉）的表象形成的一种感受。在适当的环境中，这种感受会将这些表象标记为我们的所有物，并允许我们以适当的词语来表达所看到、听到或触摸到的表象。没有能力产生核心意识的有机体注定要不时地制造视觉、听觉或触觉的表象，但却无法意识到它们做了什么。意识从其初始时的简陋形式起就是知识，而知识与意识的相互联系不亚于济慈眼中的真与美。

应对神秘

那些研究意识问题的人对于意识是什么，以及在理解意识的生物基础的前景方面，一直缺乏共识。那些并非研究意识的学者而仅仅是日常生活中使用意识的人，则对阐明人类意识的生物学机制的后果存在一定程度的困惑，甚至是担忧。对一些非专业人士来说，意识与心智、意识与良知、意识与灵魂、意识与精神，实际上是无法区分的。对他们而言，也许也是对你而言，心智、意识、良知、灵魂和精神构成了一个巨大的将人类排除在外的陌生领域，这个领域将神秘与可解释分离，将神圣与世俗分离。以下发现不足为奇：对任何有理智的人来说，如何对待这种人类属性的崇高融合至关重要，甚至对其性质的看似不屑的描述都会令他们感到冒犯。任何一个面临死亡的人都会清晰地明白我说的是什么。也许正是死亡的不可逆性使我们的思想集中于人类精神生活的永恒之上。然而，人们不应该因为死亡而在这个问题上变得敏感。生命本身足以使我们用以下方式对待人类的心智：既因其尊严和地位而心怀敬意，又因其脆弱而心生怜悯。

不过，还有一些事情需要解释清楚。科学帮助我们辨别各种现象，并且现在科学已经可以成功地辨别出人类心智的一些组成部分。意识和良知实际上是可辨别的：意识涉及对任何归于自我的客体或行为的知晓，良知则涉及在行为或客体上发现善或恶。意识和心智也是可辨别的：意识是心智中涉及明显的自我感和知晓感的部分；心智可以是有意识的，也可以是没有意识的，正如我们在一些只有心智而没有意识的患者身上发现的那样。

在科学的发展过程中，科学对其设法辨别的现象做出了解释。例如，它设法解释了心智中大部分的陌生领域。它揭示了某些现象背后的机制；这些机制有助于创造出令人钦佩、尊重的人类心智的产物。这些可敬的产物并不会因为我们设法去解释产生它所必需的构成机制而消失。在此处，现象就是现实。换言之，人类的心智正如我们所直接感知到的。当我们解释心智的时候，我们可以保持这种现实，同时满足我们对现象背后的手法的好奇心。

另一个我必须解释清楚的问题是：揭秘意识与揭秘心智是不同的。意识是人类创造性思维不可缺少的一部分，但它不是人类心智的全部，而且，在我看来，它也不是心理复杂性的顶峰。产生意识的生物学手法会产生有力的结果，但我仍将意识视作中间阶段，而非生物发展的顶峰。伦理和法律、科学和技术、缪斯的作品和人类的仁慈，这些是我所认为的生物发展的顶峰。当然，如果没有意识在这每一项新成就的源头发挥的神奇作用，我们就不会有这些成就。然而，意识是日出，而非日中，更不是日落。理解意识对揭示宇宙的起源、生命的意义或两者可能的命运作用甚微，或者完全起不到任何作用。在揭开意识的奥秘并对一些与心智有关的奥秘有所了解之后（假设科学能够实现这两点），仍有足够的谜团留待未来的科学去研究，对自然的敬畏也足以让我们在可预见的未

“

意识是日出，而非日中，

更不是日落。

”

来保持谦恭。在考虑了意识是如何在不足两千克、我们称为脑的器官中产生之后，我们可能会更敬畏生命、更尊重人类。

隐藏与探索

有时候，我们的心智并非用来发现事实，而是用来隐藏事实的。我们把心智的一部分作为屏障，以阻止它的另一部分感知到别处发生的事情。这道屏障并不一定是刻意建立的。换言之，我们并非一直有意混淆视听，但无论是否有意，这道屏障都会隐藏事实。

这道屏障最有效地隐藏起来的东西之一就是躯体，我们自己的躯体（在此特指躯体的内部）。就像为了保持端庄而在脸上覆盖一块面纱但又没做到位那样，这道屏障从心智中移除了躯体的部分内在状态。这些内在状态构成了生命在每一天的旅途中游荡时的生命之流。

所谓情绪和感受的模糊不清、难以理解和不可捉摸，可能是这一事实的迹象。它表明了我们是如何掩盖躯体的表征，表明了有多少建立在没有躯体的客体和事件基础上的心智表象掩盖了躯体的实相，否则我们就能轻易地知道情绪和感受是与躯体有关的。有时候，我们用心智去隐藏我们存在的一部分，不让另一部分知道。

我可以将隐藏躯体描述为一种注意分散，但我必须要补充一点，这种注意分散非常具有适应性。在大多数情况下，与其把资源集中在我们的内部状态之上，倒不如把个体资源集中在描述世界问题的表象上，或者集中在这些问题的前提上，或者集中在选择这些问题的解决之道和可能结果上。然而，这种关于我们心智中现有事物的偏颇观点，是需要付出代价的。它倾向于阻止我们去感知我们称为自我的结构背后可能的起源和本质。然而，当面纱被揭开时，在人类心智所能理解的范围内，我认为我们可以在个体生命表征中感知到我们称为自我的结构的起源。

也许在没有面纱、环境相对简单的早期，在电子媒体和喷气式飞机旅行、印刷文字、城邦尚未出现之前，我们更容易得到一种更为平衡的视角。当脑在相反的方向上提供了一个不平衡的视角，向有机体内部状态的主要表征倾斜时，我们肯定更容易感知内在的生命。如果从前真是那样，或许在荷马时期和雅典时期间的某个神奇而短暂的时期，幸运的人们会瞬间感知到：所有有趣的滑稽动作都是关于生命的；在外部世界的每一个表象下，都是生命体持续存在的表象。或者，由于缺乏当前的生物学知识提供给我们的参照框架，他们可能并不会感知到那么多。尽管如此，我怀疑相比如今，我们这些未被预先提醒的人大多能更多地感知自己。我惊叹于古代的智慧，用 psyche 这个词来指代我们现在所说的心智，同时这个词也被用来指代呼吸和血液。

我认为，有机体内在状态高度受限的起伏波动，天生是由脑控制的，并在脑中不断发出信号。这种起伏波动构成了心智的背景，更具体地说，是构成了我们称为自我的那个难以捉摸的存在的基础。我还认为，那些内在的状态，即那些自然地发生在一个范围内（这个范围的两极是痛苦和愉快），由内部或外部的客体和事件造成的内在状态，无意中成了相对有机体固有价值体系而言的情境善恶的非言语能指。我怀疑，在进化的早期阶段，这些状态，包括所有我们归为情绪的状态，对于产生它们的有机体来说是完全不被知晓的。这些状态是被控制的，这就足够了；它们在内部或外部产生了一些有利的行动，或者通过使这些行动更加有利而间接地促进了这些行动的产生。但是，进行这些复杂操作的有机体对这些操作和行动的存在一无所知，因为它们甚至不知道它们自己作为个体的存在。有机体有躯体和脑，脑有躯体的表征，这确实已经足够了。生命在那里，生命的表征也在那里，但每个生命个体潜在的、正当的所有者却对生命的存在一无所知，因为大自然还没有发明一个所有者。有存在，但没有被知晓到。意识尚未形成。

意识诞生于当脑获得无须以言语叙述以下故事的能力时（我必须补充一句，这里指的是简单的能力）：一个有机体内有生命在流逝；在躯体的边界内，有生命的有机体的状态不断地被其环境中的客体或事件所改变，或者，就此而言，被思想和生命过程的内部调整所改变。当“客体可以以因果形式改变躯体状态”这个原始的故事，可以用普遍的、非言语的肢体信号叙述时，意识就出现了。外显的自我作为对一种感受的感受出现了。当这个故事第一次被叙述时，是完全自发的、未被索求的。此后，当这个故事被重复时，关于这个有机体正在经历什么的认知就会自动地作为一个从未被问过的问题的答案而出现。从那一刻起，我们开始了知晓。

我认为意识在进化中占了上风，因为知晓由情绪引起的感受对生命的艺术而言是如此不可或缺，而生命的艺术在自然史上是如此成功。但我不介意你把我的话曲解为正是因为有了意识，我们才能知晓生命。当然，这种说法在科学上是不正确的，但我喜欢。

THE FEELING OF WHAT HAPPENS

第二部分

感受和知晓

正是通过指向内心的、私密的感受，才使得那些指向外部的、公开的情绪可以开始影响心智；但是情绪全面而持久的影响需要意识，因为只有随着自我感的出现，感受才能被拥有它的人所知晓。

02

情绪和感受

再次与情绪相伴

处于任何年龄阶段、任何文化背景、任何教育水平、任何经济阶层的男男女女无一例外都会有情绪，都会留意他人的情绪，都会参与能操纵他们情绪的娱乐活动，并在很大程度上通过追求愉快的情绪和避免不愉快的情绪来调节他们的生活。乍一看，人类的情绪并没有什么特别之处，因为很明显，许多非人类的生物也有丰富的情绪；然而，情绪与只有人类才能拥有的复杂思想、价值观、原则和判断之间的联系是非常独特的。在这种联系中，我们合理地认为，人类的情绪是特殊的。人类的情绪不仅仅是性快感或对蛇的恐惧。它包括：目睹痛苦的恐惧和看到正义得到伸张时的满足感；对让娜·莫罗（Jeanne Moreau）感性的微笑或者莎士比亚诗歌中深邃美丽的文字和思想产生的喜悦；对迪特里希·费舍尔－迪斯考（Dietrich Fischer-Dieskau）用他那苍凉的声音演唱巴赫的《吾已足矣》（*Ich habe genug*），以及玛利亚·若昂·皮雷斯（Maria João Pires）演奏任何莫扎特、舒伯特的既世俗又超凡脱俗的乐段的感受；爱因斯坦在方程结构中寻求的和谐。事实上，美好的人类情绪甚至可以由廉价的音乐和电影所激发出来；这些作品的力量永远不该被低估。

上述所有引起情绪的原因，无论是引起精致的还是不那么精致的情绪，以及它们所引起的所有情绪，无论是细微的还是不那么细微的情绪，两者对人类的影响都取决于后者所引起的感受。正是通过这种指向内心的、私密的感受，才使得那些指向外部的、公开的情绪开始影响心智；但是情绪全面而持久的影响需要意识，因为只有随着自我感的出现，感受才能被拥有它的人所知晓。

有些读者可能对“感受”和“知晓到我们有感受”之间的区别感到困惑。难道感受的状态不必然意味着有感受能力的有机体完全意识到正在展开的情绪和感受吗？我想说的是，事实并非如此。一个有机体可能会以神经和心理模式来表现被我们这些有意识的生物称为感受的状态，却不知晓这种感受正在发生。这种区分很难想象。这不仅因为这两个词的传统意义会影响我们的看法，还因为我们倾向于意识到我们的感受。然而，并没有证据表明，我们意识到了所有的感受，反而有很多的证据暗示我们并没有意识到所有感受。例如，在一个给定的情境下，我们经常会很突然地意识到，我们感到焦虑或不舒服、愉快或轻松，而且很明显，我们所知晓的那种特别的感受状态，并不是在我们产生知晓的那一刻才产生的，而是在之前的某个时刻产生的。这种感受状态和引起这种感受状态的情绪都没有被意识到，然而它们已经作为生物过程展现出来了。乍一看，这些区别可能听起来是人为的，尽管我的目的不是要把简单的东西复杂化，而是要把相当复杂的东西分解成可探讨的部分。为了研究这些现象，我将处理过程分为三个连续的阶段：一种情绪状态，它可以被无意识地触发和执行；一种感受状态，它可以被无意识地表现出来；一种有意识的感受状态，即它对同时拥有情绪和感受的有机体来说是已知的。我相信，当我们试图想象人体内这一连串事件的神经基础时，这些区分是有用的。此外，我猜想，一些能表现出情绪但不可能有我们所具有的这种意识的非人类生物，完全可以形成我们称为感受的表征，而又没有知晓它们在这样做。有些人可能会觉得，也许我们应该用另一个词来说明“没有意识到的感受”，可是并没有这样一个词。那么，次优的选择就是解释我们的意思。

简言之，如果感受要超越此时此地的直接事物而影响主体，意识就必须存在。人类情绪和感受的最终结果取决于意识，这一事实的重要性还没有得到适当的重视（下文将介绍，关于情绪和感受的奇怪研究历史，可能是导致这种忽视产生的原因）。一方面，情绪很可能在意识出现之前就开始在进化中产生，并且作为我们常常没有意识地认识到的诱因的结果，出现在我们每个人身上。另一方面，感受在意识的舞台上发挥着最根本且更持久的影响。

情绪的隐性诱因和外在姿态与人类感受的内在导向和最终为人所知的状态之间的强烈对比，为我反思意识生物学提供了一个宝贵的视角。情绪和意识之间还有其他的桥梁。在本书中，我提出，正如情绪一样，意识的目的是让有机体生存下来，并且意识是扎根于身体的表征之中的。我还注意到一个有趣的神经病学事实：如果意识在核心意识正要出现时就暂停，情绪通常也会暂停。这暗示着，尽管情绪和意识是不同的现象，但它们的基础可能是有联系的。基于以上理由，在开始对意识进行直接的陈述之前，对情绪的各种特征进行讨论是很重要的。但是首先，在我概述那些反思的结果之前，我打算插入情绪科学的一段所知者甚少的题外史话，因为这段历史也许有助于解释为什么意识没有被从我现在所采纳的视角触及过。

题外史话

考虑到情绪和感受所涉及的问题的重要性，人们本以为哲学、心智科学和脑科学都已经包含对它们的研究。但令人惊讶的是，这种情况只发生在现在。尽管有大卫·休谟和他所创立的研究传统，但哲学却不相信情绪，并在很大程度上把它降级到可轻视的动物和肉体的领域。有一段时间，在探索情绪方面，科学发展得更好，但随后它也错失了从中取得重大发现的机会。

到 19 世纪末，查尔斯·达尔文、威廉·詹姆斯和西格蒙德·弗洛伊德就情绪的不同方面写了大量的文章，并在科学论述中赋予了情绪特殊的地位。然而，整个 20 世纪，直到最近，神经科学和认知科学都对情绪非常冷淡。达尔文对不同文化和不同种族的情绪表达进行了广泛的研究。尽管他认为人类的情绪是进化中较早阶段的遗迹，但他尊重这一现象的重要性。威廉·詹姆斯以他特有的清晰思路看透了这个问题，写出了一篇虽不完整但却起着奠基作用的文章。至于弗洛伊德，他发现了情绪紊乱的病理潜力，并明确地指出了它们的重要性。

达尔文、詹姆斯和弗洛伊德在脑方面的观点确实有些模糊，而与他们同时代的休林斯·杰克逊（Hughlings Jackson）的观点则比较清晰。他向可能诞生的情绪神经解剖学迈出了第一步，并提出人类的右脑很可能支配情绪，就像左脑支配语言一样。

我们有充分的理由期待，随着 20 世纪的开始，不断发展的脑科学将把情绪作为其研究日程的一部分，并解决与之相关的问题。但这种发展从未实现。更糟糕的是，达尔文关于情绪的研究从人们的视野中消失了，詹姆斯的建议遭到了不公正的攻击和草率的驳回，而弗洛伊德的影响则被转移到了别处。在 20 世纪的大部分时间里，情绪在实验室里没有得到过信任。有人说，情绪太主观了；情绪太难以捉摸、太模糊了；情绪与理性是对立的，而理性是人类最优秀的能力，被认为是完全独立于情绪的。这是对浪漫主义人性观的一种扭曲。浪漫主义将情绪置于身体中，而将理性置于脑中。20 世纪的科学将身体排除在外，将情绪重新移回脑中，但将其降到了与无人膜拜的祖先关联的低级神经层次。最后，不仅情绪是不理性的，甚至研究它也可能是不理性的。

在 20 世纪，与科学对情绪的忽视有着奇怪的相似之处的事件在同时发生。其中一个相似的事件是在脑与心智的研究中缺乏进化的视角。如果说神经科学和认知科学的发展就好像达尔文从未存在过一样，这也许有些夸张，但在 10 年之前，确实是这样的。当时，脑与心智的某些方面被讨论的方式就好像它们是根据需要，为产生某种效果而在最近才设计好的一样，有点像在一辆合适的新车上安装防抱死装置，完全不考虑心理与脑装置的可能的前身。近来这种情形正在发生显著的变化。

另一个相似的事件是对内稳态概念的漠视。内稳态指的是维持生物体内稳定状态所必需的协调的、在很大程度上自动化的生理反应。内稳态描述的是对体内温度、氧气浓度或 pH 值的自动调节。许多科学家专注于了解内稳态的神经生理学机制，理解自主神经系统（神经系统中与内稳态最直接相关的部分）的神经解剖学和神经化学机制，并阐明内分泌、免疫和神经之间的相互关系（正是它们的联合工作才产生了内稳态）。但在这些领域取得的科学进步对有关心智或脑是如何工作的主流观点几乎没什么影响。奇怪的是，情绪就是我们称为内稳态的这种调节（模式）里不可或缺的一部分。没有理解活的有机体的这方面（内容）却去讨论它们，是没有意义的，反之亦然。在本书中，我提出内稳态是解开意识的生物学机制之谜的关键（见第 5 章）。

还有一个相似的事件是在认知科学和神经科学中明显缺乏有机体的概念。心智同脑之间依然保持着模棱两可的联系，而脑始终与躯体分离，而不是被视为一个复杂的生命体的一部分。一个完整的有机体的概念（由躯体本身和神经系统组成的整体的概念），在路德维希·冯·贝塔朗菲（Ludwig von Bertalanffy）、库尔特·戈德斯坦（Kurt Goldstein）和保罗·魏斯（Paul Weiss）等思想家的著作中都有出现，但对形成心智和脑的标准概念影响不大。[1]

当然，在这泛泛的论述中也有例外。例如，杰拉尔德·埃德尔曼（Gerald Edelman）关于脑神经基础的理论建议是基于进化思维和对内稳态调节的承认；我的躯体标记假说是建立在进化、内稳态调节和有机体的概念上的。[2] 但是，认知科学和神经科学所依据的理论假设并没有充分利用组织学和进化论的观点。

近年来，神经科学和认知神经科学最终都认可了情绪。新一代的科学家正在把情绪作为首选的课题[3]。此外，假定的情绪和理性之间的对立不再被毫无异议地接受。例如，我实验室的研究表明，情绪无论好坏，都是推理和决策过程的组成部分[4]。这乍听起来可能有点违背直觉，但却有证据支持。这些发现来自一些个体研究；这些个体一直完全理性地生活着，直到他们脑的某个特定区域受到了神经损伤，导致他们失去了某些类型的情绪，并且在一个极为重要的平行发展过程中，失去了做出理性决定的能力。这些个体仍能运用理性的手段，并且仍能回想起他们有关周围世界的知识。他们处理问题的逻辑能力仍然完好无损。但是，他们做出的许多有关个人和社会的决定是非理性的，并且往往对自己和他人不利。我已经指出，这种微妙的推理机制不再受来自与情绪有关的神经系统所发出的无意识，有时甚至是有意识的信号的影响。

这种假设就是大家所熟知的躯体标记假设（somatic-marker hypothesis）。让我提出这个假设的患者的前额叶区域的一些特殊部位，尤其是脑的腹内侧区以及右侧顶叶区受到了损伤。不论是因为脑卒中或头部受伤，还是因为需要进行外科手术切除的肿瘤，这些区域的损伤总与我上述所提到的临床模式有关，即在面对风险和冲突的情况下做出有利决定的能力受到干扰，而在完全相同情况下的情绪共鸣能力有选择性地降低，但同时其余的情绪能力又得以保留。在他们的脑受损之前，这些受到影响的个体并没有表现出这种障碍。他们的家人和朋友可以感觉到（他们受伤）之前与之后的差别，并（据此）追溯（他们）神经受损的时间。

这些研究结果表明，有选择性地减少情绪和情绪过多一样，至少对理性能力有所损害。以下一点明显并不为真：理性很有可能从不借助情绪的运作状态中获益。相反，情绪很可能会有助于推理，特别是在面对涉及风险和冲突的个人事件和社会事件时。我曾经提出，特定程度的情绪加工可能会指引我们进入使理性最有效地运转的决策区域。然而，我并没有指出，情绪可以替代理性，或者情绪可以为我们做出决定。很显然，情绪的剧变会导致非理性的决定。神经病学的证据仅仅表明了情绪的有选择性缺失会是个问题。目标明确并施展得当的情绪似乎是一个支持系统。没有它，理性这栋大厦就不能正常地运转。这些结果及其解释对把情绪当作奢侈品、麻烦事或仅仅是进化的痕迹的想法提出了质疑，也使得情绪可以被视为一种生存逻辑的体现[5]。

脑所知晓的比有意识心智所揭示的要多

情绪和对情绪的感受分别是一个过程的开始和结束，但是，情绪的相对公开性和随后产生的感受的完全隐秘性都表明，在这个连续统一体上的这些机制是相当不同的。如果我们要彻底调查这些机制，那么，尊重情绪和感受之间的区别是有帮助的。我曾建议，“感受”这个术语应当作为一种对情绪的私密的、内心的体验保留下来，而“情绪”这个术语应当用来指一些反应的集合，其中许多（反应）是可以公开观察到的。实际上这意味着，即使作为一个有意识的存在，你在感知到自己的情绪状态时，尽管能够观察到自己身上的感受，却不能观察到其他人的感受。同样，也没有人能观察到你的感受，但是，引起你的感受的某些情绪却能轻易被他人观察到。

要进一步阐明我论点的话，构成情绪的基本机制并不需要意识，就算它们最终用到了意识。换言之，你可以使导致情绪表现的过程迅速出现，而不必意识到情绪的诱导物，更不用意识到导致它的那些中间过程。实际上，即使在此时此地的有限时间内出现了某种感受，有机体也可能不会知晓到它的出现。可以肯定的是，在进化的这个阶段，在我们成年生活的这个阶段，情绪发生在一种意识环境中：我们可以持续地感受到我们的情绪，并且知晓我们感受到了它们。我们的心智和行为的网络是由连续的情绪循环编织而成，紧随其后的是已知的、会产生新情绪的感受，如同一首正在演奏的复调音乐，强调和凸显了我们行为中的特定心智和行动。

尽管情绪和感受现在是一个功能连续体的组成部分，但是，如果我们想要研究它们的生物学基础并在一定程度上取得成功，那么，对这个连续体的步骤进行区分是有帮助的。此外，如先前所提到的，感受可能刚好悬在与知晓状态分离的临界点上，并且因此与意识有着某种特别的联系[6]。

为什么我如此确信情绪的生物机制不依赖于意识呢？毕竟，在我们的日常生活经验中，我们似乎经常知晓到导致某种情绪的境况。但是，经常知晓并不等同于总是知晓。有可靠的证据显示，情绪诱导具有隐蔽性。我将用一些来自我实验室的实验结果来例证这个观点。

戴维是我所记录下来的在学习和记忆方面有最严重缺陷的患者之一；他根本记不住任何新的事实。比如，他记不住任何一种新的外貌、声音、地点或词汇。结果就是，他学不会从面孔、声音或名字中认出任何一个陌生人，也记不得任何关于他在哪里遇到了这样一个人或者他和那个人之间发生了什么事的信息。戴维的问题是由脑两侧颞叶的大范围损伤所引起的，其中包括一个被称为海马的脑区（海马的完整性是产生对新事实的记忆所必需的），以及一个被称为杏仁核的脑区（这是皮质下的一组与情绪有关的核团，我接下来将会提到）。

许多年前，我听说戴维在日常生活中似乎对某些人表现出一贯的偏爱或躲避。例如，在他居住了近 20 年的熟悉环境里，如果他想要根烟或想要杯咖啡，他会频繁地选择去找一些特定的人，而有些人他则从来也没找过。当考虑到戴维完全认不得这里面的任何一个人，不知道自己是否曾经见过他们中的任何一个，以及不能说出他们当中任何一个人的名字，或即使给出了名字也不能指认出对应的人时，这些行为的一致性是耐人寻味的。这个有趣的故事会不会不仅仅是一个有趣的轶事？我决定对它进行检验，并进行实证测试。为了达到这个目的，我和我的同事丹尼尔·特拉内尔（Daniel Tranel）一起合作设计了一个在我们实验室被称为好人 / 坏人实验的测试。[7]

在一个星期的时间内，在完全可控的环境下，我们让戴维进行了三种有明显区别的人际交往。第一种交往是与那种特别令人愉快的、受人欢迎的人进行交往，并且无论戴维是否有要求，他们都会奖赏戴维（这种人就是好人）。第二种交往涉及以下一种人：他们在情绪上中立，并让戴维参加一些既不令人愉快，也不令人讨厌的活动（这种人是中立的人）。第三种交往涉及以下一种人：他们举止莽撞，对任何要求都会说不，并且让戴维参与一项即便是圣人也会感到厌倦的、非常冗长乏味的心理任务（这种人是坏人）。这一任务是延迟不匹配样本任务，最初是为了研究猴子的记忆而设计的（当然，如果你拥有猴子的心智，你可能会为此感到高兴）。

这些在不同情境下的演出被随机安排在连续的 5 天中，但总在一个特定的时段内，以便对（戴维）暴露在好人、坏人或中立人（的情境下）的全部表现进行适当的测量和比较。这场精心策划的演出需要不同的房间和一些助手；这些助手不能是同样的人，而且要分别扮演成好人、坏人和中立人。

在经历了所有交往情境后，戴维被我们要求去参加了两项不同的任务。在第一项任务中，我们要求戴维观看了 4 人一组的几组照片，这些照片包括了参与实验的 3 人中的一位的脸，接着问他："如果你需要帮助，会去找谁？"并要他进一步澄清："在这组照片中，你认为谁是你的朋友？"

戴维的表现极为惊人。当对他好的那个人的脸出现在 4 人一组的照片中时，戴维有超过 80% 的概率选出那个好人。这表明他的选择是明显地非随意的——仅凭运气，戴维会有 25% 的概率选择这 4 人中的任何一个。中立人被选中的可能性并不大于这个随机概率，而坏人基本上从不会被选中，这也是有些违反随机规律的。

在第二项任务中，戴维被要求看这 3 个人的脸，并告诉我们他对他们的了解。如往常一样，他的脑海里一片空白。戴维甚至不记得曾经遇到过他们，也回想不起任何一件与他们交往中发生的事。不用说，他不能叫出他们中任何一位的名字，不能在给出人名的情况下指认出对应的人，而当我们问他上个星期发生的事情时，他也不知道我们在说什么。但当问到这3个人中谁是他的朋友时，他总是会选好人。

这个结果表明，这件轶事很值得研究。可以肯定的是，在戴维的意识中没有任何东西能给他提供明显的理由去正确地选择好人而拒绝选择坏人。他并不知道自己为什么选择这一个而拒绝另一个；他只是这样做了。然而，他所表现出的这种没有意识的偏爱很可能与他在实验中被诱发出的情绪，以及与他在接受测验时无意识地再次唤起这些情绪的某些部分有关。戴维没有学到能够在心智中以表象的形式展开的新知识。但是，有些东西就保留在他的心智中并且能够以非表象的形式，即动作和行为的形式产生一些结果。戴维的脑可以产生与初始遭遇的情绪价值相称的行为，而这种行为是由先前的奖赏或奖赏不足所造成的。为了使这种观点更加清晰，让我来描述一下在进行好人/坏人实验的那段时间里我观察到的一件事。

当戴维被带到遭遇坏人的情境中，转进走廊，看到那个坏人正在不远处等着他时，他退缩了，停顿了片刻，然后才让自己慢慢地进入测试间。我注意到了这一点，立刻问他是否出了什么事，是否有什么我可以为他做的。但是，一如往常，他告诉我，不，一切都很好。毕竟，他脑子里什么也没有，也许只有一种孤立的、毫无缘由的情绪。我毫不怀疑，看到坏人会引起戴维短暂的情绪反应和短暂的此时此地的感受。然而，如果没有一组适当关联的表象来向他解释反应的原因，这种效应就是孤立的、不连贯的，因此也是动机不明的[8]。

我也毫不怀疑地认为，如果我们不只用一个星期而是连续几个星期来进行这项任务，戴维会利用这些消极和积极的反应来产生最适合他的有机体的行为，例如，一直选择好人而避开坏人。但我并不认为，他自己会故意地选择这样做，而是他那给定了现有设计和配置的有机体会瞄准这种行为。他会发展出一种对好人的趋向性以及对坏人的规避性，就像他在现实生活中培养出的这种偏好一样。

刚才所描述的情境允许我们得出其他一些要点。第一，戴维的核心意识未受损伤，这个问题我们将在下一章重新谈到。第二，在好人 / 坏人的实验环境下，戴维的情绪是被无意识地诱发出来的，而在其他场合，他则是有意识地产生情绪。当他不必依赖于新的记忆时，他会因为在品尝他最爱吃的一种食物或在看一个令人愉快的场景，而感到很快乐。第三，假定他的脑中一些与情绪有关的皮质及皮质下区域有显著的损伤，如腹内侧前额叶皮质、基底前脑、杏仁核，那么，很明显这些区域对于情绪或意识来说都不是不可或缺的。戴维脑中的以下结构是未受损伤的：整个脑干、下丘脑、丘脑、大部分的扣带回皮质，以及几乎所有的感觉和运动结构，我们可以将此牢记于心，以备将来参考。

让我以我们实验中的某个坏人是一位年轻、可爱又美丽的女神经心理学家这一信息，来结束这些评论。我们之所以以这种方式设计了实验，让那位女神经心理学家扮演反面的角色，是因为我们想要确定，在何种程度上戴维对有年轻漂亮的女性陪伴而表现出来的偏爱会抵消以下两项的作用：该女性令人反感的行为，以及该女性是令人厌倦的任务的执行者这个事实（戴维的确关注这类女性；有一次，我甚至还看到他抚摸帕特里夏·丘奇兰德［Patricia Churchland］的手臂并说“你是如此温柔……”）。没错，正如你所能看到的，我们这个善意的、有点反常的计划得到了回报。再多的自然美也不能补偿由坏人的行为方式和任务所带来的乏味而诱导出的那种消极情绪。

我们没有必要意识也往往意识不到情绪的诱导物，而且我们不能任意地控制情绪。你可能会发现自己处在一种悲伤或快乐的状态，并且你可能会困惑自己现在为什么会处在这种特殊的状态中。一份详细的调查也许可以揭露可能的原因，且其中的一个或另一个因素也许更有可能就是实际的原因，但你往往不能确定。实际的原因可能是某一个事件的表象；这种表象有可能被意识到，但因为你正在注意其他的表象而没有注意到它，因而它没有被意识到。或者根本就没有表象，你的情绪仅仅源于你内环境中一个化学成分的短暂变化，而这种变化是由你的健康状态、饮食、气候、激素周期、某天的运动量，甚或你为某事而产生的担忧等因素引起的。这种变化足以引起一些反应并改变你的身体状态，但它不像一个人或一种关系那样是可以想象的，例如，它不会产生一种在你的心智中能够知晓到的感觉模式。换言之，诱发情绪并导致了随之而来的感受的这些表征是不需要被注意到的，不管它们表示的是有机体外部的某事还是内部唤起的某事。不论是内部还是外部的表征，都能在意识检测的背面发生，且仍能诱发情绪反应。情绪能以一种无意识的方式被诱导出来，因此在有意识的自我看来似乎没有动机。

一个将要成为诱导物的表象是否该被允许作为我们思想中的一个目标保留下来，对此我们可以进行部分的控制。（如果你是个天主教徒，你就会非常清楚我的意思。同样，如果你在演员工作室工作过，你也会明白。）我们可能无法在这项任务中获得成功，但消除或者保留这个诱导物的工作肯定会发生在意识中。我们也能部分地控制一些情绪的表达，如压抑怒气、掩盖悲伤，但我们中的大多数人并不是非常擅长于此，这也是我们花那么多钱去看那些善于控制情绪表达的好演员（以及会把钱花在打扑克上）的原因之一。但是，一旦形成了某种特殊的感觉表征，不管它实际上是否是我们有意识的思想流中的一部分，我们对于诱发情绪的机制就没多少控制权了。如果心理和生理环境适当，情绪就会接踵而来。情绪触发的无意识性也解释了为什么情绪不容易被任意地模仿。正如我在《笛卡尔的错误》中解释的那样，源于愉快的自发的微笑或者由悲伤引起的自发的哭泣，是在扣带回脑区的控制下由位于脑干深处的脑结构来执行的。我们没有办法对这些脑区的神经过程进行直接的任意控制。偶尔故意地模仿情绪表现，很容易被察觉是假的，不论是面部肌肉的形态还是声音的语调，总是有些方面会露出马脚。这种事态的结果就是，在我们这些不是演员的大多数人当中，情绪是一个相当好的指标，用于表明环境如何有益于我们的健康，或者至少（说明）它对于我们的心智有多大的帮助。

我们在停止一种情绪上的效率大概与我们在阻止打喷嚏上的效率一样。我们可以试着阻止某种情绪的表达，但只会部分成功，不会完全成功。我们中的一些人在特定的文化影响下，变得很擅长于此，但实际上我们所获得的是掩饰情绪的某些外在表现的能力，而非阻止发生在内脏和内环境中的那些自动变化的能力。想想你上次在公众场合被感动到并试图掩饰这种感动之情的结果。如果你单独和葛洛丽亚·斯旺森（Gloria Swanson）一起在黑暗中看电影，你有可能侥幸控制住你的情绪，但是，当你为一位死去的朋友念悼词时，却不能做到这一点——你的声音就会出卖你的情绪。

有人曾告诉我，感受发生在情绪之后这种观点不可能是正确的，因为人可以对情绪进行压抑并仍产生感受。当然，这个人的观点是不正确的。我们只能部分抑制我们的面部表情。我们可以训练我们的情绪，却不能完全地压抑住它们，我们内心的感受就是我们没能成功地压抑住情绪的证据。

有关控制无法控制的事情的题外话

我们对内环境和内脏的控制非常有限，对此的一个例外是呼吸控制。要进行这种控制，我们就需要采取一些随意行动，因为自主呼吸与演讲和唱歌时随意控制发声使用的是相同的结构。你可以学会在水下游泳，在越来越长的时间里屏住呼吸，但这仍然是有极限的；这种极限是奥林匹克冠军也不能超越的，是保证存活的必要条件。歌剧演唱家面临相似的障碍。哪位男高音不想在高音 C 上坚持得更久一些，从而发出像女高音一样的音呢？但是，再多的喉部和腹隔膜训练也不会让男高音或女高音跨越这种障碍。通过像生物反馈这样的过程对血压和心率进行的间接控制也是一个例外。但是，一般来说，对自主神经功能的随意控制是比较有限的。

但是，我可以报道一个戏剧性的例外。数年前杰出的钢琴家玛利亚·若昂·皮雷斯告诉了我们以下一种体验：当她在完全控制自己意志的情况下进行演奏时，她既可以减少情绪在她身体中的流动，又可以使之畅通无阻。我和我的妻子汉娜都认为，这是一种相当惊人的浪漫想法。但玛利亚·若昂坚持认为她可以做到，而我们却拒绝相信她的话。最后，我们在实验室中对这一体验进行了验证。我们通过导线将玛利亚·若昂连接到复杂的心理生理仪上，同时，她在以下两种情况下听我们选的短音乐片段：允许情绪出现，或对情绪进行随意的抑制。当时，她演奏的肖邦小夜曲刚刚发布。我们用她演奏的一部分和丹尼尔·巴伦博伊姆（Daniel Barenboim）演奏的一部分作为刺激。在允许情绪出现的情况下，她的皮肤电传导记录充满了波峰和波谷，很有趣地和乐章中的各段联系起来。接着，在情绪抑制的情况下，令人难以置信的事情发生了。她确实可以随意地使她的皮肤电传导图变得平缓，并且改变心率。她的行为也发生了变化。背景情绪的轮廓被重新排列，其中一些特殊的情绪性行为被消除了，例如，头部和面部肌肉的运动更少了。我们的同事安托万·比查拉（Antoine Bechara）完全不相信，于是又重复了整个实验，想知道这是否可能是一种习惯化的人为产物，可她又一次做到了。所以，毕竟还是有些例外有待发现。也许这种例外在那些毕生工作就是通过情绪创造奇迹的人身上发生得更多。

什么是情绪

谈到“情绪”一词，通常我们会想到以下 6 种所谓的原始或普遍情绪之一：快乐、悲伤、恐惧、愤怒、惊讶或厌恶。将这些基本情绪纳入考虑，会使对“什么是情绪”这个问题的讨论更容易些，但值得注意的是，还有许多其他的行为也被贴上了“情绪”这个标签。它们包括所谓的次级情绪或社会情绪，如尴尬、嫉妒、内疚或骄傲等；还有些被我称为背景情绪，如幸福或不安、平静或紧张。“情绪”这个标签也被贴在内驱力与动机，以及痛苦与愉快的状态上[9]。

在所有这些现象之下有一个共同的生物学核心，可以概述如下：

1. 情绪是集复杂的化学反应和神经反应于一体的一种模式；所有的情绪都要发挥某种调节作用，以这样或那样的方式引导有机体创造有利于表现这种现象的环境；情绪关乎一个有机体的生命；该有机体的躯体是很精密的，其作用就是帮助有机体维持生命。
2. 尽管学习和文化会改变情绪的表达并赋予情绪以新的意义，但情绪仍是生物学决定的过程。它取决于与生俱来的脑装置，并由漫长的进化史所奠定。
3. 这些产生情绪的装置占据着皮质下区域中一个相当有限的区域，从脑干的层级起上至更高级的脑区；这些装置是一组调节和表征身体状态的脑结构的一部分，这将在第5章讨论。
4. 所有的装置都能自动地运转起来，无须有意识的深思熟虑；相当数量的个体差异和文化在情绪的某些诱因中起了作用这个事实，并不否定情绪的刻板性、自动性和调节作用。
5. 所有情绪都把躯体作为它们的舞台（内环境、内脏、前庭和肌肉骨骼系统），但是，情绪也影响着无数脑回路的运转模式：多样的情绪反应是躯体和脑发生深刻变化的原因。所有这些变化的集合构成了最终形成情绪感受的神经模式的基础。

在这点上，我们需要有一个关于背景情绪的专门词语，因为标签和概念并不是传统上对情绪讨论的一部分。当我们感到一个人是“紧张的”或“急躁的”、“气馁的”或“热情的”、“沮丧的”或“开心的”，却说不出任何一个能够解释这些可能状态的词语时，那么，我们就是正在察觉到背景情绪。我们是通过身体姿势的一些微妙细节、动作的速度和轮廓、眼球运动的次数和速度的极小变化，以及面部肌肉的收缩程度，来察觉到背景情绪的。

背景情绪的诱因通常是内在的。调节生命过程本身就能引发背景情绪，但持续的心理冲突过程，不管是明显的还是隐蔽的，也能引发背景情绪，因为它们会导致内驱力和动机的持续满足或抑制。例如，背景情绪可以由长时间的身体活动所引发（从紧随着慢跑而产生的高涨情绪到无趣的、无节奏的体力劳动所导致的低落情绪），由对难以做出的决定耿耿于怀所引发（这就是哈姆雷特王子沮丧生活背后的原因之一），或者由品味对一种可能在等待着你的美妙快乐的期待所引发。简言之，由正在进行的生理过程、生物体与环境的相互作用或两者共同引起的某些内部状况引起的反应，构成了背景情绪。这些情绪可以使我们拥有诸如紧张或放松、疲劳或精神、健康或不适、期盼或担心的背景感受[10]。

在背景情绪中，这些基本的反应更接近于生命的内在核心，而它们的目标更多的是内在的而不是外在的。内部环境和内脏的轮廓在背景情绪中发挥着主导作用。尽管背景情绪没有使用可以轻易界定基本情绪和社会情绪的面部表情库，但是，背景情绪依然会丰富地体现在肌肉骨骼的变化中，例如，在微妙的身体姿势里，以及在身体动作的整体形态中[11]。

根据我的经验，背景情绪是神经系统疾病的“勇敢幸存者”。举个例子，腹内侧额叶区受到损伤的患者和杏仁核受到损伤的患者一样，都保留了背景情绪。有趣的是，正如你将在下一章发现的，当基础水平的意识，即核心意识受到损伤时，背景情绪通常也会受到损伤。

情绪的生物学功能

虽然情绪反应的确切构成和动态在每个人身上都是由一种独特的发展和环境所塑造的，但有证据表明，即便不是全部，大多数情绪反应也是在长期历史进程中进化微调的结果。情绪是生物调节装置的一部分；有了这些装置我们才能生存下来。这就是为什么达尔文能对这么多物种的情绪表达方式进行分类，并找到这些表达方式的一致性；这也是为什么在世界的不同地区和不同文化中，情绪能这么容易被识别出来。可以肯定的是，在不同的文化和个体之间，存在着不同的表达方式，诱发情绪的刺激物的确切结构也存在着差异。但就像你在地球上空飞行时所见的一样，这件事情令人惊奇的是相似性，而不是差异性。顺便说一句，正是这种相似性才使跨文化联系成为可能，并使艺术和文学、音乐和电影可以跨越国界。保罗·艾克曼（Paul Ekman）的研究为这个观点提供了大力支持。[12]

情绪的生物学功能是双重的。第一种功能是对诱导性情境做出某种特定的反应。例如，在一个动物身上，这种反应可能是跑开或静止不动，或是把敌人击败，或是参与愉快的行为。在人类中，这些反应本质上是相同的，但人们相信它们是受到更高级的理性和智慧调节的，更温和一些。情绪的第二种生物学功能是调节机体的内部状态，使之能够为某种特定的反应做好准备。举例来说，在逃跑时，给腿部的动脉提供更大的血流量，以使肌肉获得额外的氧气和葡萄糖；或者，在马上就要冻僵时，改变心跳和呼吸节奏。在以上任何一种情况下，以及在其他情况下，计划都是很精巧的，而且执行过程是极为可靠的。简言之，对于内部或外部环境中某些有明显危险或明显价值的刺激物，进化已经以情绪的形式组合出了一个与之相匹配的答案。这就是为什么尽管在不同的文化中、不同的个体身上，以及在生命发展的进程中可以发现无限的多样性，但我们仍可以在预测某些刺激物会引发某种情绪上取得一些成功。这也是为什么你可以和一个同事说“去告诉她这件事吧，她听到一定会很高兴的”。

换言之，情绪的生物“目的”是明确的，而且情绪也不是一个可有可无的奢侈品。情绪是一些奇妙的适应，是生物体通过调节而得以生存的装置中不可或缺的一部分。虽然情绪在进化中已经很古老，但它们是生命调节机制中一个相当高级的组成部分。你应该把这个组件想象成以下：夹在基本生存工具（新陈代谢调节、简单反射、动机、痛苦和愉快的生理机制）和更高级的推理装置之间，但在很大程度上仍是生命调节装置层次结构的一部分。对于不如人类复杂的物种，以及对于心不在焉的人来说，从生存的角度来看，情绪实际上产生了相当合理的行为。

从最根本上来说，情绪是内稳态调节的一部分。它会努力保持平衡以避免完整性的缺失；这种缺失是死亡的预兆或者就是死亡本身。它也会支持能量、庇护所或性满足的来源。而且，作为诸如条件作用等强大学习机制的结果，各种各样的情绪最终都有助于将内稳态调节和生存“价值”与我们自传体经验中的许多事件和对象联系起来。情绪与奖赏或惩罚、愉快或痛苦、前进或退缩、对个人有利还是不利等这些想法是分不开的。情绪不可避免地与善恶观念相连。

生命调节的基本层级，即生存工具，包括一些生物学状态。这些状态可以作为内驱力和动机而被有意识地察觉到，也可以作为痛苦和愉快的状态而被有意识地觉察到。情绪是处于更高一级、更为复杂的层级。双向箭头表明向下或向上的因果关系。比如痛苦可以诱发情绪，而一些情绪也包括一种痛苦状态（见图 2-1）。

读者可能很想知道，我为什么在一篇专注于意识问题的文章中讨论情绪的生物学作用。两者的相关性现在应该变得清晰了。情绪会自动地给有机体提供以生存为导向的行为。在能感知到情绪的有机体中，即在拥有感受的有机体中，当情绪在此时此地发生时，也会对其心智产生某种影响。但是，在具有意识的有机体中，即在能够认识到他们拥有感受的有机体中，却可以达到另一种层次的调节。意识允许感受被知晓，从而也促进了情绪内在的影响，使情绪得以通过感受的作用而渗入思维过程。最终，意识允许任何对象（情绪对象和任何其他对象）被知晓，并由此增强了有机体做出适应性反应的能力，并考虑到了有机体的需要。情绪致力于有机体的生存，意识也同样如此。

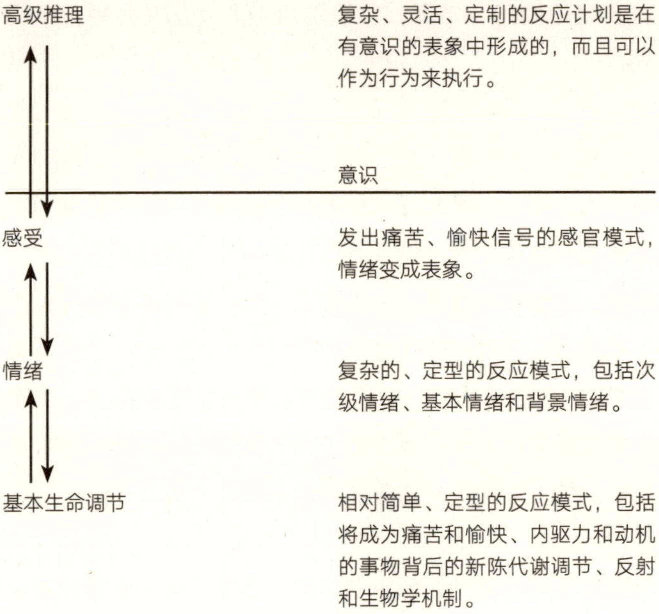

图 2-1　生命调节的层级

诱发情绪

情绪发生于以下两种情况之一：第一种情况是有机体以其某一种感觉装置对某些对象或情境进行加工时，例如，当有机体看到熟悉的面孔或地方时；第二种情况是有机体从记忆中追忆出某些对象及情境，并在思考过程中把它们以表象的形式表征出来时，例如，回忆起一位朋友的脸和她刚刚去世这个事实时。

当我们考虑情绪时，一个明显的事实就是，某些类别的对象或事件倾向于系统地与某种情绪有更多的联系，而不是与其他情绪相连。引起幸福、恐惧或悲伤的刺激倾向于在同一个个体以及有着同样社会和文化背景的个体身上表现出相当一致的效果。尽管某种情绪的表达方式可能会因人而异，尽管事实上我们可以有混合的情绪，但各类情绪诱导物与由此而引发的情绪状态之间存在着大致的对应关系。在整个进化过程中，有机体习得了对某些刺激，尤其是那些从生存的观点来看是有潜在价值或危险的刺激做出反应的手段，而这些反应的集合就是我们现在所说的情绪。

不过，这里需要注意一点。当我谈到构成特定种类情绪诱导物的刺激范围时，我实际上想要表达的就是我所说的话。我承认能引发某种情绪的刺激在类型上有相当大的变异性，既有个人之间的变异，也有文化之间的变异。我也在注意以下一个事实：不管情绪装置的生物学预设程度如何，发展和文化都对这个最终产物有很大的影响。发展和文化十有八九在这些预设装置上叠加了以下影响：第一，它们塑造了构成某一特定情绪所需的恰当的诱导物；第二，它们塑造了情绪表达的某些方面；第三，它们形成了某种情绪配置之后的认知和行为[13]。

注意到以下一点也是很重要的：虽然情绪的生物学装置在很大程度上是预先设置好的时候，但诱导物并不是该装置的一部分，而是位于装置外。引发情绪的刺激物绝不仅仅局限于那些在进化过程中帮助人们塑造情绪大脑的刺激物，也不仅仅限于那些从生命早期就能在人们的脑中引发出情绪的刺激物。随着它们的发展和相互作用，有机体获得了对环境中的不同物体和情境的事实体验和情绪体验，因而有机会能将许多情绪上中立的物体和情境与天然地被设定为会引起情绪的物体和情境联系起来。一种被称为条件作用的学习形式就是实现这种联系的一种方法。一幢与你曾在其中度过幸福童年的房子有着相似外形的新房子可能会使你感觉很好，即使你住在里面时并没有发生什么特别好的事情。同样，如果一张好看的陌生人的脸与某个人的脸很相似，而这个人与某一可怕的事件相连，那么，这可能会引起你的不适或恼怒。你有可能永远不知道这是为什么。天性并没有指定这些反应，但它的确会帮助你获得这些反应。顺便说一句，迷信就是以这种方式产生的。以下是一些关于在我们世界中的情绪分布的奥威尔式表述：所有的客体都会得到情绪的依附，但是某些客体得到的远比其他客体要多得多。相对于我们周围的世界，我们的主要生物学结构设计扭曲了我们的次级获得物。

将情绪的价值扩展到那些并没有生物学预设的载有情绪的客体上，其后果就是，可能诱发情绪的刺激物的范围是无限的。尽管一些客体和情境能比另一些引起的情绪更多，但是，大多数客体和情境会想方设法地引起某种情绪反应。这种情绪反应可能是微弱的，也可能是强烈的。好在对我们来说，这种反应经常是微弱的，但不管怎样，它仍然存在。不管是否有意识，情绪和构成其基础的生物学装置是行为必不可少的伴随物。某种水平的情绪表达是个体对自己或周围环境进行思考时所固有的伴随物。

那些在我们的发展以及随后的日常体验中无处不在的情绪，凭借着条件作用的力量把我们体验中几乎所有的客体或情境都与内稳态调节的以下基本价值联系起来：奖励或惩罚、愉快或痛苦、前进或退缩、对个人有利还是不利，以及不可避免的善（从生存的意义上说）或恶（从死亡的意义上说）。无论我们是否喜欢，这就是人类天生所具有的状况。但是，当意识发挥作用时，感受就会发挥它们最大的影响，并且个人也能够进行反思和计划。感受有一种控制情绪肆意妄为的工具，那就是理性。当然，具有讽刺意味的是，理性的产生仍然需要情绪，这就意味着理性的控制力往往是有限的。

情绪无处不在的另一个重要后果是，几乎每个表象，无论是实际上察觉到的还是回想起来的，都会伴随一些来自情绪装置的反应。我在第 6 章讨论意识产生的机制时，将会考虑这一事实的重要性。

让我以情绪诱导过程中的一个棘手方面来结束对情绪诱导物的讨论。迄今为止，我已经提到一些直接的诱导物，如雷声、蛇、愉快的记忆。但是，情绪可以被间接地诱发出来，而且这个诱导物可以用某种有点消极的方式，即通过阻断一个正在进行的情绪过程来产生它所要的结果。这里有一个例子：在食物或性对象面前时，动物会产生趋近行为，并表现出快乐情绪的特征，而阻碍它的前进并阻止它达成目标将会引起受挫感甚至愤怒，一种和快乐非常不同的情绪。愤怒的诱导物并不是对食物或性的期望，而是对能导致动物实现这种美好期望的行为的阻挠。另一个例子是突然中止某种惩罚情境，例如，中止持续的痛苦会引发出幸福感和快乐。按照亚里士多德的观点，所有好的悲剧都应该具有一种净化（宣泄）的效果，而这种效果以持续诱导出来的恐惧和怜悯状态的突然中止为基础。在亚里士多德之后很久，阿尔弗雷德·希区柯克[①]以这个简单的生物学安排为基础，成就了辉煌的事业，而好莱坞也从未停止过对它的依赖。无论我们是否喜欢，在看到珍妮特·利（Janet Leigh）[②]在淋浴时停止尖叫并安静地躺在浴缸中之后，我们都会感到非常舒畅。对于情绪，在大自然为我们准备好的环境中，我们并没有多少逃避的余地。我们任情绪来，任情绪去。

情绪的机制

从经验中你就知道，构成情绪的反应是多样化的。有些反应很容易在你自己和他人身上体现出来。想想面部肌肉所采用的那些代表快乐、悲伤或愤怒的典型结构；或者当听到坏消息时皮肤发烫的反应，又或者在某种尴尬的情况下脸红的反应；或者那些表示快乐、蔑视、悲伤或沮丧的身体姿势；或者在忧惧时出汗且湿冷的双手；或者因骄傲而急促跳动的心脏；或者在恐惧中那缓慢跳动的、近乎静止的心脏。

其他的反应是隐藏在视线之外的，但同样重要，如发生在器官中而不是血管、皮肤和心脏中的种种变化。一个例子就是激素的分泌，如皮质醇，它能改变内环境的化学成分；或肽类物质的分泌，如 β-内啡肽或催产素，它们可以改变一些脑回路的运转。另一个例子就是神经递质的释放，如单胺类神经递质、去甲肾上腺素、5-羟色胺和多巴胺。在情绪产生时，位于下丘脑、基底前脑和脑干的神经元会在某些脑区释放这些化学物质，从而暂时改变许多神经回路的工作模式。增加或减少这

① 著名电影大师，以导演悬念、惊悚片著名。——译者注

② 美国影星，曾在电影《惊魂记》（*Psycho*）中扮演淋浴时受害的女性。——译者注

些递质的释放的典型后果包括我们所感觉到的心理过程加快或减慢，更不要说感觉到遍布在心理体验中的愉快或不愉快了。这种感觉就是我们对情绪感受的一部分。

不同的情绪是由不同的脑系统产生的。就如同你能说出愤怒和喜悦的面部表情之间的区别一样，就像你能够感受到你躯体内的悲伤和快乐之间的不同一样，神经科学正在开始向我们展示，不同的脑系统是如何产生愤怒、悲伤或快乐的。

对患有神经系统疾病和局部脑损伤的患者的研究已经在这个领域获得了一些最具启发性的结果，但现在这类研究正在被对一些没有患上神经系统疾病的个体的功能性神经影像学研究所补充。我应当特别强调，在人类被试上进行的研究是可以与那些在动物领域进行相似问题的研究的研究者进行充分对话的，这是在这个研究领域出现的另一个值得欢迎的新奇事。

这些发现的本质可以总结如下：第一，脑是从数量相当少的几个脑区诱发出情绪的。这些区域大多数位于大脑皮质之下，被称为皮质下区域（见图 2-2）。主要的皮质下区域位于脑干区域、下丘脑和基底前脑内。一个例子就是被称为中脑导水管周围灰质（periaqueductal gray matter，PAG）的区域；它是情绪反应的主要协调器。中脑导水管周围灰质是通过网状结构的运动核以及颅神经核（如迷走神经核）来发挥作用的。[14] 另一个重要的皮质下区域是杏仁核。脑皮质中可以诱发情绪的区域，即皮质部位，包括前扣带回脑区和腹内侧前额叶区域。

第二，这些区域在不同程度上都参与了对不同情绪的加工。我们最近运用 PET 成像的研究表明，悲伤、愤怒、恐惧和快乐的引发和经历，会激活上述几个区域，但每种情绪对应的模式是不同的。例如，悲伤总是会激活腹内侧前额叶皮质、下丘脑和脑干，而愤怒或恐惧却既不会激活前额叶皮质，也不会激活下丘脑。脑干的激活由愤怒、恐惧和快乐这三种情绪所共享，但下丘脑和腹内侧前额叶区的强烈激活似乎是专门由悲伤所引起的。[15]

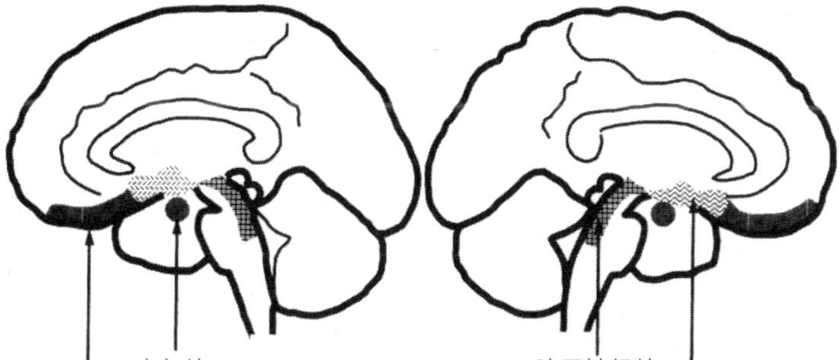

图 2-2 主要的情绪诱导部位

这 4 个部位中只有一个在脑的表面可见（腹内侧前额叶区域）。其他 3 个区域位于皮质下区域（确切位置请参见附录中的脑图 3）。它们都位于脑的中线附近。

第三，其中一些脑区还参与识别预示某些情绪的刺激物。例如，在我的实验室中进行的一系列研究表明，一种位于每侧颞叶深处的被称为杏仁核的结构，对识别面部表情中的恐惧、对恐惧做出条件反射，甚至对表达恐惧都是必不可少的。在一系列类似的工作中，约瑟夫·勒杜（Joseph LeDoux）和迈克尔·戴维斯（Michael Davis）的研究表明，杏仁核对于恐惧的调节来说是必要的，并且揭示了涉及这一过程的脑回路的细节[16]。然而，杏仁核对于再认或学习有关厌恶或快乐的情绪，兴趣不大。重要的是，其他的结构同样明确地对其他的情绪显示出兴趣，却对恐惧没有兴趣。

下面的描述很细致地说明了与情绪的产生和识别有关的脑系统。这只是几个例子中的一个；这些例子常被援引来支持以下观点：并没有一个专门的脑中心用来加工情绪，相反，对情绪进行加工的是一些与不同的情绪模式相关的分散的脑系统。

没有恐惧

大约在 10 年前，一位年轻的妇女因其脑部的 CT 扫描结果而引起了我的注意（以下我将称该女性为 S）。出乎意料的是，S 的 CT 扫描图显示，她两边的杏仁核，即分别位于左颞叶与右颞叶的杏仁核，几乎完全钙化了。这个结果令人震惊。在一张 CT 扫描图中，正常的脑是以大量的灰色像素呈现出来的；灰色的阴影明确了脑结构的轮廓。但如果有一种像钙这样的矿物质沉积在脑组织中，扫描图就会将它以一种亮奶白色呈现出来，使你不可能看不到它（见图 2-3）。

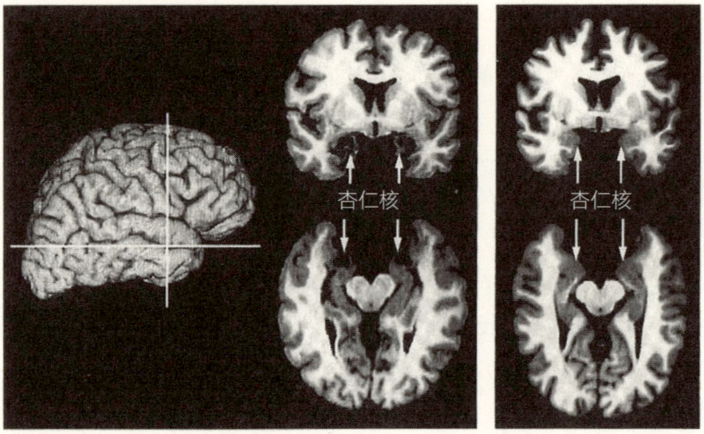

图 2-3 患者 S 的两侧都受到损伤的杏仁核（左图）和正常人的杏仁核（右图）

这些切片是沿着脑的外表面上的白线所示的两个成直角的平面获得的。箭头所指的黑色区域是被损伤的杏仁核。右边的两幅图显示了与之对照的正常脑的杏仁核。

患者 S 杏仁核周围的脑结构是完全正常的。但是大量的钙沉积物就这样位于 S 的杏仁核内，以至于很显然，S 杏仁核里的神经元很少或根本不能发挥任何正常的功能。每一个杏仁核都很像是一个十字结构。无数皮质和皮质下区域的通路以它为终点，也有许多通路从它发出，到达无数部位。这种通过大量的交叉信号通路来实施的正常操作却根本不可能发生在 S 脑的任何一侧。

S 的脑也不是最近才出现这种情况的，而我们在她脑中所看到的彻底的、有选择性的变化可能需要多年才能完成，可能在她人生的头几年就已经开始了。对于那些对这个问题背后的原因感到好奇的人，我会说，S 患有乌－韦二氏病（Urbach-Wiethe disease, 即类脂质蛋白沉积症）。这是一种罕见的常染色体隐性遗传病，其特征是皮肤和咽喉中的钙沉积异常。当脑受到钙沉积物的影响时，最常受到影响的目标结构就是杏仁核。这些患者经常会有癫痫发作，幸运的是不太严重，而一次轻微的癫痫发作正是 S 首次受到我们关注的原因。我们帮助了她，此后她再也没有发作过。

我对 S 的第一印象是，一位高挑、苗条、非常招人喜欢的年轻女性。我特别好奇地想知道她学习和记忆能力以及社交行为方面的情况。我的好奇心源于以下两方面。当时，杏仁核对学习新事实所起的作用是一个相当有争议的话题：一些研究者认为，杏仁核在获得新事实记忆的功能中是海马的一个至关重要的合作伙伴；而另一些研究者认为，它对此一点儿作用都没有。我对她的举止行为感到好奇是基于以下一个事实：从涉及非人类的灵长类动物的研究中，我们知道杏仁核在社会行为中发挥着某种作用。[17]

长话短说，我可以告诉你们，S 学习新事实的能力没有任何问题。这一点非常明显，当我仅仅是第二次遇到她时，她就清楚地认出了我，微笑着叫出了我的名字并向我打招呼。她通过一次学习就知道我是谁，我的脸长什么样，以及我的名字，在这些方面的能力都是没有缺陷的。很多心理测试都会证实这种第一印象，而直到今天，情况也没有改变。几年后，我们证明了她的学习能力在一个特定的方面有缺陷。这种缺陷与学习事实无关，而是与对不愉快刺激的条件作用有关。[18]

另外，她的社交史是与众不同的。如果要用最简单可行的术语来表达的话，我会说，S 是以一种极其积极的态度接近他人和情境的。事实上别人可能会说，她的接近有些过分而且不合时宜。S 不仅友好、开朗，而且她似乎渴望与任何一个愿意和她谈话的人进行互动。一些临床团队和研究团队的成员感到，她身上缺乏人们所期望的那种矜持和沉默。例如，在通过介绍认识了一个人之后不久，S 就不会羞于拥抱和触摸对方。毫无疑问，她的行为并不会给任何人带来不安，但这总会被视为与处于她这种境况中的患者的标准行为相去甚远。

我们后来得知，这种相同的态度弥漫在她生活的方方面面。一方面，她容易交上朋友，毫不困难地建立起浪漫的依恋关系，经常被她所信任的人利用。另一方面，她一直是一位尽职尽责的母亲，会努力遵守社会规则，而且她的努力也得到了人们的赏识。人类的天性确实是很难描述的，即使在最好的环境中和最佳的健康状况下也充满了矛盾。当我们进入疾病的领域时，要想公正地评价它几乎是不可能的。

对 S 进行的最初几年的研究得出了两个重要的结论。一方面，S 在学习事实方面没有任何困难。事实上，可以说，她的感官知觉、她的运动、她的语言和基本智力，与那些在基本能力方面完全健康的普通人没有什么不同。另一方面，她的社交行为显示出她主要的情绪基调存在持续的偏差，就仿佛诸如恐惧和愤怒之类的消极情绪已经从她的情感词汇中移除了，从而使积极情绪主导着她的生活（即便这种情绪没有变得更强烈，至少发生的频次也变得更高了）。我对此特别感兴趣，因为我已经注意到，一些患者也有着相似的模式。这些患者脑部大范围损伤，除颞叶前部两侧受损外，他们的杏仁核也受到了损伤。我们可以合理地假设，他们情感上的不平衡可以追溯到杏仁核的损伤。

当拉尔夫·阿道夫斯（Ralph Adolphs）加入我的实验室之后，所有这些推测都成了确定的事实。通过使用各种巧妙的技术对几个患者进行调查（这些患者有些是杏仁核受到损伤，有些是其他结构受到损伤），阿道夫斯得以确定，情感的不平衡主要是由一种情绪的损伤所导致的，那就是恐惧。[19]

阿道夫斯通过运用一种多维标度技术显示出：S一直不能判断出他人脸上恐惧的表情，尤其是当这种表情不明确或与其他情绪同时表达出来时。她在识别其他情绪的面部表情，如惊讶的表情时并没有这样的问题，而惊讶的表情从很多方面来讲，在一般的配置上与恐惧的表情相似。令人好奇的是，S具有非常好的绘画天赋和不错的制图技能，而尽管她能够画出表现其他情绪的脸，却画不出一张表现恐惧的脸。当她被要求模仿情绪的面部表情时，对于基本情绪，她很容易做到，但是对于恐惧她却做不到。她的尝试几乎没有使她的面部表情发生什么变化，之后她承认自己完全失败了。再一次地，她毫无困难地做出了惊讶的面部表情。此外，在一种通常会诱发恐惧的情境下，S不能像你我那样体验到恐惧。在纯粹的智力层面上，她明白恐惧应当是什么样的，什么会诱发它，甚至（明白）一个人在恐惧的状态下可能会做什么。但可以说，这种智力上的行囊在现实世界中对她起不到一点儿作用。她天性中的无所畏惧，是她两侧杏仁核受损的结果，这妨碍了她在她年轻的生命中学习那些人人都经历过的令人不愉快的情境所代表的意义。因此，她没有学会识别那些宣告着可能存在危险和不愉快的警示信号，尤其是当它们在另一个人的脸上或在某种环境下表现出来时。这在最近一项要求以人脸为基础来判断可信赖度和可接近度的研究中得到了清楚的证明。[20]

这个实验要求（被试）对100个面孔进行判断；这些面孔先前已经被正常被试评定过，而评分标示了多种程度的可信赖度和可接近度。有50张面孔被一致判断为相当令人信赖，而其余50张面孔则不是。这些面孔的选择是由被问及以下简单问题的正常人所做出的：在1～5的范围内，对于这张面孔的拥有者所引起的可信赖度和可接近度，你会打几分？或者换句话说，如果你需要帮助，你会有多想接近拥有这张特定面孔的人呢？

当我们依据46位正常人的打分情况对这100张面孔进行恰当的排序后，我们就转向了对脑损伤患者的测试。S是这项研究中杏仁核两侧都受到损伤的3位患者之一，但我们也对以下患者的表现进行了调查：

7 位左侧或右侧杏仁核受损的患者、3 位海马受损且不能学习新事实的患者，以及 10 位其他脑区受损，如位于杏仁核或海马外的脑区受损的患者。结果比我们所预期的要显著得多。

S 和那些脑两侧的杏仁核都受损的患者一样，看到你我都认为值得信赖的面孔时，会对其进行正确的归类，并且会像你我一样，把这些面孔看作是在需要的情况下人们可能会接近的面孔。但是，当他们看到你我都会觉得可疑，并尽量想躲避的面孔时，会把这些面孔判断为同样值得信赖的。而只有一侧杏仁核受损的患者、失忆症患者以及其他类型的脑损伤患者表现得和正常人一样。

对那些受影响的人来说，不能根据以往的经验对有利于及不利于其福祉的情境做出合理的社会判断，这会产生一些重要后果。这些人沉浸于一个盲目安全乐观的世界中，这不能保护他们免于简单的和不那么简单的社会风险，因此他们比我们更脆弱，且不如我们独立。他们的生活史证实了这种慢性损伤，同样地，也证实了情绪不仅对于简单生物体的支配过程来说尤为重要，对于人类的支配过程也极其重要。

情绪是怎样发挥作用的

处在某种典型的情绪中时，脑的某个区域，即一个在很大程度上预设好的、与情绪相关的神经系统的一部分，会恰当地向脑的其他区域和几乎所有的身体部位发送命令。这些命令是沿着两条路径发出的。一条路径是血流。其中，命令是以化学分子的形式发出的，而这些化学分子作用于构成身体组织的细胞中的受体。另一条路径由神经通路组成，沿着这条路径发出的命令采用电化学信号的形式。这些电化学信号作用于其他神经元、肌肉纤维或器官（如肾上腺），而它们反过来又可以把自己的化学物质释放到血流中去。

这些协调一致的化学和神经指令的结果就是，整个有机体状态的变化。接受命令的器官会随着这些命令的变化而变化，而且，无论是血管中的平滑肌还是面部的横纹肌都会按照命令来运动。但是，脑本身也发生着显著的变化。从脑干和基底前脑的神经核释放出来的诸如单胺和多肽类的物质，会改变许多其他脑回路的加工模式，激发出某些特定的行为（如亲密、玩耍、哭泣），并改变向脑传递的身体状态信号。换言之，脑和身体在很大程度上都深受这些命令的影响，尽管这些命令的起源局限于一个相对较小的脑区，而该区域会对心理过程的特定内容做出反应。现在请考虑以下一件事：除了情绪（具体描述为我刚刚概述的集合），在情绪被知晓之前还必须进行两个额外的步骤。第一个是感受，即我们刚刚讨论过的变化的表象。第二个是核心意识在一系列完整的现象中的应用。知晓到某种情绪，即感受到某种感受，只有在这两步之后才能发生。

这些事件可以通过略述整个过程中的三个关键步骤总结如下：

1. 由情绪诱导物引发的有机体的参与，例如，对某一客体的视觉加工，会导致对该客体的视觉表征。想象一下，你突然撞见了玛吉阿姨，你一直很爱她，并且很长时间没有见到她了。很可能你会立刻认出玛吉阿姨，但是，即使你没有认出来，或者在你认出她来之前，情绪的基本过程也会继续到下一步。
2. 在对客体的表象进行加工后产生的信号，会激活所有准备对该客体所属的特定类别的诱导物做出反应的神经部位。我所谈到的这些部位（如前额叶腹内侧皮质、杏仁核和脑干）都是天生就预设好了的，但是过去你和玛吉阿姨的共同经历已经对它们可能做出反应的方式，如它们做出反应的难易程度进行了调整。顺便说一句，玛吉阿姨并不是以一张签证照片的形式在你的脑中到处穿行的。她是以视觉表象形式存在的，是由早期视觉皮质的几个区域（主要在枕叶）相互作用产生的神经模式生成的。当你的脑中对玛吉阿姨感兴趣的区域对这种信号做出反应时，她的表象出现时所产生的信号就会传播到其他地方并发挥作用。

3. 作为第二步的结果，情绪诱导部位会发出一系列信号。这些信号会发送到脑的其他区域（如单胺核、体感皮质、扣带皮质）和身体（如内脏、内分泌腺），如前所述。在某些情况下，反应的平衡可能有利于脑内回路，对身体的影响最小。这就是被我称为“拟身体环路”（as if body loop）的反应。

这三个步骤的综合结果是对引起整体混乱的情况做出即时和适当的一系列反应：如看到玛吉阿姨；或者得知一位朋友死亡；或者你遇上了无法有意识地表述出来的情况；或者，如果你是一只卧在高高的鸟巢里的幼鸟，那就是产生了一个大物体从头顶上飞过的表象。以幼鸟为例。这只幼鸟不知道这是只食肉的老鹰，也没有意识到这种情境的危险性。用术语来形容就是，没有任何思维过程告诉幼鸟下一步，它应该尽可能安静且低地蜷伏在鸟巢里，这样的话老鹰就可能看不到它。然而，我刚才描述的三个步骤都发生了：视觉表象在幼鸟的视觉脑区中形成；脑的某些区域对生成的这种视觉表象做出回应；所有恰当的反应，不管是化学的还是神经的，不管是自主神经的还是运动神经的，都全力地参与进来。进化过程中平静而缓慢的调整已经替幼鸟做了所有的思考，而它的基因系统将此忠实地遗传了下来。借助于从母鸟和更早期的环境中得到的一点儿帮助，每当情境需要的时候，恐惧的迷你音乐会就会做好奏响的准备。那些你在狗或猫身上看到的恐惧反应完全是通过同样的方式执行的。当你晚上在漆黑的街上行走时，你也可以在自己身上观察到这种恐惧反应。幸亏有了意识，我们，或至少狗和猫，也能逐渐知晓到由这些情绪所引起的感受。这又是另外一回事了。

实际上，你能在简单的有机体中，甚至在单细胞有机体中发现情绪的基本构造。你也会发现，自己会将诸如快乐、恐惧或愤怒这样的情绪归属于一些非常简单的生物。这些生物十有八九没有你我都具有的对这些情绪的感受。它们的构造太简单，以至于没有脑，或者虽然有脑，但太低级了，以至于并没有心智。你做出这样的归属，纯粹是以生物体的运动、每个动作的速度、单位时间内动作的次数，以及运动的方式等为基础的。你可以通过用一个简单的芯片在计算机屏幕上移动而做到同样的事。某些锯齿状的快速运动会表现出“愤怒”，和谐但有爆发性的跳跃看上去是“很快乐的”，退缩的动作看上去是“害怕的”。有段视频描述了几个几何形状以不同的速度移动，并保持着不同的关系，这可靠地引出了正常成年人甚至儿童的情绪状态归属。

你为什么可以如此有效地将芯片或某种动物拟人化？原因很简单：情绪，正如其对应的英文写法所暗示的，是关于运动、关于外化的行为、关于在特定环境中对特定原因的特定反应[21]。

在这个芯片和你的宠物之间，有一种对神经生物学的进步做出了最重大贡献的生物，它就是一种被称为加利福尼亚海兔（Aplysia californica）的海蛞蝓。埃里克·坎德尔（Eric Kandel）和他的同事们利用这种非常简单的生物在记忆研究方面取得了重大的进展。这种生物可能没有太多的心智，但确实有一个合乎科学判别的神经系统以及许多有趣的行为。没错，它可能并没有你我都有的那些感受，但它有某些与情绪相似的东西。触摸海兔的鳃，你就会看到鳃迅速而完全地缩回，同时它的心率会加快，并且它会把墨汁释放到环境中去迷惑敌人，这有点像詹姆斯·邦德被诺博士猛烈追赶时的反应。海兔以一种迷你音乐会的反应形式来表达情绪。这种反应与你我在类似的环境下所表现出来的反应并没有什么不同，只是形式上简单点。如果海兔在某种程度上可以在神经系统中表现出它的情绪状态，那么它可能具有构成感受的要素。我们不知道海兔是否有感受，但是，很难想象如果它真的有，它会知道这些感受。[22]

有关明确情绪定义的题外话

什么足以成为一种情绪？是疼痛吗？是惊跳反射吗？都不是，但如果都不是，那究竟为什么不是呢？这些相关现象的密切性要求我们做出明确的区分，但是，它们之间的差异却往往被忽略。惊跳反射是复杂生物的调节反应的一部分，是由简单的行为组成的（如肢体的退缩）。这些反应可能包含在数目众多的、协商好了的构成了某种情绪的反应之中，如内分泌反应、多种内脏反应、多种肌肉骨骼反应等。但是，即使是海兔的简单的情绪行为，也比简单的惊跳反射更复杂。

疼痛也不足以被称为情绪。疼痛是活体组织内一种局部机能障碍状态的结果，是即将发生的或已经发生的组织损伤所造成的刺激的结果。这种损伤引起疼痛的感觉，并且引起诸如反射这样的调节反应，也许还会自主地诱发情绪。换言之，情绪可以由引起疼痛的相同刺激物所引发，但它们是同一刺激物导致的不同结果。接着，我们可以认识到，在有意识的情况下，我们就可以感知疼痛，并且拥有与之相关的情绪。

某一天，当你端起一个很热的碟子，烫伤了你的手指时，你有疼痛感，并且可能甚至因此而感到痛苦。下面，我就用最简单的神经生物学术语来描述一下发生在你身上的事：

第一，这种灼热激活了大量细微的、非髓鞘化的神经纤维。这些纤维被称为 C- 纤维，在灼伤点附近可见。（这种纤维分布在身体各处。它们在进化上是古老的，并专门用于传输体内状态的信号，包括那些最终引起疼痛的信号。之所以把它们称为非髓鞘化的，是因为它们没有那层被称为髓鞘的绝缘套。有轻微髓鞘化的纤维被称为 A-δ 纤维，这种纤维与 C- 纤维一起移动，并起着相似的作用。它们被并称为“具有伤害感受性的”［nociceptive］，因为它们会对那些有可能或实际上会损坏活体组织的刺激做出反应。）

第二，这种灼热毁灭了数千个皮肤细胞，并在这个区域释放出一些化学物质。

“

“感受”不等于“知晓到我们有感受”，有很多的证据暗示我们并没有意识到所有感受。

”

第三，几类与修复组织损伤有关的白细胞被召唤到这个区域，这种召唤来自一些已经释放出来的化学物质（如被称为P物质的肽和诸如钾之类的离子）。

第四，其中一些化学物质会自行激活神经纤维，将它们发出的信号与热量本身的信号结合起来。

一旦这种激活波开始出现在神经纤维中，它就会传向脊髓，并且沿着适当的路径穿越几个神经元（神经元就是神经细胞）和几个突触（突触就是两个神经元进行联结和传递信号的那个点），从而产生一连串的信号链。这些信号延伸直至神经系统的最高层次——脑干、丘脑，甚至大脑皮质。

这一连串的信号会带来什么结果呢？分布于神经系统几个层次的全部神经元被暂时激活，而且这种激活产生了一种神经模式——一种与你的手指受伤有关的信号的映射。此时此刻，你的中枢神经系统具有了多种多样的对应组织损伤的神经模式；这些神经模式是根据你神经系统的生物特征和与之相联系的躯体本身的生物特征而选择出来的。产生某种疼痛感所必需的条件已经得到了满足。

在这一点上我想要提出的问题是：受伤组织的神经模式中的一种或全部和你知晓到疼痛是同一码事吗？答案是并非如此。要知晓自己有疼痛感，在脑干、丘脑和大脑皮质的相应区域显示出与疼痛基质相对应的神经模式（伤害性信号）并产生疼痛表象（一种疼痛的感受）之后，还需要一些其他事情发生。但是，请注意，我所提到的这个“之后”的过程并没有脱离脑，它就发生在脑中，而且据我所知，正如前面出现的那种过程一样，它也是一种生物物理学过程。具体来说，在上面的例子里，它是一个把组织损伤的神经模式与代表你的神经模式相互关联起来的过程，这样一来，就会产生另一个神经模式，你知晓的神经模式，而“知晓的神经模式”不过是意识的另一个名称罢了。如果后面这种相互关联的过程不发生，你将永远不会知晓在你的有机体中发生了组织损伤。换言之，如果没有你、没有知晓活动，你就没有办法进行知晓，对吗？

令人好奇的是，如果没有你，或者说，如果你没有意识、没有自我、没有与烫盘子和灼伤手指有关的知晓活动，你的那个没有自我的复杂的脑装置仍然会使用由组织损伤所引起的那些伤害感受性神经模式，来产生许多有用的反应。例如，有机体能够在组织损伤开始的几百毫秒之内就将手臂和手撤离热源，这是一种由中枢神经系统介导的反射过程。但是，请注意，在前一句话中我使用的是“有机体”而不是“你”。没有知晓活动和自我，缩回手臂的就不会是真正的“你”。在这些情况下，这种反射就是属于有机体的，但不一定是属于“你”的。再者，许多情绪反应是自动产生的，在引起面部表情和身体姿态发生变化的同时，产生心率和对血液循环控制的变化。我们不是因为痛而学会退缩，我们只是退缩而已。尽管所有的这些反应，简单的或不那么简单的，确实都可以在类似的情况下，发生在所有有意识的人身上，但是，所有这些反应的发生根本不需要意识的参与。例如，即使是在意识暂时缺失的昏迷患者身上，这些反应也会出现。神经病学家评估一个无意识患者神经系统状态的方法之一就是，确定患者是否会对诸如摩擦胸骨上的皮肤等令人不愉快的刺激做出面部或肢体上的动作反应。

组织损伤会引起一些神经模式。以这些神经模式为基础，你的机体便处于一种疼痛的状态。如果你有意识，那么，这些相同的模式也会让你知晓到你很痛。但是，无论你是否有意识，组织损伤和随之而来的感觉模式也会引起上述各种自动反应，从简单的肢体退缩到复杂的消极情绪。简言之，疼痛和情绪并不是一回事。

你可能很想知道，上述的区分是如何做出的。对此，我可以给你提供大量的证据。我将以下面的事实开始陈述。这个事实来源于我在早期接受训练时的直接经验，当时，我接触到了一个患者。疼痛本身和由疼痛引起的情绪之间的分离非常生动且明显地体现在了他身上[23]。这个患者患上了一种严重的顽固性三叉神经痛，又称痛性痉挛。这是一种牵涉为面部感觉提供信号的神经的病症。患病后，即便是无害的刺激，例如轻触面部皮肤或突来的一阵微风，都会引起个体剧烈的疼痛。没有药物能帮得了这名患病的年轻人，每当剧痛侵袭他的肉体时，他除了蹲下不动之外，什么也不能做。作为最后的手段，神经外科医生阿尔梅达·利马（Almeida Lima），我最初的导师之一，对他进行了手术，因为在前额叶的某一特定部位制造一个小的创伤已经被证明能够缓解疼痛，而且这是在这种情况下所能使用的最后一招。

我永远忘不了手术前一天见到这个患者的样子，他害怕做出任何会引起新一轮疼痛的运动。接着，在手术后的两天，当我们在查房时探望他时，他已经完全变了个人，放松而愉快地沉浸在与同室病友的纸牌游戏中。当利马询问他的疼痛情况时，他抬起头，兴奋地说“还是一样的痛”，但是，他现在感觉很好。我记得我当时很惊讶，因为利马进一步地探查了这个人的精神状态。此次手术并没有对那些由三叉神经系统提供的与局部组织功能障碍相对应的感觉模式起任何作用。这种组织功能障碍的心理表象并没有改变，而这也是为什么患者报告说疼痛依旧。可手术还是成功的。它确实消除了组织功能障碍的感觉模式所引起的情绪反应。痛苦消失了，此人的面部表情、声音和一般的举止都与疼痛无关了。

这种“疼痛感”与“疼痛效应”的分离，已经在对通过手术治疗疼痛的患者群体的研究中得到证实。就在最近，我实验室的一名研究员皮埃尔·雷恩维尔（Pierre Rainville）发现，通过巧妙的催眠术处理，疼痛感和疼痛效应显然是可以分离的。催眠可以调节扣带回皮质区内的大脑活动，在不改变疼痛感的情况下特异地影响疼痛效应，而神经外科医生可以通过破坏这一相同的区域，从而缓解慢性和顽固性疼痛。雷恩维尔还表明，当催眠暗示针对的是疼痛感而不是与疼痛相联系的情绪时，不仅不愉快及其强度等级会发生变化，而且初级体感皮质（S_1）和扣带回皮质也会发生变化。[24] 简言之：针对疼痛之后的情绪而不针对疼痛感的催眠暗示降低的是情绪，而不是疼痛感，而且仅引起扣带回皮质功能上的变化；针对疼痛感的催眠暗示可以同时降低疼痛感和疼痛情绪，并引起初级体感皮质和扣带回皮质的功能变化。如果你服用过 β－阻滞剂来治疗心律问题，或者如果你使用过诸如安定之类的镇静剂，也许就对我所描述的内容有过直接的体验。这些药物降低了你的情绪反应。如果那时你觉得疼痛，它们就会降低由于疼痛而引起的情绪。

我们可以通过考虑不同的干预措施是如何干扰其中一种，而不是另一种，来确定疼痛和情绪的不同生物学状态。例如，止痛法可以特异性地减少或阻断引起疼痛的刺激。当表征组织功能障碍的信号传输过程被阻断时，疼痛和情绪都不会产生。但是，阻断情绪而非疼痛是有可能的。可以通过适当的药物，如安定或 β－阻滞剂，甚至外科手术来减轻由组织损伤可能引起的情绪。对组织损伤的知觉仍然存在，但是情绪反应的钝化则消除了可能伴随而来的痛苦。

那么，愉快又是怎样的呢？愉快是一种情绪吗？再说一遍，我宁可说它不是，尽管和疼痛一样，愉快也与情绪密切相关。和疼痛一样，愉快是某些情绪的组成部分，也是引发某些情绪的导火线。当疼痛与消极情绪，如苦恼、恐惧、悲伤和厌恶等联系在一起时，它们的组合通常构成所谓的痛苦，愉快则与多种不同形式的快乐、骄傲以及积极的背景情绪联系在一起。

疼痛和愉快虽然都是明显以适应为目的的生物学设计的一部分，但是，它们却在完全不一样的情境下起着作用。疼痛是一种表征局部活体组织功能障碍的感官知觉。在大多数情况下，当活体组织发生了实际的损伤或即将发生损伤时，就会产生信号，并以化学的方式或通过 C 型和 A－δ 型神经纤维来传输信号，在中枢神经系统的多个层面上生成适当的表征。换言之，有机体被设计为通过对实际上或即将对它的组织的完整性造成损失的威胁发出一种特定类型的信号来进行回应。这种信号一路上招募大批的化学和神经反应，从白细胞的局部反应，到包括整个肢体在内的反射，再到一个协调的情绪反应。

愉快产生于一种不同的情境。再来看看一个与吃喝有关的愉快的简单例子，我们就会发现，愉快通常是由觉察到某种失衡而引起的，比如低血糖或高渗透压。失衡往往导致饥饿或口渴的状态（所谓动机状态和内驱力状态），而这种状态又会引发某些包括寻找食物或水在内的特定行为（这也是动机状态和内驱力状态的重要组成部分），导致最终的吃或喝的行为。对这几个步骤的控制涉及许多不同层次的功能循环，并且要求体内产生的化学物质与神经活动相协调[25]。愉快的状态也许就开始于这个寻找的过程，存在于找寻实际目标的期待中，并随着目标的实现而加强。

但是，事情往往功败垂成。寻找食物或饮料的过程可能很长或不成功，因此根本不会伴随着愉快和积极的情绪。或者，如果在一个成功的寻找过程中，一个动物被禁止实现它的目标，那么，对达成目标的这种阻挠可能真的会引起愤怒。同样地，正如我在评论希腊悲剧时所提到的，一种疼痛状态的缓解或暂停可能会引起愉快和积极的情绪。

这里要保留的一点是，疼痛、愉快和相关的情绪之间可能存在的相互关系，以及它们不是彼此的镜像。它们是不同的、不对称的生理状态。这些状态构成了不同知觉特质的基础，而这些知觉特质注定会有助于解决非常不同的问题。（疼痛和愉快的二元性不应使我们忽视以下事实，即存在着两种以上的情绪，其中一些与疼痛相一致，另一些则与愉快相一致，大多数属于前者。随着行为在进化的过程中变得愈加复杂，这种深度区分的明显对称性便消失了。）在疼痛的情况下，问题在于如何处理由于损伤所导致的活体组织完整性的丧失，无论这种损伤是内在的由自然疾病所引起的，还是外在的由掠夺者的攻击或某一事故所引起的。在愉快的情况下，问题在于使有机体产生有助于维持其内稳态平衡的态度和行为。我认为疼痛是生物和文化进化过程中的主要决定因素之一。奇怪的是，它可能是作为大自然的一种事后之思而产生的，是一种为了解决已经产生的问题而做出的尝试。我曾经把疼痛看成是给遭窃后的屋子换上一把好锁，但是皮埃尔·雷恩维尔则给了我一个更好的比喻——当你在修复破损的窗子时，在屋子前安排一名卫士。毕竟，疼痛不会导致人们避免其他的伤害，至少不是马上避免，而是会保护受伤的组织，促进组织修复，以及避免伤口感染。相对地，愉快是一种事先的考虑。它与对可以做什么而不会有问题的明智预测有关。在这个基本层面上，大自然找到了一个绝佳的解决方法：它引导我们做出良好的行为。

因此，疼痛和愉快是生命调节的两个不同谱系的组成部分。一方面，疼痛是与惩罚相一致的，并且与诸如退缩或寒战这类行为相关。另一方面，愉快则是与奖赏相一致的，并且与诸如寻找和趋近等行为相关。

惩罚使有机体把自己封闭起来，打着寒战并从它们的环境中撤出来。奖赏使有机体敞开自己，并朝着它们的环境前进，靠近它，寻找它，并且通过这样做，既增加了它们生存的机会也增加了它们的脆弱性。

在像海葵这样简单而且很可能没有意识的生物中，这种基本的二元性是很明显的。它的有机体只有一个简单的神经系统而没有脑，不过是一个有两个开口的肠道，由两组肌肉驱动，一组是圆形的，另一组是纵向的。海葵周围的环境决定了它的整个有机体的所作所为：向外界开放，就像一朵盛开的花似的，此时，水与营养物质进入它的身体并给它提供能量；或将自己收缩成一个扁平的包裹，小而孤僻，几乎无法被其他生物所察觉。快乐与悲伤、趋近与回避、脆弱与安全的本质，在这种无脑个体行为的简单二分法中就像与孩子在玩耍时的反复无常的情绪变化一样明显。

表征情绪和感受的基础

关于我刚才所描述的构成情绪的一系列反应集合，并没有什么是模糊的、难以捉摸的或非特异性的。情绪表征的基础是许多脑区的神经配置的集合，这些脑区主要位于脑干、下丘脑、基底前脑和杏仁核的皮质下核中。为了与它们的配置状态保持协调一致，这些情绪表征是含蓄的、潜伏着的，且不能被意识到的。相反，它们发生在神经元合集中，并以潜在的活动模式存在着。一旦这些配置被激活，就会相继产生一系列结果。一方面，在脑内，这种激活模式把某一种特别的情绪作为神经"客体"而体现出来。另一方面，这种激活模式会产生一些外显的反应，这些外显反应使躯体本身的状态和其他脑区的状态发生改变。通过这样做，这些反应就创造了一种情绪状态，并且在这时，一个外部的观察者就可以分辨出这个正在被观察的有机体的情绪投入状况。至于产生情绪的有机体的内部状态，假定由此产生的神经模式的集合变成了心智中的表象，那么，它就具备了作为神经客体的情绪（诱导部位的激活模式），以及对激活后果的感觉，即某种感受。

构成某种感受的基础的神经模式产生于以下两类生物学变化之中：与身体状态有关的变化，以及与认知状态有关的变化。与身体状态有关的变化是通过两种机制之一实现的。一种涉及我所说的"身体环路"（body loop）。它同时使用体液信号（通过血液流动所传送的化学信息）和神经信号（通过神经通路所传送的电化学信息）。这两种信号使得身体外形发生了变化，并随后由脑干开始向上，在中枢神经系统的体感结构中表现出来。表征身体外形的变化可以部分地通过另一种机制来实现，我称之为"拟身体环路"。在这个替代的机制里，与身体相关变化的表征是在感觉的身体映射中直接产生，由其他神经部位控制，例如前额叶皮质，仿佛身体真的发生了变化，但实际上并没有。

与认知状态有关的变化也同样有趣。当情绪过程导致基底前脑、下丘脑和脑干神经核内分泌某些化学物质，并随后传输到几个其他脑区时，就会发生这些变化。当这些细胞核在大脑皮质、丘脑和基底神经节释放出特定的神经调节物质（如单胺类神经递质）时，就会引起脑功能的一些显著改变。这些全方位的改变还没有被完全理解，但以下是一些我预想到的最为重要的概念：(1）对特定行为的诱导，如旨在产生联结、培育、探索和玩耍的行为。(2）在身体状态的持续加工过程中所发生的变化，即身体信号可以被过滤掉或允许通过、被有选择性地抑制或增强，它们令人愉快或不愉快的性质也发生了改变。(3）认知加工的模式发生了改变，从而使诸如听觉或视觉表象的产生速率得以改变（由慢到快或由快到慢），或者使表象的焦点能够发生改变（从清晰聚焦到模糊聚焦）；产生速率或聚焦程度的变化是情绪的一个必要组成部分，与悲伤或喜悦的性质完全不同。

假如所有适当的结构都到位了，那么，上述过程就会使有机体产生某种情绪，并将它表现出来，产生它的表象，即感受到这种情绪。但是，以上论述中并没有表明，有机体如何能够知晓它正在感受着它所经历的这种情绪。要使一个有机体知晓它有某种感受，就必须将意识过程添加到情绪和感受过程的余波中去。在下面的章节中，我将向你展示我对于“什么是意识，以及它如何工作才能使我们‘感受到’某种感受”的看法。

03

核心意识

研究意识

对于我们科学家来说，一个很悲哀的事实是，意识是一件完全私密和个人的事情，物理学和生命科学的其他分支中普遍存在的第三人称视角的观察对它不适用。然而我们必须面对这一事实，并努力把障碍变成有利条件。最重要的是，我们绝不能因为害怕内部优势点有无法弥补的缺陷，而陷入仅仅从外部优势点研究意识的陷阱。研究人类意识需要内部和外部两方面的视角。

尽管意识研究因为具有某种间接性而被诟病，但这种局限并不仅存在于意识研究中，它也存在于所有其他的认知现象中。行为学上的动作（踢腿、出拳和语言）是私密心智过程的很好表达，但它们并不是同一回事。同样，脑电图和 fMRI 可以捕捉到心智的关联物，但这些关联物并不是心智本身。然而，不可避免的间接性并不等同于对心智的结构或潜在神经机制的永远无知。心智中的表象只能由其拥有者访问的事实并不阻止我们对其特征进行描述，不会否认其对有机物质的依赖，也不会妨碍我们逐渐详细地了解该物质。这可能会使纯粹主义者担心，因为他们认为别人看不到的东西是不能被给予科学层面的信任的，但它的确不应让任何人担心。这种状况不应阻止我们科学地对待主观现象。无论我们喜欢与否，我们心智中的所有内容都是主观的，而科学的力量来自其能够客观地验证许多个体主观的一致性。

意识发生在有机体内部而不是公共场所，但它与许多公共表现有关。这些表现不能像一句口语解释一个思想那样直接描述内部过程，但它们是存在的，并且作为意识存在的关联物和迹象，可以被观察到。根据我们对人类私密心智的了解，以及对人类行为的了解和观察，我们可以在以下三个方面建立一种联系：（1）某些外部表现，如觉醒、背景情绪、注意和特定行为；（2）与本人报告的行为所相应的内部表现；（3）当我们处于与被观察者相同的环境中时，作为观察者，我们可以在自己身上验证这种内部表现。这种三向联系使我们可以基于外部行为对人类私密状态做出合理的推断[1]。

解决意识的私密性所引起的方法性问题，依赖于人类的一种自然能力，即在自己有类似经历的情况下，根据行为观察、心理状态报告以及对两者对应关系的复查，不断地对他人的心智状态进行理论化。作为心智与行为的研习者，我把对别人心智的一种消遣性好奇变成了一项专业活动。换言之，我对此很着迷，并做了笔记。

奇怪的是，与专家相比，大众文化在意识的私密视角方面遇到的问题似乎更少，正如伍迪·艾伦在《解构哈利》（*Deconstructing Harry*）中精彩展示的那样。也许你已经看过了这部电影，但如果没有，以下是我对这部电影的概述。在这部电影中的电影场景（描述电影拍摄过程的场景）中，摄影师意识到他正在拍摄的演员的图像是模糊的。自然地，他首先认为问题出在对焦上，然后在调焦失败后，他开始担心对焦设备可能出现故障，但是该设备没有问题。由于图像模糊的问题没有解决，摄影师转而担心起镜头的状态。是因为镜头脏了而造成图像模糊吗？然而，镜头也没问题，而且非常干净。在随之而来的骚动中，每个人都突然意识到，根本不是相机的问题，而是所拍摄的演员（梅尔，由罗宾·威廉姆斯饰演）的问题。是演员本人无法聚焦！他在本质上是模糊的，每个看着他的人都会看到一个模糊的图像。所有人看除了梅尔外的所有东西都是清晰的。这个电影中的电影演员得了一种病，这种病使他周围的所有人，包括他那困惑的家人和医生都看不清他。

观众会笑的原因与这个创意明显的荒谬性有关，与违反了意识基本属性有关：意识是个人的、私密的、第一人称视角的东西。模糊性和散焦性不是客体的属性，除非在隐喻意义下。即使当屏幕介于你和客体之间并改变你对客体的感知时，即当你的眼镜镜片变脏时，出现的模糊性也不属于客体。模糊性和散焦性是我们知觉中意识的一部分。在正常情况下，人的有机体内会出现的模糊性和散焦性，是由在多种生理层面上产生的多种可能原因造成的，而这些生理层面涉及从眼睛到将信号传输至脑的通路，再到脑本身。在那个对我来说似乎很模糊的人附近的其他人，并不拥有与我一样的模糊性和散焦性。上述电影场景的成功在于没有人能聚焦于梅尔身上。模糊性成为有机体的外在属性，而不是观察者个人构建的特征。

当代研究人类私密心智的生物学基础时所用的方法涉及两个步骤。第一步包括观察和测量被试的行为，或收集和测量被试提供的内部经验的报告，或两者都有。第二步包括在分子、神经元、神经回路或回路系统的层面上，将收集到的证据与我们已有初步了解的神经生物学现象的测量表现联系起来。该方法基于以下假设：心智过程（包括意识过程）基于脑的活动；脑是整个有机体的一部分，并与有机体不断相互作用；并且，作为人类，尽管我们拥有的独特个人特征使我们成为独一无二的个体，但在有机体的结构、组织和功能方面，我们拥有相似的生物学特征。

当我们将上述方法应用到由于脑部损伤和选择性脑功能障碍（如脑卒中引起的问题）而出现心智和行为障碍的神经系统疾病患者身上时，第一步的局限性会显著扩大。这种被称为损毁法（lesion method）的方法，使我们能够把一直以来对视觉、语言或记忆所做的事用于研究意识：研究行为障碍，将其与心理状态的障碍（认知）联系起来，并将这两种障碍与局灶性脑损伤（局限性脑损伤区域）或通过脑电图或诱发电位（脑电波测试）评估的电活动异常记录或功能成像扫描（如 PET 或 fMRI）的异常结果联系起来。大量的神经系统疾病患者为我们提供了研究的机会，这是仅凭对正常人的观察无法做到的。它使我们能够探究行为和心智的紊乱，以及脑功能障碍对应的解剖学上可识别的区域。通过这些探究，我们可以研究心智的许多方面，尤其是那些不太透明的方面。有了随之而来的证据，就有可能提出假设以进行验证，再根据结果确定或修改假设，并在对其他神经系统疾病患者或健康对照者的研究中验证完善之后的假设。

针对神经系统疾病患者的调查对我有关意识的看法的影响比其他任何来源的证据都更为深远。但是，在我回顾对意识受损的神经系统障碍患者的观察之前，必须先讲述一下意识的外部表现。

行为的音乐与意识的外部表现

意识外部表现的一致性和可预测性很容易识别和测量。例如，我们知道在正常意识状态下的生物是清醒的，会关注周围环境的刺激，并且行动方式合乎环境和我们所想象的行为目的。适当的行为既包括我先前描述的背景情绪，也包括与给定场景中发生的特定事件或刺激相关的特定动作或情绪。专业的观察者可以在较短的时间内评估这些意识的关联物（如果环境有利，可能耗时短至 10 分钟，但是我必须补充一点，专家也可能会被愚弄）。我们可以通过直接观察有机体来确定觉醒状态的存在与否：眼睛必须睁开，肌肉必须有足够张力可以活动。注意刺激的能力可以通过有机体对刺激的定向能力来建立，并且当有机体对各种感官刺激做出反应并在环境中与刺激相互作用时，我们可以观察眼睛的运动、头部的运动以及肢体和全身的运动模式。背景情绪的存在可以根据面部表情的性质以及肢体运动的动态轮廓和姿势来确定。我们可以通过考虑（自然的或实验的）情境并判定有机体对刺激的反应以及有机体的自发行动是否适合该环境，来评估行为的目的性和适当性。

尽管所有这些外部表现都可以被适当的刺激引发，可以被观察、录像，以及通过各种设备测量，但我必须强调，训练有素的观察者的定性判断是行为分析中必不可少的工具。虽然观察者所面对的情况是可通过专家分析来加以分解的，但它首先是一个组合、一个时间上的共同贡献，是在一个单一的有机体中表现出来，并以某种方式，由一个单一的目标连接起来的。

可能以下方式会有助于理解：把一个有机体的行为想象成一段管弦乐曲的演奏，而且这段管弦乐曲的乐谱是在演奏过程中被创造出来的。正如你听到的音乐是许多组乐器同时演奏的结果，一个有机体的行为是几个生物系统同时作用的结果。不同的乐器组产生不同的声音并演奏不同的旋律。它们可能会在整个乐曲中连续演奏，或者有时（可能是几个小节）不演奏。有机体的行为也是这样。一些生物系统产生连续存在的行为，而另一些生物系统产生可能在给定时间存在也可能不存在的行为。我想在此强调的主要观点是：第一，我们在有机体内观察到的行为不是单一旋律的结果，而是在你选择观察的每个时间单元中同时出现的旋律的结果；如果你作为指挥家正在观察有机体行为的虚构乐谱，你会发现在每个小节上垂直连接的不同声部。第二，行为的某些组成部分总是存在的，并形成了连续演奏的基础，而另一些则仅在演奏的某些时期出现；“行为乐谱”（见图 3-1）会记录某种行为在某一小节的加入与其在随后某一小节的结束，就像指挥的乐谱记录了协奏曲中钢琴独奏部分的开始和结束一样。第三，尽管行为由各个部分组成，但每个时刻的行为产物都是一个完整的整体、一种贡献的融合，与管弦乐队演奏的复调音乐没有区别。在我此处讲述的关键特征，即同时性之外，其余特征将不再详细说明。

当我们在接下来的几页中考虑人类行为时，我想请你考虑几种在时间上并行发展的行为。觉醒、背景情绪和低水平的注意将不断出现；从觉醒的那一刻到你入睡的那一刻，它们都存在。特定的情绪、集中的注意和特定的动作（行为）序列会根据环境不时地出现。同样，口头报告

“

正如你听到的音乐是许多组乐器同时演奏的结果，一个有机体的行为是几个生物系统同时作用的结果。

”

也是一种行为。

图 3-1　行为乐谱

现在，我们将这种隐喻扩展到我们正在观察其表现的人的心智中。我认为在私密心智中也存在一个管弦乐谱，只是在这个乐谱中同时出现的音乐部分叠加起来对应的是心理流的表象。这些心理流在很大程度上是与我们观察到的行为相对应的内在的、认知的产物。一些表象出现得比行为要早一些，例如我们即将用句子表达的一个想法的心理表象。其他表象出现得稍微晚一点儿，例如对我们刚刚表现出的情绪的感受。当然，一部分音乐对应的是觉醒状态和持续制作表象的功能，以及对特定客体、事件和词语的表征；还有一部分对应的是对有机体所表现出的各种情绪的感受。然而，在这个内部管弦乐谱中还有另一部分，不具有精确的外部对应物：这一部分是自我感，是所有意识概念的关键组成部分。

在这个隐喻中，我们可以将自我感想象为一个附加的部分。它以一种非言语的方式使人的心智知晓：心智在其中展开的个体有机体的真实存在，以及有机体与自身或周围环境中特定客体相互作用的事实。这种知晓改变了心理过程和外部行为的方向。它的私密存在只供其所有者直接可用。外部观察者可以从它对外部行为的影响，而不是从它自己的典型行为中推断出来。因此，觉醒、背景情绪和低水平的注意是与意识发生相容的内部状况的外部迹象。另外，特定的情绪、持续和集中的注意，以及在较长时间内适合环境的有针对性的行为，都很好地表明意识确实发生在我们观察的对象身上，即使我们作为外部观察者不能直接观察意识。

觉醒

觉醒和意识往往并存，尽管这种耦合在两种特殊情况下可以被打破。第一种特殊情况发生于我们处于有梦的睡眠状态时。显然，我们在有梦的睡眠状态时不是醒着的，但是我们对心智中发生的事件有一定的意识。我们在醒来之前形成的对于最后梦境的碎片记忆表明，我们的某种意识是"开启的"。另一个能够戏剧性地打破这种耦合的特殊情况是：我们可以处于醒着的状态，但却失去了意识。幸运的是，后者仅发生在我将要讨论的神经系统疾病中。

通过观察从睡眠到觉醒的过渡可以得到对觉醒的最佳描述。在我脑海中挥之不去的这种过渡是《欢乐时光》(*Happy Days*)中的温妮。当第一幕开始时，钟声响起，温妮睁开眼睛向观众宣告"又是美好的一天"。随着她行动的展开，觉醒状态就像早晨的日出一样，让她的脑可以形成对周围环境的表象，比如对她的包、她的牙刷、威莉沙沙作响的声音、她的身体（她告诉我们那天她身体没有太多的痛苦，"几乎没有"）。当第一天结束，第一幕收场的铃声响起时，温妮的觉醒状态停止了。

当觉醒状态消失时，梦境消失了，意识也消失了。这种组合的例子是无梦的睡眠、麻醉和昏迷。但觉醒并不等同于意识。在觉醒状态下，脑和心智处于"开着"的状态，并且形成了有机体内部的表象和周围环境的表象。当然，反射也可能参与其中（反射活动既不需要意识也不需要觉醒），而且低水平的注意可以被驱动到符合有机体基本需求的刺激上。但是，在这种情况下意识可能不存在。本章讨论的某些神经系统疾病患者处于醒着的状态，但缺乏核心意识本会加入他们思维过程中的东西，即以自我为中心的知觉表象。

注意和有目的的行为

除了觉醒，温妮的行为还体现了更多其他的东西。她将自己的注意集中到需要的物体上。眼睛、头部、颈部、躯干和手臂像跳协调的舞蹈一样移动，这在温妮和周围的某些刺激物之间建立了明确的关系，如袋子、牙刷、她身后沙沙作响的威莉。对外部客体的注意的存在通常表示意识的存在，尽管并不是必然的。无动性缄默症患者有异常的意识，可以对一个显著的事件或对象给予短暂和低水平的注意，例如，一名观察者叫他们的名字。只有当相对于在特定环境下做出适当行为所必需的对象，注意能够持续相当长的一段时间，即数分钟或数小时，而不是数秒时，才会显露出正常意识的存在。换句话说，对适当对象的长时间关注，是界定表明意识的注意的条件。

缺乏对外部对象的明显注意不一定代表意识不存在，而可能表明注意是针对内部对象的。心不在焉的教授和做白日梦的青少年总是表现出这种“症状”。幸运的是，这种情况是很短暂的。完全和持续的注意衰竭与意识的消退有关，如在困倦、混乱或昏迷时。

有意识的生物专注于特定的客体，并对特定的刺激感兴趣。当我们在类似的情况下思考自己心智中发生的事情时，上述的生物表现与我们自己的内在观点非常吻合。我们都同意注意和意识是相关的，但是这种关系的本质存在争议。我的观点是，意识和注意发生在不同的水平和等级上。它们不是一个整体，并且以某种螺旋式向上的方式相互影响。低水平的注意先于核心意识；它需要参与产生核心意识的过程。但是，核心意识的过程最终将更高水平的注意吸引到一个焦点上。当我注意到一个刚出现在我办公室的熟人时，我是在核心意识的影响下这样做的。我之所以会产生这种意识，是因为我的有机体受到低水平的自动化注意的引导，以处理环境的某些特征。这些特征对于像我这样的有机体很重要，即带有人脸的能移动的生物。随着过程的继续，核心意识有助于将注意集中在最初与有机体接触的特定客体上。

让我们回到温妮的故事。接下来你会注意到，她有目的地对她所关注的刺激物做出行为。作为贝克特戏剧中的角色，她可以不这样做，但她做了。实际上，她的行为是可以立即识别的计划的一部分，而该计划只有对其过去、现在和预期的未来有所了解的有机体才能制定。这种行为在很长一段时间内（实际上是几个小时）都符合这样的计划。她行为的持续的目的性和适当性需要意识的存在，即使意识不能保证她做出有目的性和适当性的行为。完全有意识的白痴可能表现出相当不适当的行为。

在这种持续且适当的行为中，特别值得注意的是，特定的行为伴随着情绪状态的不断涌现，这是它们不断的发展过程中的一部分。我们在上一章中讨论的背景情绪一直影响着被试的反应。显露出这一点的信号包括全身的姿势和四肢相对于躯干的运动范围；肢体运动的空间轮廓，可以是平滑的或是突兀的；动作速度；在不同的身体部位（如脸部、手部和腿部）发生的动作的一致性；最后也是最重要的，脸部的动态。即使当被观察者说话时，交流的情绪方面也与所讲单词和句子的内容是分开的。单词和句子，从简单的“是”“否”“你好”到“早安”或“再见”，通常带有背景情绪的变化。这种变化是韵律的一个范例，韵律是构成单词语音的有音乐性、有调性的伴奏。韵律不仅可以表达背景情绪，还可以表达某种特定的情绪。例如，你可以用充满爱意的语气和某人说：“哦！走开！”你也可以用完全漠不关心的语调说：“见到你真是太好了。”

此外，从观察者的角度判断，被试的情绪通常是由刺激或动作激发的。实际上，正常的人类行为表现出由思想的连续性所引起的情绪的连续性。这些思想的内容通常是平行且同步的，包括有机体实际接触的客体或从记忆中回忆起的客体，以及刚刚发生的情绪感受。反过来，无论是否有我们的认知，这些思想的流（真实的客体、被回忆起的客体和感觉），可以诱发从背景情绪到次级情绪的所有情绪。情绪的不断展现源于过多的诱因，这些诱因包括已知的和未知的、简单的和不那么简单的。

背景情绪旋律的连续性是我们观察正常人的行为时要考虑的重要事实。当我们观察一个拥有完整核心意识的人时，我们发现在说话交流之前，我们就已经假设了被试的心智状态。不论正确与否，其中的某些假设都是基于被试行为中可用情绪信号的连续性。

以下是关于容易混淆术语的警告：在某些情况下，“警觉”（alertness）和“唤起”（arousal）等术语有时被用作“觉醒”（wakefulness）、“注意”（attention），甚至“意识”（consciousness）的同义词，但其实不应如此。“警觉”通常用于代替“觉醒”，例如当你说你感到非常警觉或你觉得别人很警觉时。在我看来，“警觉”一词应表示该对象不仅处于醒着的状态，而且明显地倾向于感知并采取行动。“警觉”的正确含义介于“醒着的”（awake）和“注意的”（attentive）之间。

“唤起”这一术语更容易定义。它表示自主神经系统激活迹象的存在，如肤色变化（发红或苍白）、毛发的活动（毛发竖立）、瞳孔直径（变大或变小）、出汗、勃起等，这些都可以用诸如“兴奋”之类的通俗词语合理地覆盖。一个人可以处于觉醒状态、警觉状态和完全有意识的状态，而不会在这种意义上被唤起，但是我们也知道，当我们不是处于觉醒状态，我们注意不集中，或我们正在无意识的睡眠过程中时，我们的有机体可以在这种意义上被唤起。即使处于昏迷状态的患者也可以被唤起，只是他们自己并不知道。这很微妙，不是吗？

从意识的缺失研究意识

你可能想知道我们如何从个人视角对意识的缺失进行评论，鉴于知晓活动和自我的缺失使我们难以体验这种意识的缺失。答案是，在某些情况下我们非常接近缺失意识的体验。考虑一下由昏厥或麻醉引起的意识丧失后到恢复意识的短暂时刻；或者，考虑一种更为温和的情况，从疲劳之后的代偿性深度睡眠到完全醒来之前的短暂时刻。在这些过渡时刻，我们可以瞥见这些时刻之前的贫乏的精神状态。表象正在由我们周围的人、客体和场所渐渐形成，但是在很短的一段时间（似乎又是很长的一段时间）内，自我感缺失了，个人思想的所有权也没有显现。一秒钟之后，我们的自我感“开启”了，而且我们隐约地猜测这些表象属于我们，但还没有弄清楚所有的细节。恢复自传体自我需要更长的时间，对情况进行完美的解释也需要更长的时间。

然而问题仍然存在，那就是当我们在这种状态下时，我们没有真正的意识，如何能够领悟这种无意识的贫乏的精神状态。我们当然有这样的领悟，而且我认为我们有这样领悟的原因是，在那些过渡瞬间中，我们缺乏对过渡之前的瞬间体验的记忆。我们的有意识体验通常包括对我们所感知的“刚才”的短暂记忆，这些记忆与我们简单地认为是“现在”的东西有关。记忆描述了某种被赋予知识的自我感。但是一旦被唤醒，为了当前瞬间的利益而保留前一瞬间的短暂记忆力就不可用了，原因是我们没有意识体验可记忆。因此，我们对这些异常状态的反思揭示了一个重要的事实：正常意识的连续性需要短暂的记忆（大约 1 秒钟），这对短暂记忆能持续约 60 秒的人脑来说不算什么。

最极端的意识受损类别，如昏迷、持续性植物状态、深度睡眠、深度麻醉，几乎没有提供进行行为分析的机会，因为我们讨论的“行为乐谱”中的所有表现几乎都没有了[2]。相应地，“认知乐谱”中的几乎所有内部表现也被消除了。在这些情况下，“意识现象甚至心智现象被暂停”的观点是一种直觉，它基于对我们自身状态的深刻反思，以及对他人行为的深刻观察。昏迷后恢复意识的人的稀少但极有价值的报告也充分支持了该观点。他们可以回忆起陷入昏迷的虚无状态的感觉，就像我们可以回忆起自己是怎样进入全身麻醉，随后又恢复了意识的一样，但是对昏迷期间（可能跨越数周或数月）则根本没有任何记忆。我们都有理由假定，在这些情况下，实际上心智中几乎没有或根本没有发生任何事情。[3]

然而，另外两个患者群体则为行为分析提供了更多的机会，并且研究他们对我思考意识有非常大的帮助。一个群体是由患有被称为癫痫性自动症（epileptic automatisms）的复杂症状的患者组成，另一个群体是由各种神经系统疾病导致的被笼统称为无动性缄默症（akinetic mutism）的患者组成。在这两个群体中，核心意识和扩展意识都受到了深远的影响，但并非“行为乐谱”中描述的所有行为都没有了。这为观察者进行一些干预和分析残余的表现留出了空间[4]。

癫痫性自动症可以像一把手术刀一样，将意识与意识中的事物分开。自动症在癫痫发作时出现，或在发作后立即出现。我最感兴趣的阶段与失神发作（absence seizures）有关，尽管自动症也被认为与所谓的颞叶癫痫相关。失神发作是癫痫的主要类型之一，其中意识随着情绪、注意和适当行为一起暂时中止。这种扰动伴随着脑电图中某种特殊电信号的异常。失神发作对意识研究者具有重要价值，而失神发作实际上是失去意识的最纯正的例子之一，“失神”（absence）是“意识缺失”（absence of consciousness）的简写。其中，长时间的失神发作后的失神自动症（absence automatism），也许是最纯粹的例子。

如果你正和一个容易出现失神发作和失神自动症的人交谈，忽然，他发病了，那么，可能会发生以下情况：在进行一次完全理智的交谈时，患者会突然中断自己的话，停止正在执行的任何动作，然后眼神放空，不看任何东西，脸上没有任何表情，成为一个无意义的面具。但患者还保持清醒，肌肉张力也保留着。患者不会跌倒、不会抽搐，也不会扔下手中的东西。

这种活动中止的状态可能最少持续 3 秒钟，比你在看的时候想象的时间要长得多，甚至长达数 10 秒。它持续的时间越长，就越有可能在失神发作后出现失神自动症，而失神自动症可能又要花费几秒钟或更长的时间。随着自动症的出现，事情开始变得更加怪异了。这种情况和当你解开定格帧控制或电影院中的投影机卡住以后重新工作一样，表演继续。当患者“解冻”后，他开始环顾四周，也许不是在看你而是在看附近的东西。他的脸仍然是“空白”的，没有可辨认的表情。他拿起桌子上的杯子喝了口水，咂咂嘴，摸摸自己的衣服，站起来，转身，向门口走去，打开门，在门槛外犹豫了一下，然后沿着走廊离开。这个时候你应该已经起来跟着他，以便目睹这一情节的结局。

最有可能的情况是，患者会停下来并站在走廊的某个地方，看上去很困惑，或者他可能坐在长凳上（如果有的话）；但他也可能会进入另一个房间或继续行走。最极端的一种情况即所谓的“癫痫神游”（epileptic fugue），其患者甚至可能走出大楼，在街上走来走去。在一个善于观察的人看来，他会显得很奇怪且困惑，像受了伤似的，但他也许能安然无恙地渡过难关。在上述任何一种情况下，通常在几秒内（几分钟很少见），自动症发作将结束，患者看上去会很困惑。意识突然恢复，就像意识突然消失一样，你将不得不在他现在所在地向他解释这种情况，并将他带回发作开始前你们两个的所在地。

患者对发作期间发生的任何事情都不会有记忆。患者那时不知道，也永远不会知道他的身体在发作期间做了什么。发作结束后，此类患者不记得在自动症发作期间或发作延伸期间发生的事情。他们确实记得癫痫发作之前发生的事，也可以从记忆中检索这些内容，这清楚地表明他们的学习机制在癫痫发作之前是完整的。他们会在发作后立即了解发生了什么事，这表明发作不会对学习造成永久性的损害。但是，在发作期间发生的事没有被记忆或相应记忆无法被提取。

如果你在发作期间的任意时刻打断患者，那么他会非常困惑或冷漠地看着你。他不会自发地认出你是谁，当你特地询问他时，他也认不出来。他不知道自己是谁或在做什么。他可能只是用含混的手势让你远离，基本不会看你。构成有意识心智的内容将丢失，这使人既不能进行口头报告，也不能做出高度智能的动作。他会保持清醒和专注，来处理接下来进入他的感知范围的对象，但是我们可以根据这种情况推断，以下就是心智中发生的一切：没有计划，没有深思熟虑，没有个体的愿望、渴望、考虑、信念，没有自我感，没有具有过去和预期未来的可辨认的人，特别是，没有核心自我和自传体自我。

在这种情况下，一个客体的存在会促进下一个动作的发生，并且该动作在当下的微情境内就足够了，如开门、喝水。但是这种行动，以及其他行动，在患者参与活动的更大环境下是不适当的。当你看到这些表现出来的行为时，你会意识到它们没有最终目的，在那种情况下对个人是不适当的。

然而，患者确实处于觉醒状态：眼睛睁开、保持肌肉张力。而且他们可能有创建神经模式和表象的能力：患者周围的客体必须以视觉或触觉的方式充分映射到患者脑中，他才能够成功采取行动。同时他们还有注意，不是像我们现在这种高水平的注意，而是发挥以下作用的注意：使有机体的感知和运动装置可以足够长时间、足够良好地转向特定客体，以使感觉表象得以形成，如一堵墙的视觉表象、患者喝水用的杯子的触觉表象，从而使动作得以准确执行。

换句话说，患者会有一些基本的心智，这些心智具有与周围物体有关的某些内容，但他不会有正常的意识。他不会在形成周围物体表象的同时形成以自我为中心的知觉表象、与之交互的客体的高级表象，以及对每个给定瞬间之前发生的事情或之后可能发生的事情有适当联系的感觉。

让人惊奇的是，意识障碍与形成客体神经模式的能力之间存在分离，而有趣的新证据也证实了这种分离。研究者使用功能成像扫描研究了一名处于持续性植物状态（一种较轻的昏迷形式，存在觉醒的迹象，但意识严重受损）的患者，并在扫描过程中，将熟悉的人脸照片投射到她的视网膜上。我们知道正常、觉醒且有意识的人在感知到人脸后颞枕叶皮质的一个区域会被激活。因此，即使没有意识，脑也可以通过多种神经中枢处理感觉信号，并至少引起通常参与感知过程的一些区域的激活[5]。

通过观察失神自动症的一段情节，你可以观察到当有机体被剥夺了所有扩展意识，除了最模糊的核心意识之外，什么都没有了时，会做出什么复杂行为。我们只能去想象，一个被移除了自我和知晓活动的心智还残留些什么。也许这个心智充满着一些需要知晓但从未真正知晓的事物表象，充满着并非真正为其所拥有的事物，被剥夺了有意行动的动力。

最后，我要评论一下整个情节中缺少情绪的事实。情绪暂停是失神发作和失神自动症的重要标志。在下一节中描述的无动性缄默症中也缺少情绪。缺乏情绪（没有背景情绪也没有特定的情绪）是显而易见的，但是相关文献中没有强调这一点。在我第一次注意到它的若干年后，我对这一发现进行了反思。我敢说，情绪的缺失与有缺陷的核心意识有可靠关联，也许就像某种程度的持续情绪的存在实际上总是与意识状态相关一样。在我们称为睡眠的自然意识实验中，人们经常会得到一个相关的发现。深度睡眠并不伴有情绪表达，但在有梦的睡眠中，意识以奇特的方式返回，并且从人类和动物的身上很容易检测到情绪表达。

当我们认为核心意识完好无损但扩展意识受损的患者具有公认的正常的背景情绪和基本情绪时，寻找意识和情绪的平行缺陷似乎更加重要。情绪和核心意识往往会在一起出现，从字面意思来讲就是一起出现、一起消失[6]。

情绪的缺乏令人惊讶，因为正如我们所看到的，情绪可以无意识地触发、来自未被注意的想法或未被知晓的倾向，以及我们身体状态的不可感知方面。核心意识消失时缺乏情绪，这点可以通过情绪和核心意识在某种程度上都需要相同的神经基础来解释，而特定的功能障碍会损害这两种加工过程。共享的基础包括支持原始自我的神经结构（将在第 5 章中进行描述），这些结构既调节又代表身体的内部状态。我认为缺乏背景情绪和更高等级的情绪，表明调节身体的重要机制已受到损害。从功能上来说，核心意识在功能上接近被破坏的机制，与它们交织在一起，因此与它们一起受到损害。情绪加工和扩展意识之间没有如此紧密的功能联系。这就是为什么如第 7 章所述，扩展意识的损害并不伴随着情绪的瓦解。

拥有正常意识的被试可以用感受的形式来评估自己的情绪，而这些感受反过来又可以产生一种新的情绪旋律，使行为具有我们很容易辨别的有感知觉的生命的特征。在病理状态下，情绪—感受—情绪循环的暂停剥夺了显露出感知觉能力的主要行为，并让观察者认为，被观察者的脑子里正在发生某种奇怪的事情。我不会惊讶于我们如此自信地认为某些动物（尤其是家养动物）的心智拥有意识，因为它们表现出出于特定动机的情绪流，并且我们会自动且合理地认为，这种情绪确实是由只会影响有感知觉的生物的行为的感受所引起的。稍后我将解决这个问题。

有关意识障碍的信息的另一个重要来源，是对无动性缄默症患者的研究。“运动不能”（akinesia）是描述缺乏运动的专业术语，通常是由于无法发起运动，尽管它通常也包括对运动的缓慢执行。顾名思义，缄默症代表言语的缺失。像往常一样，这些术语表明了外部发生了什么，或者没有发生什么，但在内部发生的事情却没有体现出来。从所有可用的证据来看，在内部，意识已遭到严重减弱，甚至完全停止。多年来，我一直对无动性缄默症着迷。我花了很多时间观察这些患者，无论是在他们的病房里还是在我的实验室里。我研究他们的扫描图和脑电图，耐心地等待他们的缄默症痊愈，以便我可以与他们交谈。我的一位患有这种疾病的患者的故事将使你对发生了什么事有所了解。

一次脑卒中让该患者（以下我将称她为 L）的两个脑半球的额叶内部和上部区域均受损。一个被称为扣带回皮质的区域以及邻近区域遭到损坏。她突然变得一动不动、一言不发，并且在接下来的 6 个月的大部分时间里，都保持如此。她躺在床上，常常睁着眼睛，但表情呆滞。有时候她的目光可能会捕捉到一个运动中的物体，例如在她床边移动的我，并且追随几秒钟，但是这种安静、不专注的凝视很快就会消失。“中性”这一词语有助于描述她表情的平静，但是一旦你注意观察她的眼睛，“空洞”一词就更贴切了。她在这里，又不在这里。

她的身体不比面部更有生气。她可能会用胳膊和手进行正常活动，做出诸如拉起床罩的动作，但通常来说，她的四肢处于静止状态。尽管每天都有大量的诱因出现，如医生、护士、医学生、朋友和亲戚的集中谈话或简单的床边玩笑，但是她的身体和面部从来没有表达过任何形式的任何情绪。情绪中性占了主导地位，这意味着患者不仅对外部诱因没有反应，而且对可能出现在她脑海里的内部诱因也没有反应。事实也证明了她确实对内部诱因没有反应。

当被问到自己的处境时，L 几乎总是保持沉默。尽管经过反复的劝导之后，她可能会说出自己的名字，但只会说一次，然后就恢复沉默。她对导致她入院治疗的事情无话可说，对她的过去或现在也无话可说。她对亲戚和朋友在场的反应不比对医生和护士的大。无论是照片还是歌曲，黑暗还是明亮，轰隆的雷声也好，淅沥的雨声也罢，都无法使她做出反应。她从来没有对我坚持不懈的重复询问感到不安，也从未对自己或其他任何事情感到担忧。

几个月后，当她从这种狭窄的存在状态中走出来，并逐渐开始回答一些问题时，她开始阐明自己的心智状态之谜。与平常的观察者可能想到的相反，她的心智并未因其行动不便而被禁锢起来。取而代之的是，她似乎根本没有太多的心智，也没有什么类似于核心意识的东西，更不用说扩展意识了。她脸上和身体上的被动恰恰反映了她心智上缺乏活力。在长时间的沉默中，她没有任何记忆，也从未感到恐惧、从未焦虑过、从未有沟通的欲望。在她第一次对我做出答复之前的那段时间（也许是几天），她隐约地回忆起有人在问她问题，但她感到自己实在无话可说，而且，这也没有使她感到任何痛苦。不存在什么东西迫使她不说出自己的想法。

与患有闭锁综合征（将在第 8 章进行讨论）的患者不同，L 似乎在她长时间的清醒的“沉睡”中对自我和周围环境没有任何感觉，也没有任何知晓感。即使在她缓慢的觉醒过程中，她的自我感也是有缺陷的。与患有闭锁综合征的患者不同，但与之前所述的癫痫患者和下一节中所述的患者一样，L 可以完美地移动四肢、眼睛和言语器官——只要她有意识地制定计划并指挥运动。但是她没有。尽管她可能形成一些表象（如果仅依靠反射，很难想象她如何跟踪物体或如何精确地通过触摸拉动床罩），但她看起来并没有产生分化的思维、推理或计划，并且对任何心理内容也没有情绪反应。这一系列重大缺陷的外部表现为：中性的面部表情、暂停的身体移动和缄默症。再一次，情绪消失了。

在某些阿尔茨海默病晚期患者身上，意识也受到损害，并且其形式类似于刚才描述的无动性缄默症。在疾病的早期，记忆力丧失占主导地位，意识保持完好无损。但是随着病情的加重，人们经常会发现患者的意识逐渐退化。不幸的是，教科书以及对阿尔茨海默病的非专业描述强调记忆力的丧失和早期意识的保存，而常常没有提及该疾病的这一重要方面。

这种衰退影响扩展意识的方式是：首先通过逐渐缩小扩展意识的范围，使自传体自我的几乎所有表象消失。最终，核心意识减少到甚至连简单的自我感也不复存在的程度。觉醒还存在，患者以基本的方式对人和物体做出反应，如看一下或摸一下、握住一个东西，但是没有迹象表明这种反应来自真正的知晓活动。在短短的几秒钟内，患者注意的连续性就会被打乱，并且整体目的的缺乏变得明显。

我已经在许多阿尔茨海默病患者中看到这种分裂，看到我亲爱的朋友的这种分裂让我无比痛苦。他是当代著名的哲学家之一。他的才华掩盖了他智力的衰退，只有最亲近的人才能发现。在我最后一次见到他的时候，他一言不发，完全无法辨认出我和他的妻子。他面无表情，他的目光会停留在一个人或物体上几秒钟，而他的脸或身体没有任何反应。

他从未出现任何积极或消极的情绪迹象。然而，他仍然可以用轮椅在房间内四处移动，有时会出人意料，例如，靠近宽大的窗户，漫无目的地向窗外看去。

有一次，我看到他移动到房间里一个几乎是空的书架旁边，伸手去够一个和椅子扶手差不多高的架子，然后拿起一张折叠的纸。这是一张 8×10 的旧照片，被折了 4 折。他慢慢地将它放在腿上，慢慢地展开它。他盯着照片上他微笑着的妻子的美丽脸庞，愣了很久。无数次折叠产生的折痕把纸分成了四个部分。他做了看的动作，但没有真的看见。在任何时候他都没有一丝反应，比如尽管只有咫尺之遥，他和他对面自己的肖像之间没有任何联系；与我也没有任何联系，尽管是我在 10 年前为了分享快乐拍摄了这张照片。从疾病发作的较早期开始，他就经常折叠和展开照片，当时他还知道有些不对劲。也许这是一种绝望的尝试，试图抓住曾经某种确定的东西。现在，它已经成为一种无意识的仪式，以同样的节奏、同样的沉默和缺乏情感共鸣的形式来进行。在那个悲伤的瞬间，我很高兴他不会再知晓了。

对这些意识障碍实例的反思揭示了以下的事实：首先，一方面，觉醒、低水平的注意与短暂而适当的行为之间存在着明显的分离，这些行为可以不受意识混乱的影响；另一方面，情绪随着知晓感和自我感的消失而消失。知晓活动、自我、可识别的受动机驱使的情绪三者的缺陷，与在计划、高水平的注意、持续的适当行为三方面的缺陷密切相关。在这些情况下，我们可以观察到的功能分离会暴露出其他情况下难以觉察的子成分。如果没有神经系统疾病为我们提供的“手术刀”，我们很难注意到这些子成分，更不用说梳理它们了。

其次，出于实践目的，我们可以将中断了的核心意识的神经学例子做如下分类：

1. 保留觉醒和最小注意 / 行为的核心意识受损。最重要的例子是无动性缄默症和癫痫性自动症。无动性缄默症是由扣带回皮质、基底前脑、丘脑以及扣带回顶叶内侧皮质的功能障碍引起的。

2. 保留觉醒但破坏了最小注意 / 行为的核心意识受损。最主要的例子是失神发作和持续性植物人状态。失神发作与丘脑或前扣带回皮质功能障碍有关。持续性植物人状态经常与昏迷相混淆，但我们可以根据植物人患者存在睡眠和觉醒的周期将它与昏迷区分开来，主要是可以通过患者的睁眼和闭眼，有时还通过他们的脑电图模式来进行区分。我将在第 8 章讨论持续性植物人状态。它通常是由上脑干、下丘脑或丘脑的特定结构异常导致的。
3. 伴随着觉醒受损的核心意识受损。例如昏迷、因头部受伤或昏厥引发的暂时性意识缺失、深度（无梦）睡眠和深度麻醉。我在第 8 章中具体讨论了昏迷的相关方面，但我们注意到功能障碍的典型部位是在上脑干、下丘脑和丘脑的结构中。控制睡眠和觉醒的是同一个区域，已知几种麻醉剂的作用也发生在该区域。

最后，正如我们在讨论意识与神经解剖学的相关性时将清楚看到的（在第 6 章和第 8 章中），几乎所有与核心意识显著破坏有关的脑损伤部位都具有一个重要特征，即它们位于脑中线附近。实际上，这些结构的左侧和右侧如同隔着中线彼此照镜子一样。在脑干和间脑（包含丘脑和下丘脑的区域）层，受损的部位靠近构成整个中枢神经系统中线的长管和脑室。在皮质层，它们位于脑的内侧（内部）表面。当我们检查脑的外侧（外部）表面时，我们都看不到它们，因为它们都占据了一个有趣的“中央”位置。这些结构是古老的进化产物，它们存在于许多非人类物种中，并且在人类个体发展的早期就成熟了。

04

半遮半掩的提示

语言与意识

当我在医学院学习并接受神经学训练时，曾经好几次问我周围一些聪明的人，我们是如何产生有意识心智的。奇怪的是，我总是得到同样的回答：是语言产生了意识。他们告诉我，没有语言的生物只能在无意识的状态下存在，而幸运的人类则不然，因为语言使我们得以进行知晓活动。意识是对持续发生的心理过程的言语解释。语言也给我们提供了必要的距离，让我们隔着适当的距离来看待事物。但对于我当时想象中极其复杂的答案来说，这个答案太简单了，而且考虑到我去动物园时看到的情况，这个答案也相当难以置信。我从来不相信它，而且，我很庆幸自己没有相信。

语言，也就是字词和句子，是对其他事物的翻译，是对一些代表实体、事件、关系和推理的非语言表象进行的一种转换。如果语言对自我和意识的作用方式和对其他一切事物的作用方式一样，也就是说，把最初以非言语形式存在的事物用字词和句子表示，那么，在任何语言中就必须存在非言语的自我和非言语的知晓活动，而“我”或“自己”或“我知道”这类字词就是对这些事物的恰当翻译。我相信以下做法是合理的：通过“我知道”这类短语，推断出存在一个促成其产生的以自我为中心的非言语的知晓活动的表象。

“自我和意识在语言之后产生，并且由语言直接构建而成”这个观点不太可能是正确的。语言并不是从虚无中产生的。语言给我们提供了事物的名称。如果自我和意识一开始就是从语言中产生的，它们就会成为唯一的没有潜在概念的词语。

鉴于我们优秀的语言天赋，意识的大多数组成成分，从客体到推理，都可以转换成语言。对我们来说，只要我们愿意，在自然史和个人历史发展的每个时刻，意识都可以被语言无情地转换，并被它所掩盖。语言是我们现在正在使用的高级意识形式的主要贡献因子，我称这种意识为扩展意识。正因为如此，想象语言背后隐藏着什么确实需要付出很大的努力，但这种努力是必须要付出的。

如果你有那么多钱

当我研究了一个又一个因神经疾病引起严重语言障碍的病例后，我意识到，无论在语言能力上遭受多么大的损伤，患者的思维过程在本质上是完整的。更重要的是，患者对自己处境的意识似乎与我的（意识）没有什么不同。至少可以这样说：语言对心智的贡献是惊人的，但是，语言对核心意识的贡献却难寻踪迹。

当我们考虑到语言在心智能力中的地位时，这就不足为奇了。语言表达可以在没有自我、他人和环境意识的个体中产生，这种想法是否可能为真？

就我所知的每一个病例而言，有严重语言障碍的患者都能保持清醒和注意集中，并且可以有目的性地行事。更重要的是，他们能够发出信号，表明他们正在体验到一个特定的客体，或察觉到一个情境的幽默或悲哀之外，或描绘出观察者预期的某种结果。这种信号可以通过拙劣的语言、手势、身体动作或面部表情发出，而且它会迅速地出现。同样重要的是，他们的情绪以背景情绪、基本情绪和次级情绪的形式大量存在，与正在发生的事件紧密相连，明显受到这些事件的驱动，并与我们自己在类似情况下的情绪相当。

在这一点上，最好的证据来自全面失语症（global aphasia）患者，他们的所有语言功能都遭到了重大损伤。患者无论是从听觉还是视觉上，都不能理解语言。换句话说，他们听不懂别人说的话，也读不出一个字或一个字母；除了那些已成定规的话，主要是骂人的话之外，他们没有产生语言的能力；如果你要求他们重复一个单词或声音，他们也不能做到。没有证据表明，在他们觉醒而有注意的心智中，能够形成任何单词或句子。相反，有很多证据表明，他们的思维过程是没有语言的。

然而，虽然与一个全面失语症患者保持正常对话是不可能的，但只要你有耐心，适应了患者形成的由非语言符号构成的有限且即兴的“词汇”，就有可能与之进行丰富的、富有人性的交流。当你熟悉患者所使用的工具时，你甚至不会去怀疑他是否有意识。尽管他无法将思想转化成为语言或者把语言转化成为思想，但就核心意识而言，他与你我并没有什么不同。

现在让我来唱反调，看看会有什么结果。在全面失语症患者身上，大脑左半球的很大一部分受到破坏，但并没有被完全摧毁。全面失语症患者在左侧大脑额叶和颞叶的两个著名的语言区，即布罗卡区和韦尼克区，都有损伤；他们处于布罗卡区和韦尼克区之间的额叶、顶叶和颞叶皮质大面积受损，而在这些皮质下的大量白质，甚至左半球基底神经节的灰质也受到损伤（见图 4-1）。然而，怀疑论者可能会争辩说，即使在最糟糕的全面失语症的病例中，大脑左半球的前额叶和枕叶仍有一些区域未受损。是否可能是，这些区域虽然不能使人恰当地讲话，但保留了一些与语言相关的能力，而这些能力是“由语言引起的”意识出现的必要条件？

这个疑惑可以通过以下方式解开：研究为了治疗某类脑肿瘤而把脑的整个左半球彻底切除的患者的行为。这种手术现在已废除，但曾被作为治疗恶性且快速致命的脑肿瘤的最后手段。这种手术会切除肿瘤所在的整个脑半球，也就是说，不留下任何大脑皮质，甚至在我思想实验中的怀疑论者可能会提到的任何区域都会被切除得一干二净。正如人们所预料的那样，从语言的角度来看，切除左半球是毁灭性的，这导致了最严重的全面失语症。但我对其中一些患者记忆犹新。我要向你们讲述其中一个特别的患者，他名叫厄尔，在 20 世纪 60 年代中期被诺曼·格施温德（Norman Geschwind）研究过。

我可以向你保证，厄尔核心意识的完整性在当时并没有受到质疑，就算在今天也不会受到质疑。虽然厄尔发出的语言实际上仅限于几句咒骂，但显然，他使用这些词语的意图是准确的，表达了他对问题的看法、对体检的某些部分的看法，以及对自己令人沮丧的有限能力的看法。厄尔不仅清醒而专注，他的行为也与生活给予他的不幸命运相适应。他不只是产生一些不加思考、无意识的反应。他试图回答检查人员提出的问题时，有时会用手势，在弄清楚检查人员的手势到底是什么意思和得出他答不上来这个结论之间，他经历了一番深思熟虑的拖延。有时他能用头部运动或面部表情来回应。有时，这种挫败感会通过一个充满无奈的手势传达出来。他情绪的旋律与那一刻的情况非常相应。

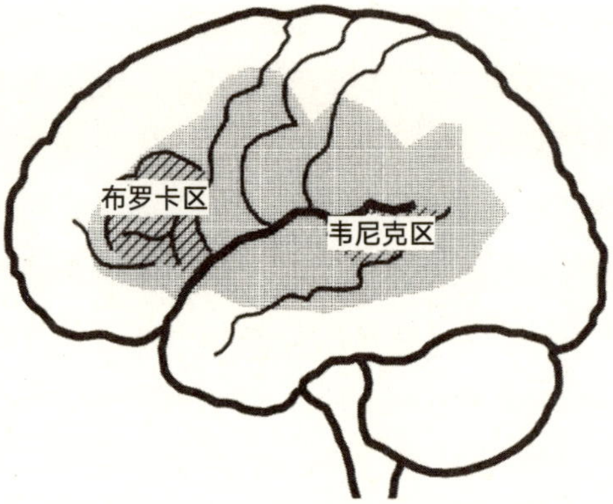

图 4-1　一个典型的全面失语症患者大脑左半球的最小损伤程度

布罗卡区和韦尼克区受到损伤，参与语言加工的其他几个皮质和皮质下脑区也受到了损伤。

语言几乎不需要意识，它是人类应该感谢的重要能力之一。语言的伟大之处在于它能够精确地把思想翻译成单词和句子，把单词和句子翻译成思想；在于能够在单词的帮助下迅速、经济地对知识进行分类；在于能够用一个简单有效的单词表达想象的结构或遥远的抽象事物。但这些使人类的心智在知识、智力和创造性方面得到发展，使我们今天所拥有的先进的扩展意识得到强化的卓越能力，与核心意识的产生毫无关系，更不用说与情绪或知觉的产生有任何关系了。

我始终深情地记得一位和蔼的老奶奶。她脑卒中后患上了严重的失语症。她决心以自己的有意识心智所允许的意志力和智力，克服自己的缺陷。她确实有了明显的进步，但她的语言却一如既往地没有任何改善，也并不是每个人都愿意听她讲话。有一天，我检查她是否有能力说出每个人的名字，我给她看了一系列名人的照片，并问她每个人的名字。我们看到南希·里根的一张魅力四射的照片：在挥霍无度的 20 世纪 80 年代，里根夫人穿着闪亮的银装，头发也闪闪发光；她的目光闪烁着光芒，向上望着她的丈夫。于是我那可爱的患者满是皱纹的脸变得忧郁起来，尽管她想不出南希·里根的名字，但她说："如果'你'有那么多钱，'我'也会那样的。"她的意识多么动人啊！她很快抓住了这幅标志性图片所包含的几层意思。但是，尽管她设法正确地选择了几个单词，甚至为她的话想出了正确的条件句结构，她还是没有能够找到正确的代词来表示她自己——语言不能为她的自我和另一个自我提供稳定的转化。她的语言已经无法与她复杂的思维过程相匹配，然而，她仍然拥有一个丰富的自传体自我。

记忆与意识

正如语言在创造核心意识方面不能发挥任何作用，常规记忆也同样不能。核心意识并不是建立在大量的记忆上，也不是建立在工作记忆上，尽管工作记忆是需要扩展意识的。就记忆而言，核心意识所需要的只是非常短暂的短时记忆。我们不需要通过大量储存的个人记忆来获得核心意识，尽管这些庞大的自传式储存库对我称为扩展意识的高级意识水平做出了贡献。我对这个问题的看法是通过研究患有严重的学习和记忆障碍，即所谓遗忘症的患者而形成的。我将用我的一位患者戴维来说明我的观点。他也许是有记录在案的最严重的遗忘症患者，我已经对他进行了 20 多年的研究。当我报告好人 / 坏人实验的结果时，我谈到了戴维，现在，我将对他进行专门讨论。

什么都想不起来

我的朋友戴维刚刚到了。我以拥抱和微笑向他致意，他也用同样的姿态问候我。我很高兴见到他，他也很高兴见到我。这一切都很自然，我没法说清楚是谁先微笑的，或者是谁先向对方走过去的。这都不重要。戴维和我都很高兴在这里相见。我们坐下来，开始像老朋友一样交谈。我给他倒了一杯咖啡，也给自己倒了一杯。如果你在不知情的情况下从窗户的另一边观察，你不会觉得有任何不寻常。

但情况即将改变。我打破了朋友间愉快交谈的习惯，转而问戴维我是谁。戴维毫不犹豫地说我是他的朋友。我也毫不犹豫地回答说："这是当然。但是，戴维，我到底是谁呢？我叫什么名字呢？"

"呃，我不知道。我现在想不起来了，确实想不起来。"

"可是，戴维，请尽可能回忆一下我的名字。"

然后他确实做了回答："你是我表哥乔治。"

"乔治什么，戴维，表哥乔治什么？"

"表哥乔治·麦肯齐。"戴维语气坚定地说，但他疑惑而迅速地皱了皱眉。

认识我的人都知道我不是乔治·麦肯齐，也不是戴维的表哥，但显然戴维是个例外。戴维不知道我是谁。他不知道我是做什么的，不知道自己从前有没有见过我，不知道上次是什么时候见我的，而且，他不知道我的名字。他也不知道自己所住的城市、所住的街道、所住的大楼的名字。他也不知道现在什么时间，尽管当我问他时间时，他快速地看了下他的表并正确地回答了“2点45分”。当我问他今天几号时，他又快速地看了下他的表并再次正确地回答了“这个月的6号”。他的表上有一个明显的窗口，表明这个月的日期，但没有表明是几月。

“很好，戴维，非常好，但现在是几月呢？”

他心神不宁地望着房间，盯着紧闭的窗帘，对着它说道：“呃，我觉得是2月或3月。天气很冷。”最后一句话才说了一半，他就站起来走向窗户，把窗帘拉开，并兴奋地说道：“噢，我说错了！这肯定是6月或7月。这是夏天的天气。”

“确实如此，”我说，“现在是6月，外面大概是32摄氏度。”

对此戴维回道：“零上32度吗？太好了，我们应该出去走走。”

戴维回到他的椅子上，我们继续谈话。如果我的话题远离具体的人、地点、事件或时间，谈话就会恢复自然。戴维知道如何行走在一个非特定的世界里。他的话语都是精挑细选的，说话很有节奏，韵味十足，且洋溢着适合于当下时刻的情绪；当他放松地坐在椅子上时，他的面部表情、手和手臂的姿势以及身体姿势，都与你预期中适合当下情境的表情和姿势完全一致。戴维的背景情绪就像一条宽阔的河流一样流淌着。但戴维谈话中的自发内容是泛泛的，每当他被要求提供一些非泛泛的细节时，他常常拒绝，并相当坦率地承认，他什么也想不起来。如果有人非要他大胆地具体描述某件事，或者按时间进行讲述，或者说出一个特定的人的名字，他就会随便乱说，瞎编一通。

我的老朋友戴维患有人类历史记录上最严重的记忆障碍。在他患上严重的脑炎之前，他的记忆是完全正常的。在戴维的案例中，这种脑组织的传染病是由 I 型单纯疱疹病毒引起的。我们大多数人都携带这种病毒，但只有极少数人会因此患上脑炎。没有人知道为什么这种病毒会在少数不幸的人身上突然发作。

戴维是在 46 岁时患上脑炎的。疾病导致戴维的某些脑区，也就是左右颞叶受到严重的损伤。当病痊愈后，在之后的几周里，我们可以清楚地发现，戴维不能学习任何新的事实了，甚至不能学习任何新的东西了。无论他是遇到一个新的人，还是看到新的风景，无论他是目睹了一个新的事件，还是需要记住一个给定的单词，这些都没有任何差别，因为他无法在记忆里保留任何事实。他的记忆仅限于不到一分钟的时间。在那个短暂的时间内，他关于新的事实的记忆是正常的。如果我给他介绍我自己，然后离开屋子，然后在，比方说 20 秒内回来，问他我是谁，他会马上说出我的名字并且说，是的，他刚才见过我，我刚刚不见了，现在又回来了。但是，如果我在 3 分钟之后回来，对于我是谁，他就一点儿印象都没有了。如果我迫使他说出我是谁，我就会变成任何一个人，很可能就是表哥乔治·麦肯齐。

在根本无法学习新的事实方面，戴维和患者 HM 相似，这个患者最初是由心理学家布伦达·米尔纳（Brenda Milner）进行详细研究的。从 20 世纪 50 年代中期以来，HM 就无法学习任何新的事实（说来也奇怪，他和戴维年纪相仿）。但是戴维的记忆损伤比 HM 更加广泛，因为他不仅不能学习新的事实，还不能回忆起许多旧的事实。实际上，他无法回忆起他人生中任何特别的事物、个人或事件。他记忆丧失的范围几乎延伸到他的婴儿时期。

这种损伤也有少数例外。戴维确实知道自己的名字，以及他妻子、孩子和一些近亲的名字。但他没法想起他们长什么样，也记不住他们的声音是怎样的。因此，他无法在旧的或新的照片中认出他们中的任何人，也不能当面认出他们中的任何人。实际上，他连自己的大多数照片都认不出来，除了他年轻时候的几张照片。为什么戴维和 HM 在无法学习新的事实方面如此相似，却在回忆旧的事实的能力上如此不同呢？原因在于，他们有共同受损的位置，即海马，但也有不同的受损位置，即颞叶皮质的剩余部分，尤其是在下颞叶和颞极区，只有戴维在这个位置出现损害。

戴维知道他以前的专业工作是什么，也知道他一生中大多数时间居住的城市是哪个，但他不能对那个地方进行描绘，也认不出他以前的房子、车子、喜爱的宠物或者珍爱的个人艺术品的照片。当被问及那些特别的事物时，他想不出任何具体的东西。当给他看那些事物的照片或那些事物本身时，他所想到的是关于这些事物的概念范畴的知识。给他看他 14 岁儿子的照片时，他说，这是一个笑得很开心的男孩，可能要上中学了，但他却一点儿也想不起来这是他自己的儿子。正如上面的对话中所表明的，他所能记得的就是他周围世界里最一般性的东西。他知道城市、街道、大楼是什么，知道医院和宾馆的区别。他知道各种不同的家具、衣服和交通工具的用途。他也知道事物或生物所表现出来的不同行为，知道最常见的包含这些事物或生物的事件的一般发展路线。但当你认识到，他已经丧失了提取 46 岁前所学习到的具体事实的能力，并且此后他无法获得任何新的事实的时候，你就了解这种损伤有多么严重。这种损伤严重到会让你很想知道，在这样一个人的内心深处，他的心智是怎样的。戴维是行尸走肉，即一种由某些哲学家在他们的思想实验中创造的人吗？用更贴近我们视角的话来说，戴维有意识吗？

戴维的意识

按照核心意识的检查表来看，戴维表现得相当不错。首先，戴维是觉醒的。用神经学家的传统术语来说，他是“清醒和警觉的”。顺便说一句，我们知道，他的睡眠节律是正常的。他的睡眠正常，并且在快速眼动（rapid eye movement，REM）期睡眠中，他表现得和预期一样，会做梦。戴维能将注意指向我们呈现给他的刺激，这方面也是没有问题的。无论是要求他听一句话或一段音乐，还是给他看一张图或是一个电影，他和你我一样，会把注意朝向刺激物，有时候非常热情，有时候不太热情，但都足以加工这个刺激，形成对它的某种印象，并且准备好回答与它相关的问题。实际上，如果呈现的刺激或情境使他感兴趣的话，他能够集中注意并在相当长的时间内保持这种注意。例如，他能下一整盘跳棋，并且取胜！尽管他不知道这个游戏的名称，也不能准确说出它的一条规则，或说出他上一次玩是什么时候。背景情绪不断地流动着，许多（尽管不是所有的）基本情绪和次级情绪也是如此。他下棋赢了的快乐是一种可以看出来的快乐，在游戏接近关键时刻时，他对声音的情感调节就是人类情绪最初的表现形态。另外，他的自发行为是有目的的。他能够恰当地找到一把好的椅子来坐、寻找一些食物和饮料、寻找一个可以用来观察外界的电视或窗户。如果放任他做自己的事，他能够好几分钟或几小时有目的地做出与他所处情境有关的行为，前提是他所做的事情是吸引他的。

戴维和我之前描述的患者之间有很明显的区别。癫痫性自动症患者也是清醒的，但他们的注意持续时间很短，不能长久地在一个客体上保持注意，在一个客体上保持注意的时间只是形成表象并转向下一个行为所必需的时间。自动症患者的行为只有在每个动作（如用杯子喝水）或连续几个动作（如起身走出去）中才是有目的的，但这种目的没有连续性。这些行为并不适合整个情境。

在正常的觉醒、注意和有目的的行为存在的情况下，使用意识的外部定义的人会得出结论：戴维有正常的意识。当然，我也同意这种观点，且为了帮助这些外部定义者进行诊断，我要补充说，正如有关他对周围发生的事物或事件做出反应的报告中所清楚揭示的，戴维能清楚认识到自己和周围环境的关系。我不能跳到他的心智中去看一看，但我可以分析他对他所体验到的世界经常做出的评论，比如："噢！这太糟糕了"；"我喜欢这个"；"坐在这里和你们大伙一起看图片真好"；"天哪，太可怕了"；"我尝着味道很好，是我最爱的那种"；"我觉得在公众面前讲这些事情不好”。因为我们是同一物种的生物，所以以下推论是合理的：既然这些评论和我们普通人在相似情境下所做出的没有什么形式上的不同，那么，就会产生一种在形式上和我们普通人做出这种判断时相一致的心理状态。当戴维什么都想不起来的时候，他的自我感仍然在起作用。

在戴维的短期记忆的时间窗口内（大约45秒钟），他有足够的时间产生对一系列项目的核心意识。有证据表明，戴维在不同感觉通道（视觉、听觉、触觉）中形成的表象，是从他的有机体的视角形成的。很明显，他把这些表象视作自己的，而不是别人的。而且很容易观察到，他可以在这些表象的基础上采取行动，并且把与表象紧密联系的行为意图报告出来。总之，戴维不是行尸走肉。就核心意识而言，戴维和你我一样，都是有意识的。

不言而喻，戴维的心智并非完全和你我一样，并且将缺少的部分描述出来很重要。戴维能生成不同感觉通道的表象。这些表象是以协调且逻辑上相互联系的形式存在的，且这种表现形式会随着时间发展而向前变化，新的表现形式会胜过旧有的，从这个意义上说，他的心智和我们是一样的。戴维有一系列此类表象，莎士比亚和乔伊斯以文学的形式在他们的作品独白中对此做了转换，而威廉·詹姆斯称之为“意识流”。但是，在戴维的意识流中的表象具有不同的内容。我们确切地知道，他的表象体现的是一般知识而不是特殊知识，是关于我们呈现给他的刺激的一般知识，是关于他自己、他的身体、他当前的身心状况、他喜欢的和不喜欢的东西的一般知识。和我们不同，戴维不能想象出事物、人物、地方或事件的具体细节。每次，我们都不可避免地将一般知识的表象和具体知识的表象混合在一起，而戴维则困于一般知识的限度内。在心智内容的具体性方面，戴维和我们是不一样的。我猜想在表象的数量上，戴维和我们也是不同的。由于限于一般性的内容，戴维的心智可以在每个单位时间内更好地加工比你我心智接触到的表象都更少的表象。

具体内容的完全缺失的确损害了戴维把对给定客体的理解与对其个人历史的全面扫视联系起来的能力。他可以感受一个客体的实际意义，并由此生发出愉快的感受，但他不能详细描绘自己是如何形成实际意义或感受的，也回忆不起来他生平的哪些具体事件让他产生这些表象。他也不能描述出该客体和他预期的未来是否相关，而这背后的理由很简单——和你我不同，戴维对计划的、可能的未来没有记忆。他不能提前做出计划，因为提前计划需要对过去的具体表象进行智能操作，而戴维不能生成任何具体的表象。所有这一切都表明，戴维拥有一个正常的、此时此地的自我，但是他的自传体记忆被缩减成一个轮廓，因此那个在任何时刻都可以构建起来的自传体自我被严重损害了。

由于具体内容的缺失，戴维的扩展意识受到了损害。如果他能够在心智中产生出已经不再为其自传体记忆所有的具体内容，那么，使得扩展意识存在的某些机制或许就会发挥作用。没有证据表明，他缺乏同时生成几种心理表象或者在心智中保留住不同感觉通道的不同表象的能力，而这是一种通过工作记忆而形成的能力，且对扩展意识而言很重要。例如，他可以毫不费力地完成那些要求把颜色、形状和大小因素结合在一起的任务。

因为戴维缺乏定义特定项目所需要的细节，因此，他也缺乏与社会认知和行为有关的扩展意识的某些方面。对社会情境的高水平知晓活动是建立在对具体的社会情境拥有大量知识的基础上的，而戴维无法形成这种知识。他观察到大量的以礼貌的方式表现出来的社会习俗，并用这种方式向别人问好，在谈话中轮流说话，或者在马路上、走廊里走动。他能够明白什么是高尚的、善良的行为。但是对于社会集体组织运作的综合性知识，他理解不了。

戴维的例子说明了两个结论。第一，特定且具体的事实性知识并不是核心意识的先决条件。第二，戴维的两侧颞叶有大量的损伤，包括海马、覆盖在海马上面的内侧皮质、颞极区、外侧颞叶和下颞叶的较大区域，以及杏仁核（见图 4-2）。因此，我们就可以得知，核心意识根本不可能是依靠这一大片脑区的。

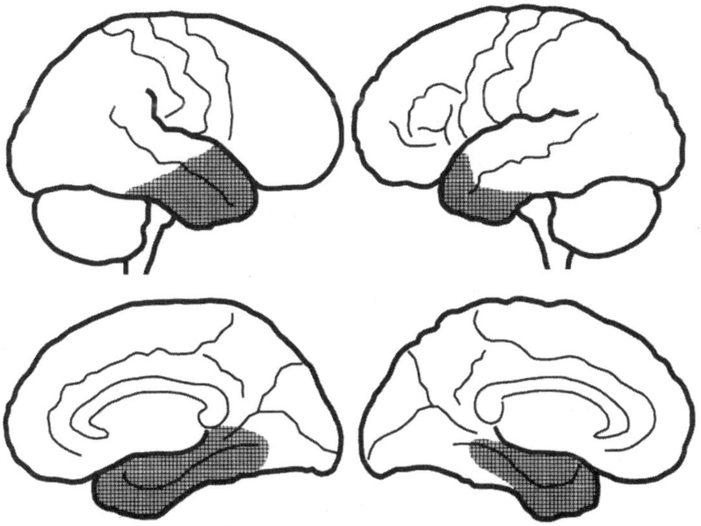

图 4-2　患者戴维的颞叶损伤程度

损伤破坏了戴维左右两半球的颞叶的大片脑区，包括海马。他对任何新事实的学习能力以及对旧事实的记忆能力都受到了严重损害。

总结一些事实

意识可能会受到损伤，也可能不会，从对这两种状态的简单分析中可以得出许多初步的事实。

第一，意识不是铁板一块。区分各种意识是合理的，至少在那种简单、基本的意识和那种复杂、扩展的意识之间有一种自然的划分，而在扩展意识中区分层次或等级也是合理的。神经疾病的结果验证了核心意识和扩展意识的区别。在无动性缄默症、失神发作、癫痫性自动症、持续性植物状态、昏迷、深度睡眠（无梦睡眠）和深度麻醉状态中，那种基本的意识，即核心意识，受到了破坏。一方面，为了与核心意识的基本性质保持一致，当核心意识出现问题时，扩展意识也会出现问题。另一方面，当扩展意识受到损害时，如自传体记忆发生严重紊乱的患者所例证的那样，核心意识并没有受到破坏。（扩展意识及其失调在第 7 章讲述。）

第二，一般来说，可以将意识与觉醒、低水平注意、工作记忆、常规记忆、语言和推理等功能分开。核心意识并不等同于觉醒或低水平的注意，尽管它需要后两者都能正常运作。如我们所见，失神发作或自动症或者无动性缄默症的患者严格来说是觉醒的，但没有意识。而那些失去觉醒状态的患者（REM 期睡眠中的人除外）就不再有意识了。

核心意识也不等同于随着时间的推移而保持住表象的过程，后者是一个被称为工作记忆的过程。自我感和知晓感是如此转瞬即逝，又会如此大量地生成，以至于没有必要长时间保持，就可以使其发挥作用。不过，工作记忆对于扩展意识的过程至关重要。

正如我们所看到的，首先，核心意识并不依赖于对某个表象的稳固记忆或对它的回忆，也就是说，它不依赖于常规的学习和记忆过程；其次，核心意识不是建立在语言基础上的；最后，核心意识并不等于在诸如计划、解决问题和创造等过程中对某一表象进行智能操作。在推理和计划方面存在严重缺陷的患者，其核心意识完全正常，而顶端的扩展意识则存在缺陷（见《笛卡尔的错误》）。

所有这些认知的不同方面（觉醒、表象生成、注意、工作记忆、常规记忆、语言、智力）都可以通过适当的分析和分别研究而区分开来，尽管事实上它们是作为一个十分和谐、出色的整体，与意识完美地配合在一起运作的。

第三，情绪和核心意识有明确的联系。核心意识受损的患者不能用面部表情、身体表情或声音来表达情绪。在这些患者身上，全部的情绪，从背景情绪到次级情绪，通常都丧失了[1]。相比之下，正如我们将要在讨论扩展意识时（第 7 章）所看到的，核心意识保存完好但扩展意识受损的患者有正常的背景情绪和基本情绪。这种联系至少表明，情绪和核心意识依所依赖的一些神经结构位于同一区域。但是，我们似乎可以合理地推断，情绪和核心意识的联系超出其所依赖的纯粹的神经装置的联系。

第四，核心意识的损害会影响到全部心理活动以及各种感觉通道。在核心意识受损的患者身上，从那些昏迷和持续性植物状态的患者到癫痫性自动症、无动性缄默症和失神发作的患者，核心意识的损害都没有给保留下来的意识留下活动的空间。这种损伤扩展到所有的感觉通道。核心意识服务于能够成为意识的全部思想范围，服务于所有有待知晓的事物。核心意识是核心资源。

相比之下，正如在下一章中要讨论的，如果在一个感觉通道之内，如在视觉或听觉内形成表象的能力受损，那么只会损害对某一客体的某一方面（视觉或听觉方面）的有意识的鉴赏，不会损害总的核心意识，甚至也不会损害通过不同的感觉通道（如嗅觉或触觉）而形成的对同一客体的意识。自然，如果所有的表象形成能力都受到损害，意识就会被完全破坏，因为意识是对表象起作用的。

上述观察与认为意识被感官部分所分解的观点是不一致的。在某些情况下，脑损伤患者无法处理某种表象，例如视觉或听觉表象。在这些情况下，对该通道的感觉加工可能会接近于完全丧失，如皮质盲（cortical blindness）；或者对该通道的某个方面的加工可能会丧失，例如颜色加工能力的丧失，如众所周知的全色盲；或者某一加工过程的重要方面受到损伤，如所谓的面孔失认症（prosopagnosia），该病患者无法认出熟悉的面孔。在我的框架中，受到这种影响的患者有一种"有待知晓的事物"的困扰。但是，他们对在其他感觉通道中形成的所有表象都有正常的核心意识。同样重要的是，对于他们没能正常加工的具体刺激物，他们也有正常的核心意识。换句话说，那些不能识别出先前熟悉的面孔的患者对他们面对的刺激物有着正常的核心意识，能完全意识到他们不认识这个本该认出的面孔。实际上，他们知道这是一个人的面孔，只是他们在知晓活动中的自我感无法知晓这个面孔。这些患者有正常的核心意识，也有位于残缺知识的岛屿之外的正常的扩展意识。他们受到限制的困境突出了以下事实：核心意识及其引起的自我感，是一种核心的资源。这些观察也对试图在某一感觉通道（如视觉）内就全面地理解意识的问题，而无须诉诸意识所服务的整个有机体概念的努力提出了质疑。这些尝试可能会有助于阐明在第 1 章所概述的那两个意识问题中的第一个，即脑中的影像问题，但却不能解决第二个问题，即在知晓活动中的自我感问题[2]。

核心意识与其他认知过程是可分离的，这个事实并不意味着意识对它们没有影响。相反，正如第 6 章所解释的，核心意识对其他认知过程有重大的影响。核心意识使注意集中，并且使注意和工作记忆的效率得到提高；核心意识有利于记忆的建立；核心意识对于正常操作语言不可或缺；核心意识扩大了被我们称为计划、解决问题和创造性等智能操作的范围。

总之，像我们这样拥有广博的记忆和智力的个体，无论是否有语言的帮助，都能够在逻辑上对事实进行操纵，并且根据事实中进行推理。但是，我要指出，核心意识是可以和我们对核心内容所做出的推理分离开来的。我们可以推断：我们心智中的想法是在我们个体的视角下形成的；我们拥有它们；我们能够对它们发挥作用；与客体建立关系的明显的主导者就是我们的有机体。但是，在我看来，核心意识是在这些推断之前开始的，而它正是我们的有机体在知晓活动中所表现出来的质朴感的证据。

以上讨论的所有认知特征已经通过核心意识得到了加强，这些特征又反过来在核心意识的基础上帮助建立了扩展意识。而且，它们之间的联系从未被切断。每时每刻，在扩展意识的背后都存在着核心意识。这听起来很让人惊讶，但其实不必惊讶。为了欣赏巴赫的音乐，我们还需要全面的领悟。

半遮半掩的提示

现在是时候更多地谈一谈核心意识了，因为我们已经讨论了在什么情况下它可能会消失，或者在其他重要的认知障碍存在的情况下会明显地保留。

在本书的开篇，我提出核心意识包括一种基于表象的内在感觉。我还认为，那些特定的表象就是对某种感受的表象。这种内在感觉传达了一种关于有机体和客体之间关系的强有力的非言语信息：在这种关系中有一个作为个体的主体，一个瞬间构建的实体，而此时此刻的知识似乎就是由这个实体产生的。这句话中隐含着以下一种观念：任何正在被处理的客体的表象都是在我们个人的视角下形成的，我们是思维过程的所有者，我们可以对思维过程的内容施加影响。在核心意识过程的最后，就是对引起核心意识的那个客体的强化，以使这个客体便作为与产生知晓活动的有机体的关系的一部分而凸显出来。

我在这里采用的这种意识观点与洛克、布伦塔诺、康德、弗洛伊德和威廉·詹姆斯等思想家所表达的观点有着历史性的联系。他们和我一样，都认为意识是一种内在感觉。奇怪的是，这种内在感觉不再是意识研究的主流[3]。在我此处采用的观点中，意识符合威廉·詹姆斯所概括的基本意识属性，即：意识是有选择性的；意识是连续不断的；意识和它自身以外的客体有关；意识是个人的。威廉·詹姆斯没有区分核心意识和扩展意识，但事实证明这不构成问题，因为他提出的属性观可以轻易用于这两种意识[4]。

对于我们即将意识到的每一个内容而言，核心意识都是以类似脉冲的方式产生的。当你面对一个客体，为此构建一个神经模式，并且自动地发现，突显出的客体表象是按照你的视角形成的，是属于你的，你甚至可以对它产生影响的时候，你体验到的就是知识的具体化。你是即刻获得这种知识，或者按我更喜欢的说法来讲，这种发现的：没有明显的推理过程，没有清楚的逻辑过程引导你，也没有任何语言；只有该事物的表象，而与此紧密相连的，是你对它拥有的感觉。

你还没有直接知晓的是这个发现背后的机制，是在你的心智中看似开放的阶段背后，为了使某一客体表象的核心意识得以产生并使这种表象为你所有而必须采取的步骤。总的来说，在此阶段背后的步骤是需要花费时间的，而时间对在一个客体表象与你对它的拥有之间建立因果联系来说至关重要。如果使用一个精确的秒表进行测量的话，我们可以看到此过程所消耗的时间是很短的，但是，如果你从神经元的角度来考虑的话，它所消耗的时间实际上是相当长的。神经元使这一切成为可能，它的时间单位比你的有意识心智的时间单位小得多：神经元在几毫秒内就可以变得兴奋并且产生脉冲信号，而我们心智中所意识到的事件却要在几十毫秒、几百毫秒、几千毫秒的时间后才能出现。等你接收到意识所“传递”的某一客体时，如果分子能够思考的话，对于分子而言，事情已经在你的脑机制中过去了极长的时间。从意识的层面而言，我们都是无可救药的迟到者，而且，由于我们都遭受同样的延迟，所以谁也没有注意到这点。意识是迟缓的，且与产生意识过程的实体有关——这种观点得到了本杰明·李贝特（Benjamin Libet）实验的支持，他开创性的实验研究了使刺激成为意识所花费的时间。我们的意识很可能晚了大约500毫秒。[5]神奇的是，我们可以把我们的心理自我置于细胞层面的时间与我们产生意识所耗的时间之间，而令我们谦卑的是，我们不可能正确地想象这两个遥远的时间尺度中的任何一种。

当你看到这一页，看到这些文字时，无论你是否希望，你都会自动地、不间断地感觉到你正在阅读。我没有在阅读，别的人也没有，是你在阅读。你能感觉到你现在所感知到的客体，比如本书、你周围的房间、窗外的街道等都在以你的视角得到理解，感觉到你心智中形成的想法是你的，而不是其他任何人的。你还会感觉到，如果你愿意，你可以对这种场景发挥作用，如停止阅读、开始反思、起来走一走。意识是心理现象的总称，它允许你成为观察者或所观察事物的知晓者、你视角中形成的思想的所有者，以及场景的潜在代理人的奇怪组合。意识是你心理过程的一部分，而不是位于其外的。个人的观点、个人对思想的所有权，以及个人的能动性，是核心意识对有机体中正在展开的心理过程所贡献的关键财富。核心意识的本质就是你的思想——你作为一个个体参与知晓自己和他人存在的过程的感受。知晓活动和自我都是真实的心理实体，从生物学角度讲，它们都会是完全真实的，但会与我们直觉可能想象到的很不一样，不过就目前而言，这些都无关紧要。

你正在阅读本书，并且随着你阅读的进展，你在概念的思维流动中转换出词的意思。这纸上的词句是我的概念的转换，现在它们在你的心智中被非言语的表象进行了转换。这些表象的集合界定了最初在我心智中的概念。但是，在感知到这些印刷的文字以及呈现出理解这些文字所需的相应概念知识的同时，你的心智也表征出，你正在逐一地阅读和理解。你的心智并不局限于外在所感知到的事物的表象，也不局限于与所感知到的事物有关的被回忆起的事物的表象。它也包括你。

构成知晓活动和自我感（对知晓活动的感受）的表象，并没有在你的心智中占据中心位置。它们对心智的影响最为强大，但通常待在一旁；它们低调而不引人注意。大多数时候，知晓活动和自我感是微妙的而非武断的模式。不仅仅是构成知晓活动和自我感的那些内容会被忽视，那些微妙的心理内容也会被忽视，这就是它们的命运。

考虑一下你当前的任务：用传统心理学的术语讲，面对这页上的文字和它们所引起的思想，你需要一个被称为注意的过程，它在实时心理加工过程中类似于一种有限的商品。我的文字和你的思想控制着你能使用的几乎所有的加工能力。当你分析这些文本时，在很大可能上，你不会同时注意你目前正在产生的所有表象，更不用说注意那些你也在产生但并不与这些文本相关的其他表象了。正因为如此，你的某些思想才可能凸显出来，而其他思想则从心理的突出位置上退下来。例如当你在思维过程中考虑其他表象时，这页上的文字可能会在一小段时间内变得模糊或者完全消失。因此，低调而微妙的模式并非不公平地针对你的能指。它是心智的标准操作方式。

在每时每刻都会形成和任何主题相关的大量表象。一般，它们都没被注意到或很少被注意到。就在几分钟前，发生了以下的事情：我左手拿着一本书，右手端着一杯咖啡，来到书房。刚走到楼梯的一半，我想起之前我把两支笔放在楼梯的台阶上了。当我爬楼梯的时候，我并没有注意到与此事相关的任何想法，只是平稳而迅速地把杯子移到左手上——这是一个的熟练的动作，既要动作精准以避免把咖啡洒出来，还要防止我左手的书滑落下来；然后我用右手拾起了笔。回想起来，所有这些行动在这种情况和序列下都不符合常规，却发生得很顺利，而且看上去不需要进行任何思考。事实上，当我看到我的右手在确定了两支笔的位置之后采取了抓住它们所必需的姿势时，我才注意到这些行动背后有一个“计划”。通过在那么一瞬间，把心智的焦点转移到刚才发生的事情上而不是当前这一刻上，我得以在这个琐碎而复杂的事件背后对这个感觉运动过程的一部分进行重新构建。

只有一小部分的心理活动是相当清楚的，而且能被明确地注意到，它就在那里，并不遥远，只要你愿意尝试，或许就可以注意到。奇怪的是，一个人所处的环境确实会影响他对心理边缘内容的关注程度。要不是我专注于核心自我的微妙存在这个问题，我可能根本就不会注意到这件事，也不会去想这些不起眼的小事背后所隐藏的丰富的心理细节[6]。

如果你认为你从来没有注意到自己在进行知晓活动，我会说，更加仔细地去注意，你就会注意到。我还要补充的是，不去注意自己在进行的知晓活动是有好处的。来吧，想想看，除非当前心理活动的特定目的是反映你有机体的特定状态，否则，将注意分配到构成此刻的你的那部分心理内容上是没有意义的，没必要把处理能力单独浪费在你身上。就顺其自然吧。

你的能指可以低调而不起眼，这并不意味着它不重要或可有可无。在某种程度上，你可以有意控制那种更精细的感觉活动，我称之为自传体自我；你可以使它控制你的思想的全部，也可以使之最小化。但是，对于你的核心存在，你却不可能有多少作为；你无法让它完全消失，因为总是会保存着一个实质性的存在，而且这是一件好事。正如我们刚才看到的，除了那些由睡眠或麻醉引起的情况外，核心意识的消失都是疾病的征兆。如果消失只是局部的，它就会导致一种异常的状态，而且别人很容易认出这种状态是异常的，但你却不知道——没有知晓活动时，你就不会知道。重要的是，知晓活动和自我感都消失了，但觉醒状态没有消失。这种情况会使有机体处于严重的危险之中，其中一种危险就是，这个人会在不知道自己行为后果的情况下行事。如果在知晓活动中没有自我感，仿佛一个人产生的思想就无人认领，因为它们的合法所有者消失了。而自我枯竭的有机体全然不知道这些思想属于谁。

第三部分

知晓的生物学

核心意识是具有基础性的必要条件。在进化和个体发展过程中，它总是比我们现在拥有的扩展意识领先一步。然而，如果没有扩展意识，核心意识将不会引发过去和未来的共鸣。核心意识和扩展意识，核心自我和自传体自我，两两相扣，这样才算完整。

05

有机体与客体

自我背后的主体

将对意识的研究聚焦于自我的问题之后，对意识的质询开始变得更加有趣，但直到我开始依据有机体和客体这两个参与者，以及它们之间的关系来看待意识时，问题才变得清晰起来。我们忽然发现，意识是由以下两个事实所构成的知识组成：有机体与某些客体发生了关联，而相关的客体又导致有机体的变化。正如前文所述，对意识的生物学原理的阐明，变成了一个研究脑是如何构建神经模式来映射两个参与者和它们之间关系的问题。

客体表征的问题似乎并不像有机体的表征那么神秘。神经科学界为理解客体表征的神经基础投入了相当大的努力。有关知觉、学习、记忆和语言的广泛研究，已经为我们提供了关于以下问题的一个切实可行的观点：有关客体的知识是如何存储在记忆当中，按照概念或语言的范畴进行分类，并以回忆或再认的模式被提取。客体以神经模式的形式，呈现在与其性质相适的感觉皮质中。比如，在一个客体的视觉表征方面，不止一两个，而是许许多多的视觉皮质区域构建出了合适的神经模式。这些区域以一种协调的方式一起工作，来映射客体各个方面的视觉表象。在本章的后面我们会回到客体表征的话题。

然而，在有机体这一边，事情有所不同。虽然我们对有机体如何在脑中表征这个问题的了解并不少，但是我们很少注意到，这样的表征可以连接到心智和自我的概念。是什么赋予脑一种天然的手段，令它产生单一而稳定的、我们称为自我的指称？这个问题还有待回答。许久以来，我一直相信答案就在一套特殊的对有机体及其可能行为的表征之中。在《笛卡尔的错误》中，我提出以下一种可能性：心智中我们称为自我的一部分，在生物学意义上，是基于一系列无意识的神经模式，这些神经模式代表着我们称为本体的那一部分有机体。[1] 这乍听起来可能非常奇怪，但在纳入了我的理由之后，它就会显得比较可信。

对稳定性的需求

在思考自我的演变过程的生物学基础，思考它如何从简单的核心自我推进到复杂的自传体自我时，我开始考虑它们的共同特征。我把稳定性放在最重要的位置，理由如下：在所有的自我类型之中，我们可以考虑一个总是控制着中央舞台的概念，即一个会随时间而轻微变化，但总体上保持不变的有界限的单一个体。在强调稳定性时，我并非想表示自我在任何描述中都是一个不变的认知或神经的实体，而是想说自我必须具有显著的结构不变性，才可以在较长的时间跨度内保持参照的连续性。实际上，参照的连续性是自我必须提供的。

从最简单到最复杂的所有水平的处理过程都需要相对稳定性。当你把空间中多个客体联系起来时，或是当你以特定方式对特定情境做出一贯的情绪化反应时，稳定性都是不可或缺的。同样，稳定性也存在于复杂观念的水平上。当我说“我对企业的想法发生了改变”，这表明我曾对企业持有一个现在不再持有的观点。现在我心目中描述企业的那些内容和我对他们所做行为的看法都已经改变了，但是我的自我没有改变，或至少改变程度不如对企业看法的改变。相对稳定性支持着参照的连续性，因此对自我来说必不可少。我们在探求自我的生物学基础时，必须确立一个能提供这样的稳定性的结构。

当回顾自我的概念时，我们发现了个体的概念。当回顾个体的单一性时，我们又发现了稳定性。因此，自我的生物学根源的谜团可以解读如下：是什么为心智提供了既单一又稳定的支撑？

作为自我前身的内环境

意识是生命体的重要属性，在对意识进行讨论时，将生命纳入讨论或许会有所裨益。显然，意识后于有机体的生命和维持生命的基本装置而存在。很有可能，意识在进化过程中之所以取得成功，恰恰是因为它能出色地支持生命。

理解一个乃至数十亿个细胞构成的生命体，关键在于如何定义它们的边界，将内部和外部的东西分离开来。有机体结构在边界内部，而有机体的生命就定义为维持边界以内的内部状态。单一个体依赖于边界而存在。

在任何情况下，甚至当有机体所处的环境发生巨大的变化时，有机体结构中都有一种修正有机体内部活动的倾向性安排。这种倾向性安排能够保证环境变化不会导致内部活动发生巨大的、过度的变化。变化幅度即将进入一个危险的范围时，它可以通过一些先发制人的行动来阻止变化；当危险的变化已经发生，它仍然可以通过一些恰当的行为来对其进行修正。

我在此所描述的生存的详细说明包括：边界，内部结构，在维持生命的指令之下对内部状态的倾向性安排，窄幅的、可保证内部相对稳定性的内部状态变化。现在考虑一下这些详细说明。我仅仅是在描述一系列有关简单生命体的生存的详细说明吗？或者有没有这种可能，即我也在描述自我感的一些生物学前身，而这种意识来源于决意维护稳定性以维持自身生命的单一、有界的生命体？实际上，我可能在描述其中任意一者。内环境的恒定对维持生命来说至关重要，它可能是自我最终在心智中形成的蓝图和锚点。

关于内环境的进一步讨论

一个由单一细胞组成的简单有机体，例如变形虫，不单单是活着，而且是致力于生存的。与我们相比，变形虫作为一个没有心智和脑的生物，并不知道自身有机体的目的。尽管如此，某种形式的目的依然存在，这样的目的使这种小生物在外界环境急剧变化的情况下仍能成功维持内环境化学特征的稳定。

我想表达的是，生存欲望并不是现代社会发展的产物，也不是人类独有的属性。从简单到复杂的大多数生命体，都以某种方式表现出这一属性。唯一的变化是有机体在多大程度上知晓这一欲望。知晓生存欲望的有机体很少。但不管它们是否知晓，这种欲望都依旧存在。感谢意识，让人类能敏锐地察觉到生存欲望。

生命是在边界之内进行的，这个边界定义了身体的存在。生命和生存欲望存在于边界内部；作为有选择性的渗透墙，边界将内部环境与外部环境分隔开来。有机体的概念围绕边界的存在而产生。在一个单细胞中，这个边界被称为细胞膜。在我们这样的复杂生物中，边界有许多形式，例如，覆盖了身体大部分面积的皮肤、覆盖在眼球透光部分的角膜、覆盖着口腔的黏膜。如果没有边界，也就没有身体；如果没有身体，就没有有机体。生命需要边界。我相信，当心智和意识在进化过程中最终出现时，它们首先是有关边界内部的生命及其生存欲望的。在很大程度上，它们现在依然是。

在显微镜下

现在，从单细胞的边界往里看。你会发现细胞核浸泡在营养丰富的细胞质中。同样浸泡在细胞质中的还有细胞器，它们是细胞的亚结构，如线粒体和微管。只有浸泡液的化学特征在一定区间之内波动，生命才得以延续。而当一系列化学参数的变化区间超出或低于特定值时，生命将会终止。生命由一些连续变化所构成，但变化范围必须在一定区间之内，这很奇妙。如果你凑近观察边界内部，你会看到生命是由一个又一个巨大的变化组成的，是一片巨浪迭出的海洋。但如果你从远处看，变化就会变得微乎其微，就如从高空中的飞机上俯瞰，波澜壮阔的海洋也变得水平如镜。如果你把自己放得更远些，将整个细胞及其所处的环境纳入眼中，你会看见，与外界的剧变相比，细胞内的生命大部分时候是稳定而相同的。

调节变化幅度、控制内部来抵抗外界压力是一项重大的任务。散布于细胞核、细胞器和细胞质的精准定向的指挥控制功能，使这项无时无刻不在进行的工作成为可能。1865 年，法国生物学家克劳德·伯纳德（Claude Bernard）将细胞内的环境命名为内环境（internal milieu）。这个有高卢风格的术语流传下来，甚至没有人使用过“内部环境”（internal environment）这样一个可能的翻译。克劳德·伯纳德注意到，不管有机体所处的环境经历了多大的变化，细胞所处的液体环境的化学特征一般相当稳定，仅在狭窄的区间内波动。他深刻地洞察到，为使独立的生命得以继续，内环境必须保持稳定。20 世纪前半叶，W. B. 坎农（W. B. Cannon）在文章中阐述了一种被他命名为内稳态（homeostasis）的生物功能，从而将这些观念进一步拓展。他将内稳态描述为“保持着身体大部分稳定状态的互相协调的生理反应……为生命体所独有”。[2]

在一个简单的细胞内，想要活下去的无意识冲动在以下一种复杂的操作中暴露了自己。该操作需要细胞“感觉”边界内部的化学特征的状态，也需要在这种感觉发现细胞内某处某种成分过多或过少时，拥有关于如何行动的不知不觉的“无意识的知识”。换言之，它需要用一种类似知觉的东西来感受不平衡，需要一种以行动倾向方式存在的内隐记忆的类似物，从而保留自己的技能性知识。同样，它也需要类似技能的东西来执行先发制人的或修正性的行动。如果你觉得上述各点听起来就像我们脑的重要功能，那么，你想对了。然而，事实上我并没有在讨论脑，因为这个小细胞中没有神经系统。而且，这些非脑结构的类脑机制不可能是模仿脑性质的自然结果。恰恰相反，感受环境条件、以倾向的形式存储技能，以及基于这些倾向做出行为，这些过程在单细胞有机体还未成为多细胞有机体时就已经显现出来，更不用说拥有脑的多细胞有机体了。

在神经系统、脑出现之前，在限定有机体的边界内的生命及生命冲动就出现了。但是，当脑出场时，它们仍然关乎生命，也的确保留和拓展了以下能力：感受内部状态、以倾向的形式存储技能，以及使用这些技能来回应脑周围环境的变化。脑使生存欲望的调节变得更加有效，以及从进化的某个节点开始，变得为主体所知晓。

管理生命

在不同环境中，生命管理对不同有机体提出了不同的挑战。生存在舒适环境中的简单有机体只需要少量知识，无须丝毫计划便可对外界做出足够反应并维持生命。所需要的仅仅是几个感觉装置、用以回应感觉的倾向性储备，以及一些执行选定的反应动作的手段。与此相反，在复杂环境中的复杂有机体需要大量的知识储备，以便能够从许多可利用的反应中做出选择，能够构建新颖的反应组合，能够提前制订计划来规避不利情境和寻求有利情境。

执行这些苛刻任务的机制非常复杂，而且必须有神经系统的存在。它需要大量的倾向性储备，这些储备当中的绝大部分必须是先天的、由基因组提供的，尽管一些倾向可以通过学习来改变，额外的倾向性储备也可以通过经验获得。之前我们提到的情绪控制，就是倾向性储备中的一部分。我们需要几种类型的传感器，这些传感器必须有能力探测脑所处环境（身体）、身体所处环境（外部世界）的有效信号。另外，生命管理要求反应手段不仅应包括肌肉执行的动作，还应包括能够对有机体的内部状态、实体、动作和关系进行描述的表象。

因此，在一个复杂的、不那么有利的环境中管理复杂有机体的生命，相对于简单有机体在简单环境中的情况来说，需要更多的先天技能和感觉能力，以及更多种类的可能反应。但这不仅仅是量的问题。我们需要一个新的解决途径，而大自然已通过发展出两个组织构造性的功能安排的方式使之成为可能。第一个安排将管理有机体生命的不同方面所必需的脑结构联结成一个多元而综合的系统。这可以与工程学中相互连接的控制面板的装配进行类比。从生物学的角度来说，这些面板并非虚构之物：它们位于脑干、下丘脑和基底前脑的几个不同核团中。而第二个安排由有机体各部分为这些管理区域提供的实时信号组成。这些信号为管理区域（所谓“控制面板”）提供有关内部状态的不断更新的视野。

一些信号通过神经通路直接运输，用于代表内脏或肌肉的状态。其他信号进入血液，其形式是激素、血糖、氧气和二氧化碳的浓度，或血浆的 pH 值。一些神经感觉装置“读取”了这些信号，继而根据它们“读数”标尺的设定值做出不同的反应。此操作可以和恒温器的温度控制功能进行类比：特定的温度会触发反应（加热或制冷，直到达到理想的设定值），而某些温度则不会触发反应。你可以把中枢神经系统的某些部分，如脑干和下丘脑，想象成一大片类恒温器的探测装置，他们的活动状态构成了一个映射。这个类比有些冒险，因为生命体的设定值在生命过程中可能经历变化，也可能部分受到感觉装置工作环境的影响。毕竟，我们的类恒温器探测装置是由活体组织，而非金属或硅树脂构成的。考虑到这些因素，史蒂文·罗斯（Steven Rose）提出一个令人信服的论点，即用“体内动态平衡”（homeodynamics）一词来代替“内稳态”。[3] 尽管如此，上述类比的实质依然是合理的。

为何身体表征适合表现稳定性特征

身体表征适合表现稳定性特征的原因来源于身体结构与相关操作表现出的显著的不变性。在整个发展历程、成人阶段，甚至是衰老的过程中，绝大部分身体结构是保持不变的。诚然，在发展中身体的尺寸会增大，但基础系统与器官在生命历程中保持一致，大多数身体组分执行的操作也改变得很少，甚至没有改变。骨骼、关节和肌肉普遍如此，内脏和内环境尤为如此。内脏和内环境状态的变化范围受到严格的限制。由于有机体能够兼容的状态变化范围较小，这些限制根植于有机体的性能规格之中。实际上，允许的变化范围是如此之小，而遵守这些限制对生存来说又如此重要，以至于有机体发展出了一套自动调节系统，以保证威胁生命的偏差不会出现，或可以被很快修正。

简言之，不仅身体的大部分具有变化范围小，甚至可以说相对不变的显著特点，而且有生命的有机体天生就携带着为限制变化，或者如果你愿意，也可以说为了保持不变而设计的装置。这些装置存在于任何生命体的基因中，且不论生命体愿不愿意，它们都在执行基础的工作。大多数生命体丝毫不“想要”这么做，但结果与那些想要这么做的有机体并无不同：基础调节装置依然以同样的方式运转。

因此，如果你想在变化多端的宇宙，也就是我们的脑中寻觅稳定的避难所，你或许应该考虑一下那些控制生命的调节装置，以及刻画生命状态的对于内环境、内脏和肌肉骨骼框架的整体神经表征。内环境、内脏和肌肉骨骼框架形成了一个连续的表征。它是动态的，但即便我们周围的世界改变得如此急剧、深刻和无常，它也只在狭窄的范围内变动。每时每刻，脑都为整个实体，即身体，在有限范围内的可能状态提供着动态的表征[4]。

一人一体：自我单一性的根基

此时，或许你希望思考一条有趣的证据。对于每一个你认识的人来说，他们都各自有一具身体。你可能从来没有认真考虑过以下一种简单的关系，但它确实存在着，即一个人对应着一具身体，一颗心对应着一具身体。这是第一原则。你从未见过没有身体的人，也从未见过有两个甚至更多具身体的人，就算他们是暹罗连体人。这些情况从未发生。你可能见过，或听说过多人共同栖居一具身体，也就是病理学上所说的多重人格障碍（现在它有一个新名字：分离性身份障碍）。然而，即使是这种情况，也没有完全违反第一原则，因为在每一个确定的时间内，多重身份中只有一个能够获取足够的掌控权，从而成为一个人并表达自我（更好的说法是，表达他的自我）。人们认为多重人格是不正常的，这个事实反映出大众关于“一具身体总是伴随着一个自我”的共识。

我们之所以如此欣赏好演员，其中一个原因就是他们能够使我们相信他们是另外的人，拥有另外的心智和自我。但我们知道事实并非如此，他们仅仅是狡猾的幻象的容器。我们珍视他们的努力，因为这既非自然又难称容易。

现在事态变得很有趣，不是吗？为什么通常不是有两三个人寄居在一具身体之中？生物组织是多么精打细算！或者，为什么有着极高智力和丰富想象力的人不能占据两三具身体？

那会是一个多么有趣又充满可能性的世界！为什么我们当中没有无身体的人存在，像你知道的鬼、灵魂和无重无色的生物？想想那会多节省空间。但事实是，这样的生物目前并不存在，也没有任何证据表明它们曾经存在过。它们不存在的合理原因是，一个定义着一个人的心智需要一具身体，而一具身体，准确来说是人类的身体，理所应当地生成一个心智。心智是如此紧密地被身体塑造着并注定为其服务，以至于一具身体内只可能出现一个心智。没有身体也就谈不上心智；任何一具身体都不可能有一个以上的心智。

身心共济（body-minded）的心智帮助拯救身体。当我们这种拥有身体和有意识的心智的生物出现时，正如尼采所说，它们是“植物与鬼魂的混合物”，它们是有清晰边界、可轻易辨认的生命体与看似没有边界、难以限制的内部精神活力的组合物。尼采也把这种生物叫作“不和物”（discord），因为它们的确是完完全全的物质和明明白白的无实体的奇异结合。这种结合千百年来困扰着每一个人，但就现在而言，它在某种程度上比之前更好懂——也许更好懂[5]。

有机体的不变性与永恒的暂时性

单一的心智和自我背后看似坚若磐石的稳定性实际上是转瞬即逝的，它们在细胞和分子的水平不断重建，这一发现非常令人吃惊。这种奇怪的情境（似乎显而易见却并非货真价实的悖论）有一个简单的解释：虽然组成我们有机体的基础构件会定期更换，但有机体不同组织的结构设计却被小心地保留下来。生命有一张设计蓝图，而我们的身体便是建筑师。

请考虑下述情况：我们不仅仅在生命尽头才会腐坏。我们的绝大部分身体早在生命进程中就已经凋亡，只是被另外的暂时性部件替代了而已。这样的生死循环在一生中会重复许多次。我们身体里的有些细胞只能存活短短一周，大多数不会超过一年；而我们脑中珍贵的神经元、心脏中的肌肉细胞和晶状体细胞则例外。大多数不会被替换的部件，如神经元，通过学习来改变自身（事实上，没有什么是不容更改的，就算是某些神经元也可能被替换）。生命通过改变神经元，例如改变它们之间的连接方式，来使神经元的行为发生变化。没有任何部件会在很长时间内保持不变，此时此刻组成我们身体的绝大部分细胞和组织与我们进入大学时候的并不相同。而保持不变的，大多是有机体结构的建设规划与部件运作的设定值，可以称为结构之魂与功用之魂[6]。

当我们发现自己由什么构成以及如何组装时，我们就发现了一个生生不息的推倒重建的过程，并意识到生命是听命于这个永无休止的过程的。它就如儿时沙滩上的沙之城堡，可以被海浪洗却。令人震惊的是，这样的我们竟然拥有自我感，而且我们当中的大多数人或多或少地拥有构成自身身份的结构与功能的连续性，拥有我们称为人格的稳定的行为特质。你是你，而我是我——这多么令人惊讶与难以置信！

然而，问题远不止暂时性和更新换代。就像生死循环会按计划重建有机体及其部件那样，脑无时无刻不在重建自我感。自我并不是雕刻在石头上的，也不如石头那般能抵抗时间的摧残。我们的自我感是有机体的一种状态，是在特定参数限制下，特定部件以特定方式运作和互动的结果。它是另一形式的建设、一种脆弱的综合运作模式，它的结果是生成一个独立生命体的心理表征。整栋生物大厦，从细胞、组织、器官，到系统和表象，正是由于建设规划的持续执行才得以生存。一旦重建与更新的进程崩溃，它将面临部分或整体坍塌的危险。建设规划就围绕着远离这种危险而展开。

个体视角、所有权与代理的根源

发生在你心智中的任何事情，相对于你身体所处的瞬间与所占据的位置而言，都是发生在特定时间与空间中的。事物要么在你体内，要么在你体外。在你体外的那些事物是静止的或移动的。静止物可以离你很近、很远，或任意距离。移动物既可能逼近你，也可能远离你，或是在某个与你错开的轨道上运动，但你的身体始终是参照物。此外，经验视角不仅帮助定位实物，也可帮助定位或具体或抽象的概念。在被赋予了诸如常规记忆、工作记忆、语言和归入智力名下的一系列操纵能力等丰富认知能力的有机体中，经验视角是隐喻的来源。比如，自我的概念是“很合我心意的”，但小矮人的概念却是“不合我心意的”。与之类似，所有权和代理也是与特定瞬间、特定空间内的身体相关联的。你所拥有的事物贴近你的身体，并且本应如此，所以它们才是你的。这适用于物件、爱人和想法。当然，代理需要一个在时间与空间中发挥作用的身体，失之则毫无意义。

想象你正在穿过一条街，一辆失控的车正疾速向你驶来。关于冲向你的汽车的视角来自你的身体，没有其他可能。通过你身后建筑三楼的窗户看着这一幕的人有着不同的视角，而那个视角来自他（她）的身体。当汽车靠近时，你的头和脖子的位置会随着你的方向而改变，而你的眼睛会同时移动，聚焦于视网膜中迅速形成的变化的表象。大量的调节器正在运行，从起源于内耳、与平衡有关、提示着身体在空间中的位置的前庭系统，到在脑干核团帮助下引导眼、头和颈运动的上下丘结构，再到自上而下调节全过程的顶叶与枕叶。但这些还不是全部。不论你愿不愿意，一辆向你轰然驶来的汽车都会引起一种叫作恐惧的情绪，并且会极大地改变你的有机体状态——你的肠子、心脏、皮肤和其他许多器官都会快速地做出反应。我想指出，我列举的所有上述变化发出的信号都是在你心智中执行个体视角的手段。注意，我并不是说它们是让你体验有机体视角的手段（体验等同于知晓）。对某事的体验或觉察，或简言之，意识，来得比较迟。当汽车驶近时，许多改变发生于身体本身的多维脑表征中。这种表征只短暂存在于事情展开前的瞬间；它们发生于你的有机体的原始自我中。从三楼窗户观察这一幕的人有着不同的视角，但在他（她）的原始自我中发生了类似形式的变化。

我认为，这种视角是由对一系列信号持续且无可改变的加工所构成的，而这些信号有着不同的来源。首先，它们来源于特定的感觉装置，如上例中两个视网膜上所形成的视觉表象。其次，它们来源于由身体的不同肌肉区及前庭系统同时完成的各式各样的调节工作。在上例中，不断接近的客体使视网膜表象快速改变，但为了保持聚焦，以下部件必须做出调节：控制晶状体和瞳孔的肌肉，控制眼球位置的肌肉，控制头、颈和躯体的肌肉[7]。最后，它们来源于对特定客体的情绪反应。这一点在快速驶近的汽车的例子中很明显，其中包括发生在身体多个部位的内脏平滑肌组织的变化。请注意，根据客体的不同，往往会有不同比例的肌肉骨骼和情绪的伴随物，但两者总是一起出现。在上面的特殊例子中，信号来源于视网膜表象、肌肉－姿势调节或肌肉－内脏－内分泌调节。这些信号描述了向有机体逼近的客体，以及有机体针对客体的一部分反应，由此，有机体能够进行自我调节，从而将对客体的加工维持在令人满意的状态。

在像视觉这样的一个感觉通道内，不存在对客体的纯粹的感知。我之前提到的并发的改变不是可有可无的伴随物。为从视觉或其他感官感知一个客体，有机体同时需要专门的感觉信号以及来自身体的调节信号，后者同样对感知的发生必不可少[8]。

“不存在纯粹的感知”这句话即使在活动被阻止的情况下也是适用的，例如，你被注射了一管箭毒。在被注射箭毒之后，你的全部骨骼肌将失去运动能力，因为箭毒能阻止乙酰胆碱这种神经递质与烟碱受体的结合。但是，与情绪有关的“内脏”肌肉却能自由地运动，因为箭毒并不影响乙酰胆碱作用于毒蕈碱受体。

当你仅仅是想象某一事物，而非在真实的外部世界中感知它的时候，以上陈述依然适用。原因是：我们关于曾经感知过的客体或事件的记录既包括为初步获取感知而进行的运动调节，也包括当时发生的情绪反应。虽然它们来自不同的系统，但在记忆中进行了融合。这样的结果是，即便我们“仅仅”在想象这个客体，我们也倾向于重建不只是有关它的形状、颜色，而是有关它所调动的感官参与以及伴随它的情绪反应的记忆，不管它们多么微乎其微。不论你是身中箭毒无法动弹，还是在黑暗中静静地做着白日梦，在你心智中形成的表象总是向你的有机体传达自身的表象加工活动，并引起一些情绪反应。你根本无法逃脱你的有机体的情感。它们大多是运动的和情绪性的，并且是心智的重要组成部分。

你对你听见的一段旋律或触摸的一个物品的视角，自然而然也是你的有机体的视角，因为它们被刻画在你的有机体聆听或触摸时所历经的改变之中。至于对表象的所有权以及代理，它们同样也是创造了视角的那些图谋的直接结果，并作为基础的感官证据内化于这些图谋之中。随后，我们创造性的、接受过良好教育的脑最终以后继推理的形式厘清了证据，且使之为我们所知晓。

生成表象的有机体视角对准备涉及表象所描述的客体的行动至关重要。与正在接近的汽车相关的正确视角，对你设计逃脱动作很重要，同样的道理也适用于你要用手接住的球的视角。无意识的个人代理就是在当时当地诞生的。接着，你就可以举一反三。为了生成表象，你与一个客体进行了互动，这一事实使得“对该客体做出行动”这个概念更易于理解。

我们应该留意，区区这些改变不足以使意识发生。意识在我们知晓时发生，只有当我们映射了客体与有机体的关系时才会知晓。直到那时，我们才可能发现上述所有反应性改变都发生在我们有机体的内部，并由客体引起。

身体信号的映射

在理解此处所探究的观点的诸多障碍中，存在一个常被混淆的不完整的流行观点，它有关躯体信号和体感系统，后者被认为是信号的传递者。somatosensory 这个词，正如它的词源学来历所描述的那样，形容的是 soma 的感觉，而 soma 在希腊文中是“躯体”的意思。但是“躯体”在我们脑海中唤起的概念通常比其理应描述的概念要狭窄些。遗憾的是，当我们听到“躯体的”（somatic）或“体感的”（somatosensory）这些词时，我们想到的是触觉或肌肉和关节感觉的概念。然而事实证明，体感系统涉及的远不止这些，而且它实际上并非一个单一的系统。它是数个子系统的结合，每个子系统都向脑传递着不同方面的身体状态的信号。显而易见，这些不同的信号系统出现在进化过程的不同阶段。它们使用不同的神经纤维将信号从身体传递到中枢神经系统，而且它们用于映射信号的中枢神经系统中继站的数量、类型和位置也不同。实际上，某一方面的体感信号发射需要的根本不是神经元，而是某些血液中存在的化学物质。尽管存在这些区别，但体感信号发射的多个方面，在从脊椎到脑干再到大脑皮质的中枢神经系统的多个水平上协同工作、良好合作，从而在任何一个给定时刻生产出身体状态在多维层面的无数映射。

为了阐明这些子系统的作用以及它们如何组织在一起，我将信号发射划分成三个基础分支：内环境与内脏分支、前庭与肌肉骨骼分支、精细触觉分支。

三个分支既能紧密合作，又能相对独立工作。当你触摸质感使人愉悦的物件时，来自三个分支的信号被带入中枢神经系统的映射中，而这些映射从许多维度描绘着正在进行的互动。例如，你用来研究此物件时的动作、激活触觉传感器的特征，以及构成对客体愉快回应的体液反应与内脏反应。但是各分支也可以独立运作，例如，第一分支几乎没有第二分支的协助，或者第一、第二分支没有第三分支的协助。此处的重点是，与有机体内部有关的第一分支是永久活跃的，永久地将大部分身体本身的内部信号传输至脑。在正常情况下，脑永远不会停止接收来自内环境和内脏状态的持续报告；且在大多数情况下，即使没有进行任何活动，脑同样会被告知肌肉骨骼装置的状态。正如我先前提到的，脑的确是身体的强制性观众。

内环境与内脏分支负责感觉身体内细胞化学环境的变化。“内感受性”（interoceptive）这个词是这些感觉操作的统称。此类信号中的一个方面完全不涉及神经纤维和神经通路。血液中流淌的化学物质被脑干、下丘脑和端脑的某些区域中的神经核感觉到。如果化学物质的浓度在允许范围之内，一切便会安然无恙。如果浓度过高或过低，神经元就会做出反应，即发起一系列行动，以修正不平衡。例如，它们可以使你冷静或紧张不安，可以让你感觉饥饿抑或欲火焚身。这些反应当然都很迷人，但重点是，这些信号每时每刻都在创造着内环境的诸多映射。这些映射的数量就和能用这种奇怪方法测量得出的我们内部维度的数量一样多，而这样的维度有许许多多。

脑对血液中循环着的化学物质的接触量相当可观。脑被血脑屏障保护着不受特定分子的侵袭。血脑屏障是一个将所有携带营养物质进入脑组织的血管完全包裹起来的生物过滤器，它在决定一种物质是否能由血液进入脑组织时非常严格。然而，一小部分脑区缺乏血脑屏障，因此容易使某些无法在其他脑区直接影响神经组织的大分子透过。穿过血脑屏障的分子在下丘脑等位置直接作用于脑；无法透过血脑屏障的大分子只在缺少血脑屏障的特定脑区，也就是所谓的室周器官对脑发生作用。此类脑区的例子有位于脑干的最后区和存在于大脑半球水平的穹窿下器。这些区域中因化学作用而兴奋的神经元将信息传递至其他神经元。一些物质的作用就取决于这种安排，例如对从性行为到分娩的一系列行为至关重要的催产素。脑沉浸于化学环境是一件非常严肃的事。

内环境与内脏分支使用神经通路来传递那些最终被我们感知为疼痛的信号，它们几乎可以起源于身体的任何部位，如腹腔中的内脏或关节、肌肉内。这一分支也携带有关内环境的神经信号，以使有机体的化学特征不仅通过血液，也可通过神经通路进行映射，例如，pH 水平、氧和二氧化碳浓度都可以得到双重映射。

最后，该分支同样发射有关平滑肌状态的信号。平滑肌大量地分布于内脏，并受到自主神经调节。“自主的”是指，一个特定的过程事实上完全被独立于我们意愿而存在的一些装置控制着，这些装置存在于脑干、下丘脑和边缘核团，而非大脑皮质。平滑肌无处不在，例如我们体内任何地方的任何一条血管中就有平滑肌。这些平滑肌可以收缩或扩张，以调节血液循环及相关功能。此类收缩或扩张的一个结果是众所周知的，即全身血压升高或降低，或肌肤变得苍白或潮红。顺带提一句，全身最大的器官就是皮肤本身。我不是指在触觉中扮演重要角色的皮肤表面，而是对温度调节至关重要的“厚厚的一层皮肤”。大面积烧伤之所以能够置你于死地，不是因为它使你失去触觉功能，而是因为你的内稳态调节受到了严重影响。皮肤的这部分重要功能来源于调节许多血管口径的能力，这些血管能够自如地改变管壁厚度。“我把你置于我的皮肤之下”不经意间将这个重要的生理学观点表露无遗，但如果科尔·波特（Cole Porter）写下的是“我把你置于我的皮肤之中”，歌词显然会更加准确，也更加风流。可以预言，法国人在说“Je t’ai dans la peau”，也就是“你在我皮肤之中”时是表达准确的。

我所考虑的信号通过脊椎的特定区域（灰质后角的第Ⅰ、Ⅱ层）以及三叉神经核（尾侧部）来传递。然而，我应该补充，这些信号方便地组合成一个大的分支时，会掩盖分支细分时存在的许多信息。例如，从A. 克雷格（A. Craig）的著作中我们知道，携带与伤害性感受（疼痛）相关信号的神经元和调节身体其他方面感觉的神经元是不同的，虽然它们全都依靠 C- 纤维和 A- δ 纤维。[9] 而我们同样知道许多身体相关信号不仅被分别传递至神经系统的不同的高级层次，而且会在进入中枢神经系统之后被混合和集中。在各脊髓段的深层所发生的反应就是一个例子。[10] 体感系统的这一分支的附加信息来自内脏，由内脏传入神经、传至脊髓，再由诸如迷走神经（它完全绕开脊髓，直奔脑干）进一步传递。

第二分支，也就是骨骼肌肉分支，将连接骨架的可动部件（骨骼）肌肉的状态传至中枢神经系统。当肌纤维收缩时，肌肉的长度缩短，其连接的骨骼也就被拉动。当肌纤维舒张时，则相反的情况出现。所有执行骨骼运动功能的肌肉能够随我们的意愿运动，并且都是横纹肌（这条规则有一个例外，也就是我们的心脏。它的肌纤维是横纹肌而非平滑肌，但既不受意志控制也不负责任何骨骼部件的运动）。体感系统这一分支的功能被一般性地概括为本体感受或动觉。这些映射位于中枢神经系统的几个不同层次中，下至脊髓，上至大脑皮质，皆有分布。映射身体在空间中坐标的前庭系统，将该分支的体感信息进一步补全。

体感系统的第三分支传递精细触觉。它的信号描述了当我们接触另一物件并研究其质地、形状、重量、温度等特征时皮肤中的专门感受器所经历的变化。内环境与内脏分支的绝大部分都全神贯注于对内部状态的描述，而精细触觉分支大多全神贯注于对外界客体的描述，后一种描述基于体表所产生的信号。肌肉骨骼分支则介于两者之间，既可用于表述内部状态，也可帮助描述外部世界。

神经自我

自我感，不论是核心自我还是自传体自我，都不太可能是这一现象的原始种类。我认为，自我有一个早于意识的生物前身，也就是原始自我，而自我最早、最简单的表现就出现于核心意识的产生机制作用于这一无意识的前身时。

原始自我是一系列相关的神经模式的集合，它们时时刻刻映射着有机体生理结构在不同维度的状态。这些无休止地被维持的神经模式的一级集合不是发生在某一个脑区，而是发生在下至脊髓、上至大脑皮质的许多不同层次上并由神经通路内部连通的结构中。这些结构紧密参与着有机体状态的调节过程。作用于有机体与感受有机体状态的两部分操作是紧密联系的。不要把原始自我与我们当前知晓活动在此刻所集中的丰富的自我感相混淆。我们对原始自我毫不知情。语言并不是原始自我的一部分。原始自我没有感知能力，也并不拥有知识[11]。

也不要把原始自我与古老的神经学中刻板的小矮人混淆起来。原始自我不止在一个位置出现，它是动态地、连续地出现的，从贯穿神经系统各个阶层的各式各样的互动信号中诞生。除此之外，原始自我不是任何事物的解释者，而是它存在之处的一个参考点。

这一假说应从以下一个重要的视角来考虑，即脑区和诸如原始自我这样的功能之间的关系。此类功能不是“位于”一个或几个脑区，而是一组脑区内神经信号与化学信号互动的产物。这适用于我下面将列出的与一组脑区相关的无意识的原始自我，也适用于我们稍后会讨论的核心自我和自传体自我这样的功能。我们必须不惜代价地反对颅相学的思维。

以下列举的是执行原始自我所需的结构（见图 5-1）及其不需要的结构。根据这两个列表，我们可以用多种方式来检验我的假说。最直接的办法，是对这两个列表所述关键结构损伤后引起的后果进行预测。某些损伤理应扰乱原始自我，并因此或多或少地扰乱意识，而其他的损伤则应该能够使意识安然无恙。对这些预测的正确性的初步评估或许可以基于神经病理学和神经生理学的现有证据，但形成最终结论还需要进一步的前瞻性研究。

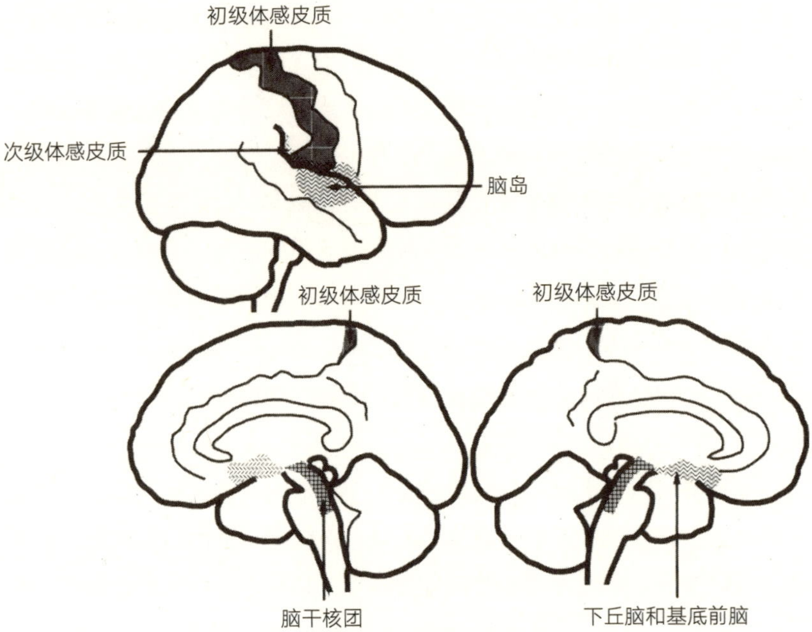

图 5-1　一些原始自我结构的位置

值得注意的是，脑岛区域埋藏在侧裂内，在皮质表面不可见。

执行原始自我所需的脑结构

1. 几个调节身体状态和映射身体信号的脑干核团。身体状态信号的传导链起于身体，终于最高级、最末端的脑结构。从这个区域中，聚集的神经核首次发射有关身体目前状态的总体信号，并受到脊髓通路、三叉神经、迷走神经和最后区的调制。这个区域包括经典网状核、单胺能核团和乙酰胆碱能核团[12]。

2. 位于第 1 点中提出的结构附近并与之紧密相连的下丘脑，以及临近下丘脑、与下丘脑和脑干都相连、由这些低级结构向前脑的延伸部分所组成的基底前脑。通过对内环境状态的不同维度进行不断的登记，下丘脑促成了当下的身体表征，例如在体内循环的营养物质（如葡萄糖）的浓度水平、不同的离子浓度、水的相对浓度、pH 值、在体内循环的不同激素的浓度，等等。下丘脑能够根据这些映射帮助调节内环境。
3. 脑岛皮质（次级体感皮质）和位于胼胝体压部后侧的内侧顶叶皮质。两者都是体感皮质的一部分。在人类脑中，这些皮质的功能是不对称的。基于我对患者的观察，我提出以下看法：在大脑右半球，所有这些皮质在大脑半球的水平上保留着对当下有机体内部状态的综合表征，也包括对不变的肌肉骨骼框架的表征。在一篇近期发表的文章中，雅克・潘克塞普（Jaak Panksepp）同样通过脑干中的先天身体表征将身体与自我联系起来。他的想法和我提出的原始自我的概念在许多方面很接近，虽然他对于这类表征如何帮助意识形成的观点与我完全不同。[13]

执行原始自我不需要的脑结构

接下来列出的结构在执行原始自我时并不需要。这个不全的列表覆盖了大部分的中枢神经系统。它包括：针对外界感觉通道的所有早期感觉皮质（这意味着它包括视觉和听觉皮质），以及有关精细触觉的体感皮质区域；所有颞叶和大部分前额叶的高级皮质（高级皮质指的是并不专注于某一感觉通道，而是致力于早期感觉皮质相关信号的跨模式整合的皮质），以及海马结构及其相关皮质，如内嗅皮质（第 28 区）和鼻周皮质（第 35 区）。具体列表如下：

1. 数个早期感觉皮质。具体来说就是：致力于视觉的第 17、18、19 区；致力于听觉的第 41、42、22 区；部分致力于视觉，但同时也是高级皮质的第 37 区（下见第 2 点），它也是初级体感皮质中与精细触觉相关的区域。这些皮质参与构建某些具体通道的感觉模式，这些模式支撑着我们脑中多个感觉通道的心理表象。它们在核心意识和扩展意识中发挥作用，因为有待知晓的客体就是从这些区域被聚集起来的，但它们对原始自我没有作用。

2. 所有的颞下皮质，也就是第 20、21 区，以及第 36、37、38 区的一部分。这些皮质是倾向性（内隐）记忆的基础，在回忆时，通过外显的感觉模式和心理表象的形式，内隐记忆可以被重建起来。这些皮质支持着许多自传体记录，基于这些记录，自传体自我得以聚集，扩展意识得以实现。
3. 海马是对多个并存刺激进行“在线”映射的关键结构。海马接受来自所有感觉皮质相关活动的信号，这些信号借由许多突触结构，最终间接抵达多个投射链的末端，并通过沿相同投射链的反向投射来互换信号。海马在创造有关事实而非感知运动技能的新记忆时必不可少。它似乎只暂时而非永久地将记忆保存在内部。最重要的是，在与其相连接的回路中，它似乎促成了记忆在别处的形成。
4. 与海马相关的皮质，具体说来是第 28 区和第 35 区。这些皮质可能保存着比第 2 点中提到的复杂性更高的倾向性记忆。
5. 前额叶皮质，即大量的高级皮质。其中一部分具有高度复杂的配置，它们的对象包括涉及特定时间空间关系的个人记忆、涉及特定事件或实体类别与躯体状态之间关系的记忆、有关抽象概念的记忆。另一部分则参与针对空间、时间和语言功能的高级工作记忆。正因为在工作记忆中的作用，前额叶皮质对高级的扩展意识至关重要。正因为在自传体记忆中的作用，它们与自传体自我和扩展意识相关联。

6. 小脑。这是脑中最显而易见却也最难以捉摸的脑部件之一。显然，它参与形成精细动作，没了它，你没法瞄准射击，更别提唱歌、玩乐器或打网球了。但它同样参与了情感和认知过程，并且我猜想在发展过程中尤为如此。它或许与情绪过程和心理搜索有关，例如在记忆中寻找某个特定词语或非言语物件。在小脑切除或失活后并不会出现严重的功能紊乱，这表明它在认知中所起的作用比较微妙。然而，近期研究表明，上述结论可能是不充分观察导致的假象，而这种不充分观察很可能是源于小脑在解剖学与功能学上的显著冗余性。

有待知晓的事物

我们已经明白，一套特殊的神经结构如何支持当下身体状态的一级表征，也就是我所说的原始自我。通过这样做，它为自我这个“知晓活动所归属的存在”提供了根基。现在是时候为这个过程中的其他关键角色，即“有待知晓的事物”的根基说几句话了。

脑如何表征有待知晓的事物？我们对此问题的认识有极其广泛的背景知识。主要感觉通道（如视觉、听觉、触觉）的感觉表征如何与出现于末梢感觉器官（如眼和内耳）的信号相联系，以及这些信号如何通过皮质下神经核（如丘脑中的神经核）转至各自的大脑皮质初级感觉区？我们对于这些问题的认识虽不完整但较深入。除初级感觉皮质之外，外显心理表征（有显性结构的心理表征）如何与神经映射相联系，以及与这些表征相关的某些记忆如何能以内隐的形式被记录，我们对这些问题只了解了一点点。例如，我们知道一个客体的多个不同方面（如它的形状、颜色和动作，或它发出的声音）是以相对分离的方式分别由初级视觉或听觉皮质的下游皮质区域处理的。我们猜想，在与各个感觉通道相关的总区域（所谓的早期感觉皮质）内，某种神经整合程序帮助形成了复合的神经活动，这些神经活动支持着我们所体验的整合表象[14]。然而，我们对神经模式和心理模式之间的步骤并不知晓。我们知道的是，先前所述的总区域同时支持着感知（以脑外部的真实场景为基础，从外到内地构建而成）和回忆（在心智中由内而外地重建而成）的表象加工。我们有理由相信，跨通道的感觉表征（如视觉和听觉，或视觉和触觉）很可能取决于在脑广大区域内协调活动的同步机制，而在本质上不太可能需要额外的整合空间——一个单独的笛卡尔式的剧场。并且我们确凿地知道，基础感觉整合不需要位于颞叶前部和前额叶皮质的高级皮质。[15]（对这些问题的进一步讨论见附录和第3部分。）

现在让我们首先思考一个真实的有待知晓的事物，一个真实存在的客体。这样一个客体生效于早期感觉皮质，即一些皮质的集合。在这些皮质中从不同感觉通道（如视觉、听觉、触觉）传来的信号被处理为客体的不同维度，如颜色、形状、动作、声音频率，等等。

此类来自真实客体的信号的出现，在有机体中唤起了我在本章前面讨论过的一类反应，即为持续收集来自客体不同方面的信号和情绪反应而进行的一组动作调节。换句话说，有待知晓的事物的生效，无可避免地伴随着对原始自我的复杂影响，即对“知晓活动所归属的存在”的神经基础的影响。我再次重申，这对存在是足够的，而对知晓来说远远不够，也就是说，这对意识来说远远不够。正如我们将看到的，意识只会诞生于客体、有机体及它们的关系重新表征之后。

现在，让我们转向一个客体的案例。这个客体并非真实存在，而是存在于记忆之中。根据我的框架，对此客体的记忆以倾向的形式储存。倾向是指一类休眠、内隐而非如表象般活跃、外显的记录。这些曾被真实感知过的关于客体的倾向性记忆，不仅包括客体的感觉方面的记录，如颜色、形状或声音，还包括伴随感觉信号的聚集而必然存在的动作调节的记录。此外，这些记忆也包含对客体的必要情绪反应的记录。这样的结果是，当我们回忆某一客体时，当我们允许这些倾向外显地调动内隐信息时，我们提取的不仅仅是感觉数据，还有伴随的动作和情绪数据。当我们回忆某一客体，我们回忆起的不仅是真实客体的感觉特征，还有有机体过去对该客体的反应。

区分真实客体和记忆中客体的意义将会在下一章得到阐明。我先对此意义做个预告：此类区分能够使记忆中的客体唤起核心意识，就像真实感知到的客体所做的那样。这也就是为什么，就像我们能够意识到自己现在真真实实看到、听到或摸到什么，我们也能够意识到我们记得什么。如果没有这一宏伟的安排，我们不可能形成自传体自我。

对有待知晓的事物失调的说明

有待知晓的事物的失调可以分为两大类：感知障碍和失认症。在感知障碍中，来自感觉通道（如视觉、听觉或触觉的体感分支）的信号的缺失使得客体的感觉表征无法形成，后天失明或后天失聪便是很好的例子。在这些情况下，需要通过某一感觉通道进行表征的客体 X 不再被表征，无法像往常一样影响有机体，也无法修改原始自我。其结果是，核心意识无法随之产生。

现在来看第二类，即失认症。“失认症”是一个晦涩难懂，但符合语法规则的词语，它表示在客体被感知的过程中，无法从记忆中唤起与给定客体相关的一类知识。就如一个古老而又简洁优雅的定义所述，认知对象被剥夺了其意义。失认症的典型形式，用神经学术语来讲，是一种叫作联想失认症的情形。联想失认症发生于主要感觉通道，例如，有视觉失认症、听觉失认症和触觉失认症的相关案例。由于它们异常的特性，这些失认症案例成为神经学中遇到的最吸引人的一些案例。你在下面的实例中将会发现，一个完全理智、聪明的人可能会被剥夺通过视觉而非听觉（或相反）识别熟人的能力。

那肯定是我，因为我在这儿

这是当埃米莉注视着她面前镜子中的脸庞时谨慎说出的话。那张脸必定是她的。她自愿地将自己置于镜子前面，因此那张脸非她莫属，否则还可能是谁的呢？然而，她无法在镜中认出自己的脸。那是张女人的脸，这没错，可那是谁呢？她觉得那不是她的脸，并且也无从证实她的想法，因为她不可能用心智之眼来辨认这张脸。她所注视的面庞无法在心智中唤起任何特别的东西。她被我带入这个房间，被要求走到镜子前，看看谁在那里。在此情况下，她能够相信那张脸是她的。这种情境确切无疑地告诉她，镜子中不可能是其他人，她也认同了我的陈述，即镜中的人当然是她。

然而，当我按下录音机的播放按钮，让她听录音带中自己的声音时，她立刻认出了那是她的声音。虽然她再也不能识别自己独一无二的脸庞，但她仍然可以轻而易举地识别出自己独特的声音。她的这种差异也适用于别人的脸和声音。她无法识别自己丈夫、孩子们、其他亲属、朋友和熟人的脸。然而，她能很容易地识别出他们各具特色的声音。

在面对某些特殊物件时“大脑一片空白”，在此意义上埃米莉和戴维没有什么不同。但她的问题只与视觉世界相关，在此意义上，他们又非常不同。只有当一个她非常熟悉的特殊刺激（某个人的脸、特定的房屋、特定的车辆）的视觉方面展示在她面前时，她才会大脑一片空白。同一个刺激的非视觉方面，如声音或触感，则能将它们携带的一切信息正常带入她的心智。[16]

对于不那么特殊的刺激，埃米莉做得更好些。值得注意的是，她能够轻易辨别出表达情绪的脸庞，即使无法确定其身份，也能够轻易辨别出某张脸的主人的年龄和性别。[17] 她的症结仅限于视觉素材中的某些特殊项目。

那么埃米莉在我的核心意识核验表中情况如何？答案是，相当出色。我不必告诉你，她从任何角度来说都是清醒的和专注的。她能够轻易地集中注意，并能持续地完成任何类型的任务。她的情绪和她所报告的感受也是完全正常的。在任何情况下，她的行为，不论短期还是长期，都是有目的的、得体的，只受限于她的视觉困难。事实上，尽管有这些困难，她仍然可以取得了不起的智力成就。她会在一旁坐上几个小时，观察人们的步态并试着猜测他们是谁，且经常能够猜对；她能够在派对上与迎宾队列中的客人自如地交谈，只要丈夫在耳边轻声告诉她这个看起来陌生的人叫什么名字；在超市停车场中，通过系统地核对所有汽车牌照，她能够找到自己那辆在视觉上无法辨识的车。

然而，我还是想提醒你注意某些颇具启迪意义的事。她不仅意识到自己了如指掌的那些事，而且意识到自己不知晓什么。对每一个作用在她身上的刺激，不论能够唤起多少知识，她都对其产生了核心意识。埃米莉就如我这些年研究过的许多像她这样的患者，明白自己不知晓什么，并且能够根据对自我的了解，像检阅她所知晓的事物那样，来检阅她所不知晓的事物。让我们考虑下面这个为埃米莉量身定制的实验。

当我们用一长串照片测试她对不同人群的辨别能力时，我们纯属偶然地发现，在注视一张陌生女人（这个女人的一颗上牙比其他牙齿略黑）的照片时，埃米莉大胆地猜测她正注视着自己的女儿。

“你为什么觉得这是你女儿？”我记得当时我是这么问的。

“因为我知道朱莉有一颗黑黑的上牙，”她说，“我确信这是她。”

当然，那不是朱莉，但这个错误向我们揭示了聪明的埃米莉目前所依赖的策略。由于无法从面部的整体特征和局部特征中辨别身份，埃米莉攫住任何这样的简单特征，即能够让她想起任何与要求认出的人有潜在联系的事物。黑色的上牙让她想起自己的女儿，在这基础上，她做出了一个有根据的猜测：那就是她的女儿。

为了证实这一解读的有效性，我们设计了一个简单的实验。我们处理了几张微笑着的男人或女人的照片，以使他们的一颗上门牙稍微黑一点儿，并将这些照片随机分散在一大堆照片里面。一旦埃米莉遇到一张处理过的年轻女人的照片（绝不是男人或老妇人的照片），她便声称那是她的女儿。她对所展示照片的整体和局部都有着敏锐的意识，否则她不可能如此机智地对一张张照片做出推理，也不会有锁定目标刺激的机会。埃米莉和与她有相似症状的患者至少说明，一个人不需要具备对某个物件在某一水平上的具体知识，便可拥有对该物件的核心意识。

当面孔失认症患者无法辨认她面前熟悉的脸庞，并且断言她从未见过这个人，也回忆不起任何与这个人相关的事情时，相关知识没有为意识的审视做好部署，但核心意识却完好无损。实际上，一旦你告诉患者在她面前的是她挚友的脸，她不仅会有一般意识，而且能够意识到她的失败，意识到自己无法唤起任何能帮助她认出这位挚友的知识。她的困难不在于意识，而在于记忆。具体的有待知晓的事物失踪了：她无法回忆起关于她注视着的人的知识，也无法意识到现在存在着的事物。但核心意识依然在场，它由其他层面的有待知晓的事物产生，例如，纯粹作为脸的脸（这与某个特殊的人的脸是不同的）。恰恰是因为正常的核心意识的存在，才使再认方面的空白得以被承认。

埃米莉的问题由早期视觉皮质的双侧损伤导致，确切地说是位于大脑腹侧颞枕叶过渡部分的视觉关联皮质的损伤（见图 5-2）。布罗德曼 19 区和 37 区位于一个名叫梭状回的区域内，它们是主要受损部位。

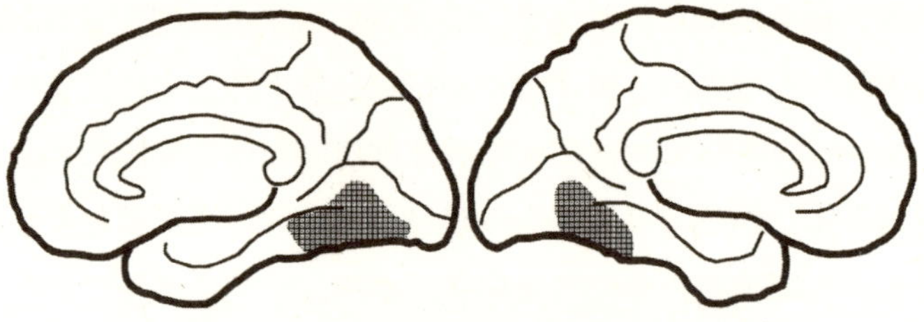

图 5-2 面孔失认症患者的典型病变部位

面孔失认症患者埃米莉的病变部位位于两个大脑半球的枕叶和颞叶的交界处。

在大约 20 年前，基于我们早期对面孔失认症与神经影像相关性的研究，我们提出，这些皮质通常参与处理面孔或其他在视觉上模棱两可的刺激，这些刺激对脑提出的要求与面孔处理类似。[18] 目前的功能性神经成像实验支持以下观点：当察觉到自己在处理面孔时，正常个体会持续地激活埃米莉受损的那个脑区。[19] 必须注意到，功能性神经成像实验中，此区域的激活不应被理解为“对面孔的意识”发生在这个所谓的面部识别区。如果不是面部识别区中的神经模式得到组织，受试者察觉到的面部表象是不可能凭空出现的，但是产生认识该面孔的感觉的、将注意转至该模式的其余过程发生在别处，即系统的其他部位中。

当我们考虑如下事实后，上述描述的意义将比任何时候都更清晰：如果我们向一个处于持续性植物状态的无意识患者展示熟悉的面孔，所谓的面部识别区（位于颞枕叶交界处的梭状回内部）在功能性成像扫描下会发亮，就像正常的有知觉的人一样。[20] 这个故事的道理很简单：即使意识不复存在，针对有待知晓的事物形成神经模式的能力依然会被保留下来。

就核心意识本身而言，听觉皮质的双侧损伤和视觉皮质损伤一样，将导致同样的结果。就如埃米莉无法唤起与特定物件相关的具体知识，例如以前熟悉的人或物，大脑皮质听觉部分的特定区域受到损伤的患者也失去了唤起与声音有关的具体知识的能力，譬如以前熟悉的旋律或某人熟悉的声音。在我的实验室里，患者 X 的病情很好地说明了这种情形。这位成就斐然、一帆风顺的前歌剧演员，在一次脑卒中之后丧失了辨认他同事歌声的能力，而这位同事曾与他一起在世界各地演出。就连他自己的歌声，他也不能辨认出来。同样，他也失去了识别熟悉旋律的能力，包括他在漫长职业生涯中曾千百次演唱过的那些咏叹调。和埃米莉的情况一样，他在听觉领域以外没有任何问题，也正如埃米莉，虽然严格来说，他现在已经无法知晓那些刺激物，但他仍然能对其产生核心意识。他敏锐而细致地聆听每一个无法辨识的音乐片段，搜索每一个音调，搜索作品的音色与风格，以找出潜在的线索来证明演唱歌手的身份。他曾唯一成功辨认出的声音是玛丽亚·卡拉斯（Maria Callas）的，或许这可以作为证明卡拉斯确实与众不同的新证据。

埃米莉和 X 两人的联合皮质都受到损伤，具体损伤位置分别是视觉和听觉的联合皮质。于是，从许多与他们类似的案例的研究中可以明显看出，这些感觉皮质的严重损伤并不会危害到核心意识。至于早期感觉皮质的严重损伤，只有当体感区域受到损伤时，才会导致意识的破坏。我们之前列举过其原因：体感区域是原始自我的基础之一，它们的损伤很容易改变核心意识的基本机制。

现在我们知道，脑是如何将表征某一客体和表征单个有机体的神经模式组合在一起的，我们接下来将考虑脑用以表征有机体与客体之间关系的机制，即客体对有机体的因果行为以及有机体对客体的最终控制。

06

核心意识的形成

意识的诞生

我们是如何产生意识的呢？或具体来说，在知晓活动中，我们是如何产生自我感的？我们的意识起于一个戏法。这个戏法就是当有机体与客体互动时，不论客体是真实感知的还是回忆起来的，也不论客体是身体界限内部的（比如疼痛）还是外部的（比如风景），有机体都会对发生在其内部的事情构建一个说明。这个说明是非言语的简单叙述，但它确实包含角色（有机体与客体）。它随着时间推移而展开，并有开头、中间和结尾。开头对应着有机体的起始状态。中间是客体的到来。结尾由一系列反应构成，这些反应导致有机体状态的改变。

我们的有机体在内部构建并展现一些关于我们的有机体如何被客体改变的、具体而无言的知识，当这样的知识伴随着客体突出的内部展现而出现时，我们便拥有了意识。此类知识最简单的出现形式是对知晓活动的感受，而我们面前的谜题可以由下面这个问题概括：是什么花招让这类知识聚集起来，这些知识又为什么首先以感受的形式出现呢？

我推理出的具体答案展示在如下的假说中：当脑的表征装置产生了表象的非言语叙述，以描绘有机体状态如何受到对客体处理的影响，这个过程转而又加强了作为成因的客体在脑中的表象，于是将其显著地置于空间和时间背景中，在这样的情况下，核心意识便产生了。这一假说概述了以下两个组成机制：对客体－有机体关系的表象化的非言语叙述的形成，这也是知晓活动中自我感的根源；以及客体表象的增强。就自我感的组成成分而言，这个假说是基于以下几个前提：

1. 意识依赖于新知识的内部构建和展现，这些知识涉及有机体与客体间的互动行为。
2. 有机体作为一个单元，被映射于有机体的脑中，在调节有机体生命、持续发射内部状态信号的那些结构之中；客体也同样被映射于脑中，在那些被它与有机体间的互动行为所激活的感觉和运动结构之中；在一级映射中，有机体和客体两者都是以神经模式的形式得到映射的；所有这类神经模式都可能成为表象。
3. 与客体有关的体感映射可以导致有机体映射的改变。
4. 第 3 点中所描述的变化可以在另一些映射，即二级映射中重新表征，因此，二级映射表征了客体与有机体间的关系。
5. 在二级映射中短暂形成的神经模式能够成为心理表象，在这一点上毫不亚于一级映射中的神经模式。
6. 由于有机体映射和二级映射都与身体有关，描述上述关系的心理表象即为感受。

我再次提醒，我们此处的探究并不聚焦于映射中的神经模式如何形成心理模式或表象，这是第 1 章中概述的第一个有关意识的问题。我们聚焦于意识的第二个问题，即自我的问题。

就脑而言，假说中的有机体由原始自我进行表征。此表述中提出的有机体的关键因素，就是我在上文中指出的原始自我所提供的那些状态，即内环境、内脏、前庭系统和肌肉骨骼框架的状态。这一表述描述了瞬息万变的原始自我和引起变化的客体的感觉运动映射之间的关系。简言之，当脑形成客体的表象时，譬如面孔、旋律、牙疼、对一件事的回忆，并且当客体的表象影响了有机体状态时，另一水平的脑结构会创造迅速的非言语叙述，来描绘被客体－有机体互动行为所激活的广大脑区中发生的事。客体所造成影响的映射出现在表征原始自我和客体的一级神经映射之中；对客体和有机体间因果关系的说明只能被二级神经映射所捕获。回顾以上内容，如果可以使用比喻的说法，那么有人也许会说，这迅速的二级非言语叙述讲述了以下的故事：有机体在着手表征其他事物时，自身状态的变化的表征却被捕捉了。然而，令人惊讶的事实是，捕捉者的可知实体恰恰是在对捕捉过程的叙述中创造出来的。

这一情节反复出现于脑表征的每一个客体中，而且不论客体是在场并与有机体进行互动的，还是从过去的记忆中被带回来的。客体究竟是什么也无关紧要。在健康的个体中，只要脑处于清醒状态，生成表象和意识的机器都是在运转中的，而且如果我们并没有在通过冥想这类行为操纵心理状态，那么真实客体或想象客体就是不可能耗尽的，因此，名为核心意识的丰富货品也不可能被耗尽。客体实在太多了，不管是真实的还是回忆起来的，而且通常情况下同时有多个客体在场。同一类表象化情节源源不断地供应着我们称为思想的流动过程[1]。

我所提出的非言语叙述是以最终成为表象的神经模式为基础的，而这些表象也是描述引发意识的客体这一过程的基础组成。最重要的是，构成叙述的表象被合并到思想的溪流之中。意识叙述中的表象与客体的表象如影随形地向前流淌，其中前者为后者提供了不经意间的自发评价。现在我们回到脑中电影的比喻：这些表象处在电影之中，外面并没有什么观众[2]。

现在，通过说明假说的第二个组成部分，我来总结一下我关于核心意识产生机制的陈述。产生第一个组成部分的过程（对客体与有机体之间关系的表象化非言语叙述）有两个明确的结果。其中一个结果我之前已经提过，是知晓活动的精细表象，是我们的自我感的本质；另一个结果则是作为成因的客体在脑中的表象的增强，它对核心意识有支配作用。注意被驱使着聚焦于客体，于是导致了该客体表象在心智中的凸显。客体的选择开始于那些不那么幸运的客体，用威廉·詹姆斯或怀特海的话来说，它们是作为一种特殊情况被挑选出来的。随着一系列前导事件的发生，客体成为事实，变成了与有机体间关系的一部分，而这一切都发生在有机体身上。

只要乐曲余音未绝，你就是音乐：转瞬即逝的核心自我

你知道自己是有意识的，你感受到自己在进行知晓活动，因为流淌在你思想中的精细的表象化叙述展现了以下的知识：你的原始自我被一个刚刚凸显于心智中的客体改变了。你知道，自己的存在是因为此叙述将你置于知晓活动的主角的地位。作为一个被感受到的核心自我，你短暂而不停地浮出知晓活动的海平面，并不断更新着。这归功于任何从脑外进入感觉装置的事物，或任何来自脑的记忆储存，以感觉、运动或无意识回忆的形式被调动的事物。你知道是你在看，因为故事勾勒出一个人物，也就是你，正在进行看的活动。有意识的你的首要根据是一种感受，它出现于对正在被改变的无意识原始自我的某种重新表征中，而这个过程是在确定了这种改变原因的一种说明中进行的。意识背后的第一个戏法就是创造了这种说明，而导致的第一个结果就是对知晓活动的感受。

在这个故事中，知晓活动突然活跃起来，它存在于那些新形成的构成非言语叙述的神经模式中。你很少注意到讲故事的过程，因为在心理表现中占据主导地位的表象属于你现在意识到的那些事，即你看见或听见的客体，而非那些在你的知晓活动中迅速构成你感受的东西。有时，你留意到的仅仅是有关此叙述的推理转换为言语后的轻声呢喃："是的，是我在看、在听或在触摸。"然而，虽然这条线索若隐若现，常常是半隐半现的暗示，但当讲故事的过程由于神经疾病而中止时，你的意识也会中止，并且这种差别是巨大的[3]。

当 T. S. 艾略特在《四个四重奏》中写下"音乐被聆听得如此深切，以至于它根本没有被听见"时，或当他说"只要乐曲余音未绝，你就是

音乐”时，他或许也曾思考过我刚才描述的过程。至少，他在思考，在那转瞬即逝的瞬间，一种深邃的知识可以显现出来。他称这种知识为一种联合，或者化身。

超越转瞬即逝的核心自我：自传体自我

然而，在乐曲停止后，的确有某些东西留下了；核心自我多次短暂浮现后，留下了一些痕迹。在像我们这样拥有巨大记忆容量的复杂有机体中，那些我们从知晓活动中发现自身存在的短暂时刻是可以呈递给记忆、可以恰当地分类，并可以与过去或预期的未来有关的其他记忆相联系的事实。这一复杂的学习活动的结果就是发展出了自传体记忆，它是一类倾向性记录的集合体，记载着我们在身体上是谁，在行为上常常是谁，以及在未来想成为谁。在整个生命历程中，我们可以扩大和重新塑造这一记忆集合体。当某些特定的个人记录在需要的时候或多或少地以重构表象的形式清晰地呈现出来时，便成了自传体自我。在我看来，真正的奇迹是，用神经或认知的术语来说，自传体记忆与无意识的原始自我，以及在每个生命瞬间不断浮现的有意识的核心自我，在架构上都是互相连接的。这种联系架起了一座桥梁：一边是核心意识的持续过程，即永无休止的短暂瞬间；另一边是与个体的特殊过往事实或一贯特征相关的与日俱增且坚如磐石的记忆。换言之，在每个瞬间得以重生的无意识原始自我，以及当客体对二级非言语叙述进行修改时诞生于其中的有意识核心自我，这二者以躯体为基础的、动态范围内的稳定性，被伴随而来的对记忆中不变事实的展示所强化。这些事实包括：你出生在何处，为何人所生；你自传中的关键事件；你的好恶；你的名字；等等。虽然自传体自我的基础牢固且一成不变，它的范围却因为经历而不断地变化。因此，与一生中以基本相同的形式再生的核心自我相比，自传体自我的展示更容易重塑。

不像核心自我天生作为原始叙述的主角存在，也不像原始自我会表征当下的有机体状态，自传体自我是基于真实的认知和神经生物学意义术语的概念（见图 6-1、图 6-2）。此概念以倾向性的内隐记忆的形式存在。这些记忆存储在特定的互相联系的脑网络中，其中的许多记忆可以在任何时刻同时外显。[4] 此类记忆的表象形式的激活构成了健康心理生活每一时刻的背景，而它们很多时候是被忽视的，经常仅仅通过暗示和半猜测为人所知，就像核心自我和知晓活动一样；然而，一旦证实自我身份的需求出现，它们便随时准备涌入中央位置。这就是我们在描述自己的人格或他人的存在状态的个体特征时所使用的材料。在下一章讨论扩展意识，以及同一性和个性背后的机制时，我们将进一步谈论这个话题。

自传体自我： 自传体自我建立在自传体记忆的基础上，而自传体记忆的组成成分是关乎个人过去或预期未来经历的多个实例的内隐记忆。某一个体一生不变的方面形成了自传体记忆的基础。自传体记忆随生活经历而持续增长，但也可以通过部分改造来反映新的经历。一旦需要，描述身份或外貌的成套记忆能够以神经模式的形式被重新激活，并以表象的形式显现出来。每段重新激活的记忆都以“有待知晓的事物”的形式运作，它们各自产生核心意识的脉冲。其结果便是我们意识到的自传体自我。

核心自我： 核心自我天然存在于客体改变原始自我时所产生的二级非言语叙述中。核心自我能够由任何客体引发。核心自我的产生机制在一生中只经历极小的变化。我们能够意识到核心自我。

意识

原始自我： 原始自我是一系列相互联系、暂时连贯的神经模式的集合，这些神经模式时时刻刻在脑的不同水平上表征有机体的状态。我们意识不到原始自我。

图 6-1　自我的种类

核心自我	**自传体自我**
意识的短暂主角，由任何引起核心意识机制的客体所产生。由于此类客体永久存在，核心自我不断地产生，因此表现出时间上的连贯性。	自传体自我的基础是永久但具有倾向性的对核心自我经历的记录。这些记录能够被激活为神经模式，并转化为外显的表象。这些记录能够被随后的经历部分地改变。
核心自我的机制需要原始自我在场。核心自我的生物学本质是正被改变的原始自我的二级映射中的表征。	自传体自我需要核心自我在场，以便启动其逐渐的发展。
	自传体自我同样需要核心意识机制，以便对其记忆的激活能够产生核心意识。

图 6-2　核心自我与自传体自我的区别

从发展的角度来看，我认为在我们生命的早期阶段，应该仅存在核心自我不断重复的状态。然而，随着经验积累，自传体记忆出现了，于是自传体自我得以展开。我们所认为的儿童发展的里程碑，或许是自传体记忆的不均匀扩张和自传体自我的非均衡调度的结果。[5]

不论自传体记忆发展得多么良好，也不论自传体自我变得多么坚固，有一点必定一目了然，即它们需要核心意识的持续供给，才能有力地影响自身有机体。只有当核心自我和知晓活动进行了新的构建，从而使自传体自我的内容能够被知晓时，这些内容才得以为人所知。处于癫痫性自动症发病期的患者的自传体记忆并未被毁坏，然而他们却无法获取其中的内容。当发病结束，核心意识恢复后，这座桥梁被重新建立起来，自传体自我就能够召之即来了。换言之，虽然自传体自我的内容以一种极为特殊的方式与个体相关，但是它们只有依赖于核心意识的能力，才能像其他已知的事物一样活跃起来。或许这有些不公平，但非这样不可。

组装核心意识

我认为核心意识是在一些脉冲之中创造出来的，而每一个脉冲都是由每一个我们与之互动或回忆起的客体触发。比如，某个意识的脉冲起始于一个新客体触发改变原始自我的过程的那瞬间，并在新客体开始触发自身的一系列改变时终结。对新客体来说，由第一个客体改变的原始自我成为最初的原始自我。核心意识的一个新脉冲开始了。

意识的连贯性的基础是意识脉冲的稳定产生，而这与对大量客体的无休止加工相对应，它们之间真实存在的或不断回忆起来的互动改变着原始自我。意识的连贯性就源自不断流动的对核心意识的大量非言语描述。

多个描述有可能被同时创造出来，这是因为多个客体可以在大约相同的时间参与进来（虽然可同时参与的客体不多），并且由此可以诱导原始自我发生改变。当我们说到“意识流”时，这是一种隐喻，表明了一条思路和一系列思想，并且携带着意识的涓流可能起于不止一个而是多个客体。除此以外，每一种客体互动可能不止产生一个叙述，因为它可能涉及脑的多个水平。再说一次，这类情境似乎是有好处的，因为它能产生格外丰富的核心意识，并确保知晓状态的连续性。在下文中，我将对核心意识的多个产生者做进一步描述。

对二级神经模式的需要

最初的原始自我因有机体与任何客体的互动而发生了改变，讲述这个故事需要厘清其过程和神经基础。用最简单的话说，除了那些表征作为成因的客体和原始自我的改变的神经结构之外，至少还有另外一种结构重新表征了处于短暂关系中的原始自我和客体，也因此能够表征真正发生在有机体身上的事，即最初时刻的原始自我、进入感觉表征的客体，以及将最初的原始自我修改为经客体改变的原始自我。然而我猜想，在人脑中存在多个有能力产生二级神经模式的结构，这些二级神经模式再现了一级神经模式的发生。引发对有机体－客体关系的非言语表象化叙述的二级神经模式，有可能基于数个“二级”结构中的错综复杂的交叉信号。某一个脑区容纳着最重要的二级神经模式，这种可能性是很低的。

二级结构间的互动产生了二级映射。这些结构的主要特征如下：（1）能够经由轴突路径，获取来自不同位置的信号；这些位置可能参与原始自我的表征，或潜在地表征某一客体；（2）能够产生一类神经模式，它们能以暂时有序的方式“描述”发生在一级映射中的事；（3）能够直接或间接地，在名为思想的表象的总流中引入由神经模式导致的表象；（4）能够直接或间接地向加工客体的结构返回信号，以使客体表象得到增强。

“

核心意识是在一些脉冲之中创造出来的，而每一个脉冲都是由每一个我们与之互动或回忆起的客体触发。

”

这个大致想法的梗概呈现在图 6-3 中。二级结构接受一连串的信号，这些信号与发生在不同脑区的一个逐渐展开的事件相关。客体 X 的表象的形成；在 X 的表象开始形成时，原始自我的状态；加工 X 所导致的原始自我的改变——这一系列的重新表征组成了一个神经模式，它直接或间接地成为一个表象的基础，这个表象表征着客体 X 和被 X 改变的原始自我之间的关系。让我再次强调，这是对这一观点的简化。由于多个二级结构的存在，神经模式和关系的表象极有可能来源于那些二级结构中的交叉信号。同样需要注意的是，正如我们之前看到的，核心意识的过程并不局限于产生表象化的叙述。二级神经模式中叙述模式的出现有着重要的结果：它通过调节客体的活动影响了客体的神经映射，并由此在短时间内增强了这类模式。

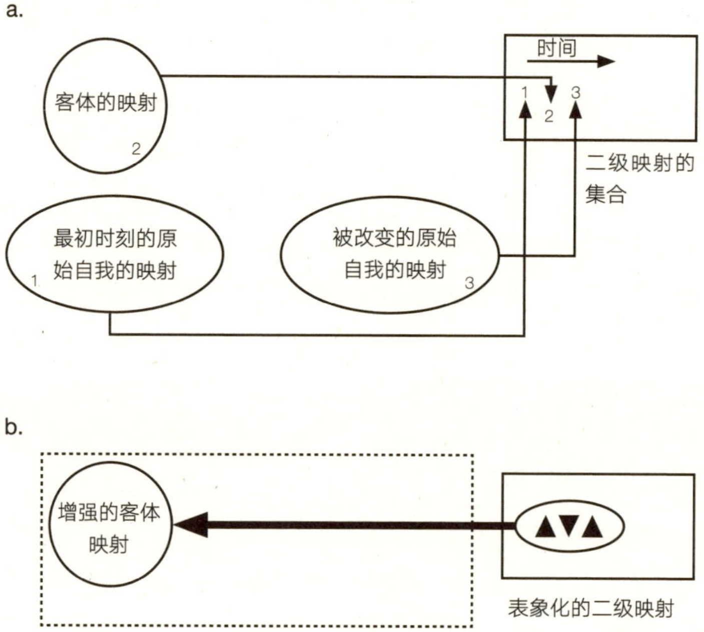

图 6-3　二级神经模式

a. 二级神经模式的组成成分在二级结构中按时间顺序装配。b. 二级映射的表象出现，客体的映射得到增强。

二级神经模式在哪儿

思考二级模式可能的解剖学根源是非常重要的。我的最佳猜测是，二级神经模式转瞬即逝地浮现于少数几个精选脑区的互动中。它并不在某个单一脑区内，并不处于颅相学概念中的意识中枢，但它也不是无处不在。二级神经模式不止在一个位置执行，这个事实乍听起来可能让人惊讶，其实并不意外。我相信，这个事实遵守了一般的脑规则，而非一个特例。想一想，比如，什么伴随着动作发生。想象你自己在一个房间中，你的朋友进来想借本书。你起身走过去，一边挑出那本书，一边开始讲话。你的朋友讲了些好笑的事，你开始大笑。当你起身并朝向某一方向，并且为此目的采取特定姿势时，你用你的整个身体做出动作。你的腿和右手臂都在运动，你的发音器官也是如此。当你大笑时，你的面部肌肉、胸腔、膈膜也在运动。与管弦乐演奏中的行为类似，有 6 个独立行事的动作产生者，每一个都各司其职，有的（帮助你挑选书本的几个）受到意志控制，其他的（控制身体姿势或大笑的那几个）则不受意志控制。然而，所有这些动作的产生者都在时间和空间内良好地相互协调，以使你的动作能够顺利执行，并表现为由单一的来源和单一的意志产生。这种令人惊讶的流畅化和协调化活动产生于何时何地，我们对此知之甚少。但毫无疑问，它的出现需要脑干、小脑和基底核的大量回路的帮助，而这些回路通过交叉信号互相作用。当然，现在我们并不清楚这一过程具体是怎样发生的。

现在，请将以上情况迁移到我的核心意识的概念中。在此处，我同样认为，在脑的不同水平上存在着多个意识产生者，但意识过程看起来依然是流畅的，只涉及一个知晓者和一个客体。在正常情况下，涉及同一客体不同加工方面的多个二级映射，是在大约相同时间间隔内平行产生的。对那一客体的核心意识就源自这类二级映射的融合，即一种整合的神经模式。它不仅引发了先前提到的表象化叙述，还导致了客体表象的增强。我们并不清楚这个融合、协调、流畅的过程是如何实现的，但需要注意的是，这一谜题并不特属于意识；其他功能（如动作）方面同样存在这个谜。或许当我们解决了后一个问题，前一个问题便迎刃而解。

有几个脑结构具有接收不同来源的融合信号的能力，因此也似乎能够胜任二级映射的任务。在假设的语境中，我设想的二级结构必须实现从“整个有机体的映射”到“客体映射”的信号的特定连接。考虑到要满足连接信号源这样的要求，我排除了几个候选项，如顶叶和颞叶的高级皮质、海马、小脑，因为它们在一级映射中发挥作用。此外，假设中的二级结构必须具备影响一级映射的能力，这样才能保证客体表象的增强和连贯性。一旦将这个要求也考虑进去，二级结构的实力候选就只剩下上丘（中脑后部名叫顶盖的结构中存在的一对丘状结构）、全部的扣带回皮质、丘脑、部分前额叶皮质。我认为，所有这些候选区域都在意识中发挥作用，它们都不是单独起作用的，并且它们的作用范围各不相同。比如，我怀疑上丘对人类意识来说尤为重要，并且怀疑前额叶皮质可能只参与扩展意识。图 6-4 描绘了这些结构的大致位置。

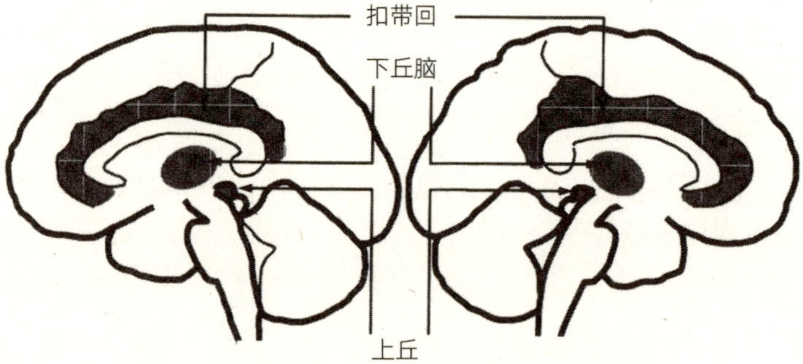

图 6-4　假设中提到的主要二级映射结构的位置

这类结构之间交互作用的概念对这一假设至关重要。例如，有关核心意识，我认为上丘和扣带回皮质各自独立地进行二级映射。然而，我假设中的二级神经模式是超区域性的。它是上丘和扣带回在丘脑的指挥下合奏的结果，并且我合理地猜想，扣带回和丘脑部分在合奏中发挥最大的作用。

二级神经模式对客体表象增强所产生的后续影响是通过多种方式实现的，其中包括丘脑皮质的调节作用，以及基底前脑或脑干中的乙酰胆碱能核团和单胺能核团的激活，这两者最终都对皮质加工活动产生影响。有趣的是，应该注意到，我提出的二级结构的确有办法施加这种影响。

产生意识所需的神经解剖学装置的列表就是这样不断变长，却又幸运地受到限制的。这一系列装置包括执行原始自我所需的部分结构（某些脑干核团、下丘脑、基底前脑、体感皮质的某些部分），也包括此处列举的作为二级映射场所的结构。在第 8 章中我将思考，所有这些结构都参与意识形成的过程的可行性有多大。

知晓活动的表象

对有机体 - 客体关系的表象化叙述的第一个用处，就是告知有机体它正在做什么，或换句话说，去回答有机体从未提出过的以下问题：发生了什么事？事物的表象和这具躯体之间有什么样的关系？对知晓活动的感受就是这个回答的开始。我已概述过获得这种自发知识的重要性：它赋予了我们理解某一情境的自由，也是我们计划某种反应行为的最终机会的开端，这种反应与自然所提供的杜尚派“现成品”是不同的。

然而，正如我提出的，引起表象化叙述的过程可以马上进行第二次叙述。当一个清醒的有机体的配备良好的脑产生核心意识时，第一个结果是更加清醒。注意，有机体此时已经具备某种觉醒状态，这对整个活动的启动至关重要。第二个结果是注意更加集中于作为成因的客体，再次强调，此前已经有一部分注意了。这两个结果都是通过对表征客体的一级映射的增强实现的。

在某种程度上，意识状态所隐含的信息是：“必须将注意集中于 X。”意识导致觉醒的增强和注意的集中。这两者都会改善对特定内容的表象加工，从而有助于优化直接的或计划的反应。有机体与客体的接触增强了它对客体进行感觉加工的能力，也增加了它与其他客体接触的机会，即有机体准备好了迎接更多客体和进行更加精细的互动。总体的结果是更加警觉、更加敏锐的注意，以及更高质量的表象加工。

除了提供对知晓活动的感受和客体表象的增强以外，知晓活动的表象在记忆和推理的帮助下构成了简单的非言语推理的基础，这种推理强化了核心意识过程。例如，这种推理揭示了生命调节和表象加工之间的密切联系，而这种联系隐含在个体视角的感觉之中。所有权似乎可以说是隐藏在视角感中，当做出以下推理时，它将会变得清晰：如果这些表象具有我现在感受到的这具身体的视角，那么这些表象就在我的身体之中，即它们属于我。而对于动作的感觉，它被包含在以下一个事实中：特定的表象是与特定的动作反应紧密联系的。其中就有我们的主体感，即感觉这些表象属于我，并且我能够作用于引发它们的客体。

意识来自被感知的客体和回忆起的过去知觉

当客体之所以在心智中浮现，不是因为它们当下呈现于我们周围，而是因为我们从记忆中回忆起了它们时，这些客体的表象仍然会引起核心意识。这一点的原因与下述事实有关：我们储存在记忆中的不仅是一个客体的物理结构方面，即有重建它的形状、颜色、声音、典型动作、气味等的可能性；还有有机体在理解相关方面，如我们对某一客体的情绪反应、理解客体时更加广泛的生理和心理状态等过程中的动作参与。于是，对客体的回忆与其表象在心智中的展开，也就伴随着至少某些有关方面的表象的重建。重建有机体对你回忆的客体的适应行为的合集，会产生一种与你直接感知外界客体相类似的情形[6]。

最终的结果是，当你想起一个客体时，光是重建过去感知该客体所需的部分适应行为或过去对它的情绪反应，就足以像外界客体直接面对你的时候那样改变你的原始自我。在这两种情况下使你产生意识的客体的直接来源不同，一个来自回忆，一个来自真实感觉，但不论哪种，理解事物的意识都是相同的。这就是为什么中了箭毒的人虽然不能为了感知客体而产生实际的躯体运动的姿势调整，却依然能够意识到呈现在他们的固定感觉装置前的客体。很有可能，即使是对未来感知运动的适应行为的计划，也是原始自我的有效改造者，并因此也是二级叙述的来源。如果行为本身以及行动计划都能作为二级映射的来源，那么核心意识就能够更早地产生，因为正如最终导致情绪的那些反应先于情绪而存在，行动的计划也必然先于行动而存在。

因为我们的脑能够在体感映射中表征行动计划以及行动本身，并且这些计划能够呈递给二级映射，所以脑就拥有了一个双重机制来形成意识的原始叙述。

核心意识的非言语本质

让我通过叙述或讲故事来进一步阐明我的观点。这些术语是如此紧密地与语言相关，以至于我必须再次申明，不要按照词语意思来理解它们。在此处，“叙述或讲故事”不意味着将单词或符号组织成短语和句子。我所说的叙述或讲故事，是在为有逻辑关联的事件创造一个非言语的映射。想想电影（虽然电影媒介也不能提供完美的概念）或哑剧或许会有所帮助，例如让–路易斯·巴劳特（Jean-Louis Barrault）在《天堂的孩子》（*Les Enfants du Paradis*）中关于手表盗窃案的哑剧表演。约翰·阿什贝利（John Ashbery）的一句诗捕捉到了这个理念：“那是曲调却并无言语，言语只是沉思（speculation，来自拉丁语 speculum［反射镜］）。”[7]

就人类而言，意识的二级非言语叙述可以直接转换为语言。我们可以叫它第三级。人脑除了产生那个表明了知晓活动并将其归于新形成的核心自我的故事以外，还会产生该故事的一个自动言语版本。我对停止那种言语的转换毫无办法，你也一样。在我们心中的非言语轨道中播放的所有东西，都会被快速地转换为词与句。这是人类这种语言动物的自然本性。这种无法避免的言语转换，以及“知晓活动和核心自我在我们聚焦其上时，同样也会以言语的形式呈现于我们的心中”这一事实，两者或许就是“意识能够被语言所单独解释”这种观念的来源。曾经人们认为，意识发生在而且是仅仅发生在语言对我们的心理状况加以评论时。之前我提过，这一观念所持的意识观表明，只有实质性地掌握了语言工具的人类才有意识状态。缺少语言的动物和人类婴儿，也就不幸地永远处于无意识状态了。

这种意识的语言论是不恰当的，我们需要穿透语言的伪饰，寻找一种更加合理的替代性解释。奇怪的是，语言的自然特性恰恰否定了它在意识中的关键作用。单词和句子指示着实体、动作、时间和关系。它们转换的是概念，而概念由关于事物、动作、事件和关系是什么的非言语的想法所构成。在物种进化和我们每个人的日常经验中，概念都必然先于词句而存在。健康理智的人类所说的那些词句不是凭空出现的，不可能是对他们面前的空无的重新转述。因此，当我的心智说“我”或“我自己”时，它是在自然而然地转换我的有机体、我的自我的非言语概念。如果一个在感知上被激活的核心自我的概念没有到场，不论在哪一种语言中，心智都不可能将其转换成“我”或者“我自己”，或是任何语言上与之相称的释义。只有核心自我在场，它才可能被转换为一个合适的词语。

事实上，有人可能会争辩，意识的言语叙述的一致内容，不论其形式多么变幻莫测，都让我们能够推导出同样一致的非言语表象化叙述的存在，也就是我所提出的意识的基础。

当原始自我在与客体互动的过程中被改变时，对其状态的叙述在被转换为合适的词语前，必定是首先以非言语的形式出现的。在“我看见一辆车冲过来”这句话中，“看见”这个词代表着知觉过程的一种具体行为，它由我的有机体缔造，并牵涉我的自我。“看见”这个词就在那儿，恰如其分地系泊于“我”这个词之上，从而转译了我心中上演的无言的戏剧。

现在我要说，我的观点可能会在以下方面受到质疑。万一核心意识的无言戏剧、知晓活动的非言语叙述发生于意识水平之下，而只有言语的转换能够为其发生提供证据呢？核心意识只会在言语转换时出现，而不是早些时候，在故事叙述的非言语阶段。我之前认为不够合理的观点又卷土重来，只是玩了些小小的花样：我罗列的用以描述知晓活动中的演员和事件的那些机制得以保留，但“仅仅是非言语叙述就足以让知晓活动发生”这种可能性被否认了。

这是一个很有趣的备选观点，但我并不打算赞同它。主要原因是我们依赖语言及其力量来产生意识。首先，虽然我们无法遏制言语转换，但它们往往是不被注意的，常以千奇百怪的方式表现出来，富有创意的心智以各式各样而非墨守成规的方式转换心理事件。除此以外，富有创意的“言语的”心智有沉溺于虚构之中的倾向。或许人类割裂脑实验的最重要的发现恰是如此：大脑的左半球倾向于伪造并不符合事实的言语叙述。[8]

意识依赖于言语转换的多样性和对它或多或少的注意，我认为这种说法是不太可能为真的。如果意识的存在依赖于言语转换，那么极有可能我们就会有许多种意识，有些是诚实的，有些不那么诚实；也可能会有不同水平和强度的意识，有些是有效的，有些却不那么有效；最糟糕的是，意识可能失效。然而，在健康且理智的人类身上，这些情况并没有发生。对于自我和知晓活动的原始故事，叙述的内容是始终如一的。你对某一客体的专注程度确实会发生改变，但当你分散注意并注意到另一个客体时，你的总体意识水平不会掉到阈限以下。你不会不省人事，也不会看起来像癫痫发作；你只是对其他事物产生意识，而非失去意识。在你睡醒时，意识就达到了它的阈限，在此之后直到你再度入睡，它都是一直在线的。当你说完话，你并不会倒头大睡，你只会聆听或观看。

我相信，核心意识的表象化非言语叙述是迅速的，而它那些未经察觉的细节长久以来都躲避着我们的追查；这些叙述很少是外显的，通常是半隐藏的，因此对它的表达更像是一种信念。但是，这一叙述的某些方面会渗入我们的心智，塑造知晓之心以及自我的开端。被自我和知晓活动的感受所捕获的那些方面，是最先浮出意识的海平面的。它们先于相应的言语转换而存在。

如果意识需要依赖语言而存在，那么我在本书中所概述的核心意识就无从产生了。根据语言依赖性的假说，意识服从语言的掌控，因此不可能出现在缺少这种掌控的有机体中。当朱利安·杰恩斯（Julian Jaynes）提出他那篇关于意识进化的迷人论文时，他指的是后语言的意识，而非我所描述的核心意识。当诸如丹尼尔·丹尼特①、温贝托·马图拉纳（Humberto Maturana）和弗朗西斯科·瓦雷拉（Francisco Varela）等形形色色的思想家谈及意识时，他们称之为一种后语言现象。在我看来，他们谈论的是一些更高级的扩展意识，正如生物演化的现阶段所呈现的那样。[9] 我对他们的提议没有任何意见，但我想解释清楚，在我的提议中，扩展意识建立于我们和其他物种长久以来拥有并将一直拥有下去的基础性的核心意识之上。

非言语故事叙述的自然性

非言语故事的叙述是自然的。在比我们低级的脑中，一系列脑活动的表象化呈现是这种故事的原材料。故事叙述先于语言而自然出现，这可能就是为什么我们最终创造了戏剧和书籍，也是为什么人性中美好的部分在银幕和电视机屏幕前备受追捧。电影是最贴近于我们心智中普遍存在的故事叙述的一种外部展现方式。每个镜头的内容、移动摄影机所

① 丹尼尔·丹尼特在其全新力作《丹尼尔·丹尼特讲心智》中，综合哲学、人工智能与神经科学方面的前沿知识和理论，带领读者深度探索了意识与心智的世界。该书于2021年7月由湛庐策划，并由天津科学技术出版社出版。——编者注

能实现的对角色不同角度的取景、剪辑造成的镜头切换间发生的事，以及通过特别的平行镜头叙述的故事，这些都能够与心智中发生的事的某些方面进行比较，这要多亏那些制造视觉和听觉表象的装置，以及诸如不同水平的注意和工作记忆等装置。

话虽如此，我们还是会感到不可思议，最先形成意识故事的脑回答了一个从未被生物提出过的问题：

刚才出现的这些表象是谁制造的？又是谁拥有这些表象？

“是谁在那儿？”就像《哈姆雷特》激动人心的第一句台词所说的那样，而这部戏剧有力地体现了人类对自身处境的根源的困惑[10]。我认为，必须先有答案，即有机体必须先形成看起来像答案的那种知识。有机体必须能够自发地产生那种原初知识，知晓活动的过程才能建立。

全部的知识结构，从简单到复杂，从非言语表象到语言文字，都取决于一种映射能力。它映射着在我们的有机体内部或者周围、偶然或是必然发生的事情，一件跟着另一件，永无休止地循环。

故事叙述将发生的事登记为脑映射。就这一意义来说，它或许是脑的一种强迫行为，并且无论是就进化还是形成叙述的神经结构的复杂程度而言，它都是相对较早出现的。故事叙述先于语言而存在，因为它实际上是语言产生的一个条件。它不仅驻扎于大脑皮质，还驻扎在脑的别的位置，并且左右半球都有分布[11]。

哲学家常常困扰于所谓的“意向性”，即心理内容是“关于”心智之外的事物这样一个有趣的事实。我相信心智普遍的“相关性”根植于脑叙述故事的态度。脑先天就能够表征有机体的结构与状态，并且在受命调节有机体的过程中，它自然而然地编织了许多关于沉浸在环境中的有机体发生了什么事的非言语故事。

关于小矮人的最后阐述

此时，我就可以引出对声名狼藉的自我的小矮人学说，以及它为何会失败的评论了。这种早已淘汰的小矮人学说假定脑中有一块区域，即“知晓者区域”，具备了解释脑中形成的表象所需的知识。表象被呈递给知晓者，而知晓者知道如何处理它们。在这一学说中，知晓者是一个空间限定的容器，也就是所谓的小矮人。这个术语暗示着人们对其真实结构的想象：一个按比例缩小至脑尺寸的小人。有些人甚至想象，这个小矮人长得就像教科书里那张熟悉的大脑皮质的运动和体感区域的示意图，舌头伸得老长，而且头脚倒置。

小矮人学说的问题在于，这个无所不知的小矮人会帮我们完成知晓活动，但紧接着我们又回到了一开始所面临的难题：谁帮它完成知晓活动呢？好吧，当然是另一个小矮人，只不过更小一些。以此类推，第二个小矮人会需要第三个小矮人作为它体内的知晓者。这个链条将会无穷无尽，而这种困难的延搁就有效地驳倒了小矮人学说，我们称为无限回归。这种反驳当然是件好事，因为它凸显了传统的用脑“中心”来解释知晓活动这类复杂现象的做法是不充分的。但是它对替代性解释的发展产生了冷却效应。它导致了对小矮人的恐慌，这比对飞行的恐惧更甚。它最终演化为惧怕从认知或神经解剖学的层面详尽地描述一个能够知晓事物的自我。一下子，知晓活动和自我就脱离了脑中小矮人，变得不知何去何从。

小矮人理论没能为我们如何知晓事物提供一个合理的解答，这引发了人们对自我概念的怀疑。这是很不幸的。我们确实应该怀疑那种如同小矮人、拥有全部知识、位于脑的一个限定区域内的知晓者。它在生理学上毫无意义，现存的一切证据表明没有这样的结构存在。然而，小矮人型知晓者的失败并不意味着自我的概念应该或者能够与小矮人的概念一同被抛弃。不论我们是否喜欢这个概念，当我们知晓事物的时候，类似自我的一类感觉在正常人类的心中的确是存在的。也不管我们是否乐意，人类的心智是被不断分割的，就像分隔开的房子，一边是已知的事物，另一边是知晓者。

核心意识中的表象所蕴含的故事并不是由什么聪明的小矮人讲述的。这个故事也不是由作为自我的你来讲述的，因为核心的你是在讲故事时，才在故事之中诞生的。在原初的故事被讲述时，且只有在那时，你才会作为一个心理个体而存在。只要乐曲余音未绝，你就是音乐。

脑除了众所周知的感觉和运动装置之外，还装备有其他适当的装置。因此，当有机体正在对其他事物形成表象，并对那些表象做出反应时，脑能够形成对此时的有机体的表象。这些额外的装置使一个有机体能够产生知晓活动，前提是该有机体已具有一定能力，能够呈现稳定的原始自我，并表征发生在本体内部或外部的大量事件。这个过程并没有小矮人参与，同样，也没有无限或其他任何形式的回归。在小矮人知晓者版本的意识中，需要一个特殊的知晓代理者来解释发生了什么；神经心理的小矮人知晓者必然比它所服务的脑 / 心智要知道得更多。但是由此得出的必然推论就是，下一个小矮人知晓者肯定比前一个知道得更多，如此这般，永无止境。在我看来，不需要审问任何代理者或知晓者。原始自我以一种最终能够转换为语言的非言语叙述的形式，时时刻刻在向它面前的有机体呈递答案。答案在提出任何问题之前就被呈现出来。

原始自我是一个参照物，而非知识的仓库或一个聪明的感知者。它参与知晓的过程，耐心地等待着慷慨的脑向它解释发生了什么，而脑解释的方式就是回答一些从未提出过的问题，例如：谁在做事？谁在知晓？当答案首次出现时，自我感便出现了。在初次讲述原始故事的数百万年之后，对现在的我们这样一群拥有丰富知识和自传体自我的生物来说，看起来问题似乎已经被提出了，而自我就是进行知晓活动的知晓者。

之后就不再有什么问题被提出了。无须再就此时的情境审问核心自我，核心自我也不再解释任何事。知晓活动是大量免费供应的。

清点存货

我一直以来的观点是，核心意识依赖于不断生成的知晓活动的表象，并且相对于有待知晓的客体的心理表象，它首先是作为一种知晓活动的感受而被表达；我也认为，知晓活动的感受会导致并伴随着客体表象的增强。

就核心意识背后可能的生物学原理而言，我提出了一套或许能够支持自我感和知晓活动出现的神经结构和运转方式。这一提案以假说的方式呈现，它旨在满足意识的生物学角色的需要，以及对其心理现象的描述的要求，并与已知的神经解剖学和神经生理学事实相一致。该假说认为，当脑用形成表象化、非言语、二级叙述的方式，来说明对客体的加工如何影响了有机体，此时核心意识便诞生了。能够从表征有机体（原始自我）或客体的其他映射接收信号的结构生成了一些二级神经模式，而这种表象化叙述就建立在这些二级神经模式的基础上[12]。

描述着客体－有机体关系的这些二级神经模式的集合调整着描述客体的神经模式，并因此导致了客体表象的增强。在知晓客体的行动中，综合的自我感诞生于表象化叙述的内容，以及客体表象的增强之中，其形式可能是一种紧密结合了两种成分的大规模模式。

该假说所对应的神经解剖学结构包含了支持原始自我的部分、处理客体的部分、生成对客体－有机体关系的表象化叙述所需的部分，以及产生结果所需的部分。

原始自我和客体的过程背后的神经解剖学机制（见第 5 章）包括脑干核团、下丘脑和体感皮质。对关系的表象化叙述和客体表象的增强背后的神经解剖学机制（见本章前面部分）包括扣带回皮质、丘脑和上丘。随后的表象增强是通过基底前脑－脑干乙酰胆碱和单胺核团，以及来自丘脑皮质的调整实现的（见图 6-5）。

总结一下，核心意识在其正常而良好运转的情况下，是实现一种神经和心理模式的过程，这种模式将客体的模式、有机体的模式和二者间关系的模式差不多在同一瞬间聚集起来。这些模式各自的出现，以及它们同时的连接，都依赖于某些紧密合作的独立脑区所做的贡献。在本章我列出的提案中，我描述了这整个过程的一个方面，即有关有机体和客体间关系的模式的构建。

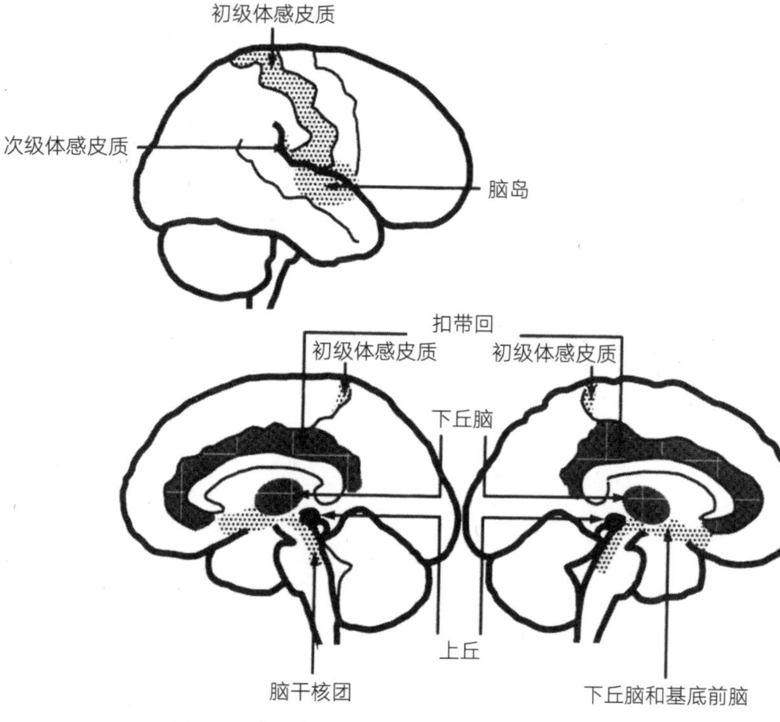

图 6-5　主要的原始自我和二级映射结构的组合

请留意，这些结构中的大部分都位于脑的中线附近。

在核心意识的宏伟模式诞生之时，几个局部脑区已经成功地将体量可观的脑组织招募至行动之中。如果你觉得这一运转过程令人印象深刻，那么我要告诉你，核心意识的宏伟模式与下一章将谈到的扩展意识的更加宏伟的模式相比，显得微不足道。正如威廉·詹姆斯会期待的那样，几乎整个脑都将参与到意识状态之中。

07

扩展意识

扩展意识

如果说核心意识是意识最不可或缺的基础，那么扩展意识就是它最值得自豪的东西。当我们想到意识的伟大时，我们心中出现的是扩展意识的概念。当我们脱口而出“意识是人类独一无二的特性”时，我们所念及的是扩展意识的最高级形态，而非核心意识。我们的这种傲慢是情有可原的：扩展意识的确是一种惊人的功能，并且它的最高级形态是人类所独有的。

扩展意识超越了此时此地的核心意识，包括过去和未来所能触及的范围。此时此地仍在那里，但它是与过去相伴的，而这种过去之多，足以有效地解释现在的一切；同样重要的是，它也与预期的未来相伴。扩展意识的范围，最大可以跨越人从摇篮到未来的一生，能够与世界相媲美。在任何时候，只要你放任其驰骋，扩展意识就能使你成为史诗小说中的人物。只要你好好利用它，它就会为你打开一扇创造的大门。

扩展意识具备核心意识的一切要素，只是范围更大和更优良。在生物演化和个人一生的经历中，它所做的唯一事情就是增长。如果说核心意识让你在某一瞬间知晓到，你看见了一只飞翔的小鸟或感觉到了疼痛，那么扩展意识则将这些同样的经历铺开在一块更大的画布上和一段更长的时间内。扩展意识仍然依靠同一个核心的“你”，但现在那个“你”是与度过的过去和预期的未来有关的，它们都是你的自传体记录的一部分。除了知晓到你有疼痛这个事实之外，你还能审视其他一些事实，比如是哪里在痛（手肘），什么导致了疼痛（网球），上一次这样痛是什么时候（3 年前或者是 4 年前），谁最近也手肘痛了（玛吉阿姨），她去看了哪位医生（梅医生或者尼克拉斯医生），以及你明天没法再和杰克一起玩了。扩展意识提供给你的知晓范围囊括了一大堆事实，呈现了一个巨大的全景图。观看这片开阔的景色的那个自我是一个真正意义上的坚固的概念，它就是自传体自我。

自传体自我取决于选定的自传体记忆的持续激活与展示。在核心意识中，自我感出现于微妙的、转瞬即逝的知晓活动的感受中，在每一个脉冲中得到重建。与此不同，在扩展意识中，自我感出现于一种持续和反复的展示，展示的内容包括我们的一部分个人记忆、在我们个人过往的每时每刻之中的容易证实我们同一性的客体，以及我们的个性。

这样的安排揭示了扩展意识的秘密：自传体记忆是一些客体，而脑也是这么对待它们的；脑使得它们各自都能像为核心意识所描述的那样与有机体发生关联，因此也使得它们各自产生核心意识的脉冲，一种自我知晓的意识。换言之，扩展意识是两个赋能机制的宝贵结果：其一，学习并因此记住大量经历的能力，它之前作为核心意识的一种本领而被我们所熟悉；其二，激活那些记录的能力，其方式是使那些记录同客体一样，能产生“一种自我知晓的意识”，从而被知晓。

从生物学的角度来说，当一个人配备着通用的自我感，从简单水平的核心意识演进到复杂水平的扩展意识的过程中时，在生理上最新奇的事物要数关于事实的记忆。就其最主要的戏法而言，它包含了更多相同的东西，即许多简单的“自我知晓的意识”，它们被应用于有待知晓的事物，以及不断再生的复杂知识所归属的事物，也就是自传体自我。最后一个推动因素是工作记忆，它能在一定时间内保持对此刻多个“客体”的记忆力，而它作用的对象既包括正在知晓的客体，也包括构成了我们的自传体自我的客体。在扩展意识中，时间尺度不再是形成核心自我所需的几分之一秒。此处的时间尺度是以数秒和数分钟计算的，这是我们人生的大部分时候所采用的时间尺度，它也可能延长到几小时甚至几年。

简言之，扩展意识诞生于两种方式。第一种方式需要逐渐积累对特定的一类客体的多个具体的记忆。这些“客体”来自有机体的传记，来自我们自己的生活经历。它们在我们的过去展开，被核心意识照亮。自传体记忆一旦形成，就能在处理任何客体时被唤起。在这之后，那些自传体记忆中的每一部分被脑当作客体来对待，连同特定的正在处理的非自我客体，每一个都成了核心意识的诱导物。虽然有机体与客体间现存关系的映射化叙述依赖于核心意识的同一个根本机制，但是扩展意识不仅将这一机制应用于单一的非自我客体 X，还将其应用在一整套以前记住的与有机体过往有关的客体上。对这些客体的不间断回忆不断被核心意识所阐明，从而组成了自传体自我（见图 7-1）。

第二种方式包括让界定了自传体自我或客体的一系列表象保持活跃、同时存在并且持续一段时间。自传体自我和客体中的那些反复出现的部分都沐浴在对核心意识所产生的知晓活动的感受中。

因此，扩展意识就是意识到一大堆实体和事件的能力，也就是说，在比核心意识所审视的更大的知识范围内，对个体视角、所有权和代理等产生感觉的能力。这种更大范围的知识要归因于自传体自我的感觉，它含有独特的传记式信息。

自传体自我仅仅出现在具有大记忆容量和强推理能力的有机体中，但并不需要言语的条件。以杰罗姆·卡根（Jerome Kagan）为代表的发展心理学家提出，人类在 18 个月大时发展出了“自我”，甚至可能更早。我相信他们所说的自我指的是自传体自我。[1] 我同样相信，像倭黑猩猩这样的类人猿也拥有自传体自我，甚至我乐意冒险说，我所熟悉的一些狗也有。它们拥有自传体自我，但还达不到人类的程度。你和我当然有，这得感谢我们更加丰富的记忆禀赋、推理能力，以及叫作语言的关键天赋。在整个进化过程以及人的一生中，我们的自传体自我使我们能够逐渐地知晓那些有关有机体的自然环境与社会环境的更为复杂的方面，以及有机体在错综复杂的宇宙中所处的位置和可能的活动范围。

扩展意识和智力是不同的概念。扩展意识涉及让有机体意识到最大范围的知识，而智力则与成功地运用这些知识以规划和形成新异的反应有关。扩展意识与清晰而有效率地展示知识有关，在此基础上，智力过程才能够发生。扩展意识是智力的前提条件。如果不能在扩展意识中搜寻这类知识，个体又怎么能在知识的广阔领域之上理智地行动呢？

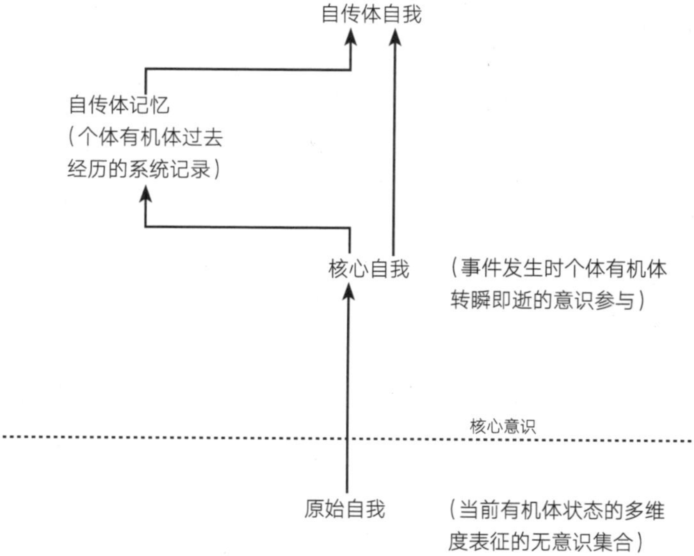

图 7-1 自我的种类

无意识的原始自我和有意识的核心自我之间的箭头代表了核心意识机制所导致的转换。指向自传体记忆的箭头表示对一再出现的核心自我经验实例的记忆。指向自传体自我的两个箭头表示它对核心意识连续脉冲和自传体记忆连续再激活的双重依赖。

扩展意识和工作记忆也是不同的概念，虽然工作记忆是扩展意识过程中非常重要的工具。扩展意识依赖于将对多个神经模式的记忆在心智中保持一段时间，这些神经模式描绘了自传体自我；而工作记忆指的是将表象在心智中保持一段足够长的时间，以便个体在智力上对它们进行处理的能力。为了加深对工作记忆的理解，请你想想看，在没有纸和笔的情况下，你是如何将十位数的电话号码或是到达某个具体地点的详细指示记在脑子里的。你也可以测试一下你的工作记忆：你应该能够记住七位数字一段时间，这段时间长到足以使你倒背出三至四位数字[2]。大量的工作记忆是扩展意识必不可少的条件，只有保证了这个前提，多个表征才能在脑中保持一段足够长的时间。相反，在核心意识的层面，工作记忆的作用似乎微不足道。心理学家伯纳德·巴尔斯（Bernard Baars）所提出的“全局工作空间”概念很好地描述了一种环境，在这种环境下，工作记忆和注意聚焦等能力促成了扩展意识。[3]

核心意识是像我们这样的复杂有机体的标准配置的一部分；它是通过基因组而被安放在适当位置上的，几乎无须来自早期环境的帮助。文化能够在某种程度上修饰它，但对它的作用或许没有那么大。扩展意识同样是由基因组安排的，但文化能够显著地影响它在个体中的发展。

评估扩展意识

扩展意识是建立在核心意识之上的，不仅在其随着时间推移而发展的过程中如此，在其每时每刻的发展中也如此。对神经病患者的研究表明，当核心意识被移除后，扩展意识也消失了。正如我们所见，患有失神发作、癫痫性自动症、无动性缄默症以及持续性植物状态的患者既没有核心意识，也没有扩展意识。反过来却不成立，就如我们将在后文看到的，受损的扩展意识能够与完好的核心意识兼容。

扩展意识是一个比核心意识更大的主题，然而它却更容易从科学的角度加以说明。我们非常了解它在认知上的构成，也同样了解其相应的行为特征。拥有扩展意识的有机体能够对广阔的信息领域施加注意。信息不仅出现于外部环境，也出现于内部的心智环境中。举例而言，作为扩展意识的拥有者，你可能在同一时间对许多不同的心理内容施加注意，比如：印刷文本、它激发的想法、它唤起的问题、房间某处发出的音乐或特定的噪声，以及作为知晓者的你自己。这些内容并非同样突出和清晰，但它们都处在舞台上，并且在不同的时刻，在几秒甚至几分钟内，它们中间的一个或几个会走进聚光灯下。

有证据表明，拥有扩展意识的有机体能够对复杂行为做出计划，不仅是在此刻，而是在更长的时间间隔内，如几个小时、几天、几周和几个月。一个观察者可以推测出，对这类复杂而恰当的行为的计划是通过考虑个体的历史以及当前的环境而完成的。换言之，一个人的所作所为不仅在当下是有意义的，在一个更大规模的环境中也应该是有意义的。

汉斯·库默尔（Hans Kummer）对狒狒的研究以及马克·豪瑟（Marc Hauser）对黑猩猩的研究表明，我所描述的扩展意识在非人类物种中同样存在。库默尔艰苦卓绝的野外工作和豪瑟独具匠心的实验室实验揭露了什么样的行为需要以上所述的认知操作。一个例子是，一群狒狒在某一天为选择在何地饮水而做出的复杂而费时的决策行为。许许多多的因素都会对决策产生影响，如饮水点的估计蓄水量、遭遇捕食者的风险、距离，等等。研究表明，这些因素都被注意到了，并与个体的内稳态需求相联系。[4]

扩展意识对于在内部调动不同感觉系统和模式的大量回忆知识来说至关重要，对于接下来操纵这些知识去解决问题或是汇报这些知识的能力也是非常重要的。这些能力的执行证实了扩展知识的存在。对扩展意识的评估可以通过评估一个核心意识完好的个体在一段较长时间内的再认、回忆、工作记忆、情绪和感受、推理和决策来实现。

在正常的神经状态下，我们从来没有真正丧失过扩展意识。然而，很难想象一个只有核心意识的人可能经历什么。想象一下，一个一周岁婴儿的心智可能是什么样。我猜想，客体进入心智的舞台、归属至核心自我后就退出了，而且来去时都一样迅速。每个客体都被一个简单的自我知晓，但是客体之间在时间或空间上不存在大规模联结，客体与过去或预期的经历之间也没有可感的关联。在后文我们将会看到，这一猜想能够通过对神经障碍的分析得到支持。就像心智问题的一般情况那样，神经病学为该问题提供了一个独特的视角。

扩展意识障碍

核心意识的丧失必然引起扩展意识的丧失，但反过来却不成立。扩展意识受到损害的患者仍然可以通过各种各样的形式保全核心意识，而核心意识的优先次序就这样被牢牢地建立起来。

短暂性全面性遗忘

最惊人的扩展意识受损的案例要数短暂性全面性遗忘这种发病急剧而突出的疾病了。从患者能够恢复正常这点来说，这种疾病是良性的。短暂性全面性遗忘可能在偏头痛下出现，有时是作为头痛的前驱症状，而有时则是偏头痛的代表性症状。短暂性全面性遗忘发病急剧并可以持续数小时，但一般短于一天；在这种情况下，一个完全正常的个体会突然被剥夺其自传体记忆的所有近期记录。心智再也记不起前一瞬间，或是几分钟、几小时之前发生的任何事。有时对于发作之前的几天内的任何事情，患者都想不起来了。

考虑到我们此时此地的记忆同样包括我们对不断预期的事件的回忆，我喜欢把它叫作关于未来的记忆，结果就是短暂性全面性遗忘发作的患者失去了几分钟、几小时甚至几天前有关未来的计划的记忆。对未来将要发生什么一无所知，这在短暂性全面性遗忘患者中是极为常见的现象。因此，发病者同时被剥夺了个体的历史起源和未来，但此时此地关于事件和客体的核心意识却留下了。实际上，当患者没能认出一个特定的物体或人时，是核心意识使他知晓到某些知识不再存在的事实。尽管当前的客体和行动具有充足的意识资源，然而，当下的场景对患者来说是没有意义的；由于没有更新的自我传记，此时此地变得完全无法理解。短暂性全面性遗忘的窘况强调了核心意识的显著局限性：没有当前客体的起源和当前行为的动机，当下就只是一个谜团。这或许就是为什么短暂性全面性遗忘患者几乎总是不断地在重复提出同一类焦虑的问题："我在哪儿？我在这里做什么？我是怎么来到这里的？我应该做些什么？"患者们通常并不会问他们自己是谁。他们往往对他们本身有着基本的感觉，即使那种感觉是微弱的。如果说癫痫性自动症患者是核心意识和与其相关的所有活动（核心自我、自传体自我、扩展意识）中止的良好例证，那么短暂性全面性遗忘患者则是扩展意识和自传体自我中止，而核心意识与核心自我得到保留的良好例证。

许多年以前，我们有机会研究一位我们所见过的病情最温和的短暂性全面性遗忘患者。我想和你说说她的情况。这名患者是一位高智商、高学历的女性，也是一名职业生涯非常成功的编辑。除了长期的偏头痛病史外，她的健康状况良好。大约在向我们寻求帮助的 9 个月前，她开始出现典型偏头痛症状，时常伴有某一大脑半球视觉区域的视力障碍，以及偶尔的语言障碍。后来偏头痛变得越发频繁，达到每周一次。在入院前两周，在例行拜访她的家庭医生时，她自诉了头痛的事，因此被转介到我们诊所，我们建议她详细地记录头痛的发病模式、演变以及可能的诱因。在下面所述的事件之前，她已经 4 次在发病过程中记录了头痛发作的细节。后来，她经历了下面所要讲述的"一件怪事"，并在症状发生过程中用清晰的笔迹将它记录下来。下面是她未经编辑的报告。[5]

8 月 6 日，周四，上午 11 点 5 分——我坐在桌边。突然出现了一阵怪异的头痛，感觉我要晕倒或是生病了。视力正常，但浑身上下的注意力都集中于这怪异的头痛发作上。背靠着桌子。闭上眼睛。试图将注意力集中于不要生病（想着去趟盥洗室——还是不这么做了——还是静静坐着吧）。未对周围环境失去意识，但注意极度集中于自身以及这种古怪的感觉（并未失去对身处何地或对周围声音的意识）。头痛结束后感到浑身温热，向办公室同事询问了有关办公室温度的事（现在是5分钟后，我已经记不起说过什么了），她表示一切正常（我这么想）。现在感觉不错。是11点18分了。但我并没有非常专注于正在做的事。

低头看着我的工作。我竟然认不出我正在编辑的那一页手稿了！向前后翻了几页，我依然搞不明白我到底在做些什么（我对主要目的非常清楚，但对面前这页纸或是我在做什么却感到茫然。）

拿起日历想要记下这一“事件”。日历上面写着近10天以来和我打过交道的人的名字，这使我感到焦虑，因为我不确定他们是谁。然而，日历上的大部分条目对我来说都很清楚明白。

11点23分——回头读这份笔记。我记得开始写它，但却认不出前几行字了！现在我感觉自己头脑很清醒，但我对刚才所经历的事的含义（如果有的话）依然感到困惑。此时我的头脑感觉清醒，好吧，可能还是有点儿沉重。（我试着寻觅头痛的症状，但它销声匿迹了。）我不敢低头看我手头的工作是不是比10分钟前好懂一些了。

11点25分——我翻回去读了我在第一页开头写的那些东西。我认不出自己的措辞了！我记得开始写这份东西，但我很感兴趣为什么它的开头看起来这么陌生。

11点30分——头脑依旧清醒。没有头痛。很好。现在我试着回忆有关情形，以便将它们写在这份记录上。平凡的早晨。在10点钟来了杯咖啡。整个上午都在阅读和编辑手稿。

在喝了咖啡之后就没有离开过我的书桌。

每一次回头去读我写下的那些内容，我都会读到一些令我困惑的语句，因为我根本不记得自己曾经写过它们。措辞很简单，但我仍感到困惑，因为我也不认识它们了。（注意：自始至终，我都清楚地知道我是什么样的人、我是谁、我在哪儿，以及我在这儿干什么。）

11点35分——我打开收音机听古典音乐。

11点45分——当我第一次拿起日历想要写下这次发病的情况时，我被上面写着的几个名字给困扰了。实际上，这就是我开始写这篇叙述的原因。现在已经是一个半小时后了，这些名字仍然令我困惑！我在我的公寓电话簿里面找到了这些名字，我能够认出他们是谁、我和他们有什么交集，但我仍然为这些名字看起来陌生而感到困扰。8月3日“传染病控制的两份报告已提交”的笔记依然不明不白（我记不起这是什么事由，但现在只是8月6号呢）。

11点50分——我想我记得自己做过那些报告，但我的大脑仍然无法聚焦于它们的内容。“传染病控制”？

11点55分——我想起来去哪儿可以查找和证实这些名字代表谁了（但仍然无法聚精会神，想起我帮他们润色过什么报告）。我要去吃午饭了。

12点5分——在出门的路上去了趟盥洗室，停下来重新读这份东西，并对它的意义感到困惑。除了知道这是某种短暂发作外，我一无所知。现在去吃午饭。整个头有些沉重。

下午1点——去吃午饭时一切都好。不太确定食堂里遇到的老朋友是谁，但和对方交谈得很顺利。排在取餐的队伍中，因为忘记怎么签到而感到片刻的恐慌，但后面想起来了。然而，偷瞄前面的人在卡片上写了什么之后才敢确认。写下我的社保号码，在写完之前感到轻微的恐慌。我想应该没写错。吃了一顿健康的午饭，金枪鱼沙拉和牛奶。一个人坐着。有些踌躇，思考着这次发病的可能影响，是否应该立刻向他人报告？回家休息一下？忽略它？

下午1点20分——喝了一大杯咖啡，准备回去工作。决定现在先什么都不做。感觉比较稳定，安然无恙，对自己在做什么非常清楚（只是有些受惊）。又喝了杯咖啡。打开收音机听些好听的音乐，仍感到不安全，能觉察到脉搏（测量了一下，每分钟80次）。

下午2点5分——一直在平稳地工作，主要是检查今早的工作。感觉还算正常。

下午4点15分——感觉正常。在大约4点时走去图书馆浏览书籍。自下午1点20起就没有读过这个记录，也没有测试对早前不清楚的条目的记忆。

下午5点45分——在离开办公室回家之前，我又扫了一眼日历，意识到我早些时候误解前几天的条目了！现在它们都讲得通了，我也想起了我做过的报告和相关的人。同样，我也想起来，下午在读这些笔记的时候，我每读一遍，它们看起来都是不一样的。没有生理失调现象。

8月7日，上午10点5分，起床后一切正常。晚上还好，头不知怎么有些沉重，为此感到焦虑，和X说了这件事……

他认为是糖分问题。早餐吃了两片香蕉坚果面包和一大块奶酪，喝了一小杯橙汁以及加了半勺糖的脱咖啡因咖啡。去上班。9点时感觉眼睛后面开始痛了（并且出汗）。9点30分确定头痛。喝了一杯加了两勺糖的真正的咖啡，又额外加了一勺糖。现在是10点整，头脑还算清醒，但有些沉重。

打了个电话预约讨论工作。与几个人谈了工作上的事。感觉还行，只是我的语言表达或许比平时更慢了些。我是在字斟句酌吗？真是够了。

下午1点25分——不久头痛又开始了。在12点整吃了午饭。一直在头痛。依然主要是在眼睛后面，但这次是左眼以及左太阳穴，痛感辐射到脑后的左下方。

8月10日，下午4点30分——周末过得不错，今天也是。

这份特殊的报告是由于以下巧合的情形才成为可能的：首先，症状较为温和，患者对此并没有往常那么焦虑。其次，她的内科医生指导她写下头痛发作时的具体情况，因此，她尽力写下了一份对所有相关事件的详细描述。最后，她是一位聪颖而富有教养的女士，她的人格和专业素养都使她能够组织出一份对个人经历的可信阐述。

在上述头痛发作过程中，患者的核心意识得到了保留，这使她能够连贯地组织她的想法和行为。如果我们能够在场见证这一过程或是能够与她互动，我敢说，我们会注意到她的举止发生了变化，或许变得全神贯注，或许变得含糊其词，也可能二者兼具，但我们肯定能够观察到觉醒状态、持续而专注的注意、持续而合理的行为，以及可识别的有动机的行为。无论从何种意义上来说，这与癫痫患者在自动症发病期间如僵尸一般的行为都是大相径庭的。这一点非常需要注意，因为这两种疾病发作时共有的剧烈性和短暂性经常导致它们被混为一谈，这是不可接受的。短暂性全面性遗忘和癫痫性自动症就像白天和黑夜一样不同。

自传体自我的短暂失灵是上述患者病况中主导的临床表现，包括她有幸遇上的温和形式的短暂失灵在内。遥远的个人自传体记忆当然存在，但疾病发作前那段时间的记忆却消失了，乃至前几天发生的事也只能隐隐约约想起来。自传体个人信息的消失对近期个人经历的作用是巨大的，甚至能够在身份信息的提取困难上体现出来。由于一时想不起自己的名字，她几乎惊慌失措。

短暂性全面性遗忘的戏剧化发作会持续一整天，而在创伤后遗忘的情况下，这一过程通常会缩短到不到一小时。创伤后遗忘是一种严重头部外伤后的常见结果。最近，一位患者提供了一份充满深刻见解的报告：DT 被他的马甩下马背并且背部着地，立刻失去了意识。冲上前去帮助他的旁观者估计，他大约有 10 分钟时间一直处于无意识状态。医护人员赶到现场时，DT 已经醒过来了。他看起来很迷惑并有些激动，一直在反复询问到底发生了什么。他有关这件事的记忆就是在那时开始的，他回忆起一系列事件的清晰展开。首先，他看见那些凝视他的脸，但不明白他们是谁，也不明白他们为什么要盯着他看。同样，他也不清楚自己是谁，甚至搞不懂自己躺在地上干吗。然后，自己是谁的意识慢慢回到了他的心智中，尽管整个场景依旧令人费解。一段时间后，或许是注意到自己穿着慢跑衫，他声称想去跑跑步。实际上，在不得不去对付那匹导致整场骚乱的失控的马之前，那就是他原本想做的事。直到他躺在救护车里被送往医院的路上，他的个人身份意识才慢慢恢复。

在一小时之内，DT 经历了许多不同的神经症状。第一，一种既不像昏迷或深度无梦睡眠，也不像常规麻醉状态的情况，在这种情况下，一切形式的意识、注意和觉醒状态都被中止了。第二，觉醒和最低限度的意识恢复了，但核心意识始终缺失，这种情形与无动性缄默症或癫痫性自动症的特定阶段有所不同。第三，一种与短暂性全面性遗忘不同的情况，核心意识已经恢复，但扩展意识仍然缺失。第四，一整套能力重新恢复。

在阿尔兹海默病的恶化过程中，扩展意识同样受到了损伤。当关于往事的记忆的丧失达到了威胁脑中自传体记录的程度时，自传体自我就逐渐消失，而扩展意识也随之解体。这些事是先于我在第 3 章中介绍的核心意识的解体而发生的。我在那一章提及的在我的患者兼哲学家朋友身上发生的事阐明了这一问题。

那位患者看见他的妻子向他走来时，只是静静地坐着。他没有表现出认出她的迹象，而是对她热情的微笑报以另一个热情的微笑。他妻子知道他无法认出她的身份，于是用温柔的语气说“早上好”，并说“我是你的妻子”。对此他回答道：“那么我是谁呢？”这种情况在他的疾病进程中也是第一次出现，这个问题非常严肃，也很现实。当中既没有幽默，也没有焦虑的迹象。他从前自传体自我中的那种“好奇模式”作为坚固的遗迹依然存在于当下，它单纯地想要知道自己是谁。

患者已经从不再能学习新的事实和回忆常规记忆的阶段，退行到了个人传记不再能得到可靠展示的阶段。依赖于个人传记的自传体自我和扩展意识永远地消失了。几个月后，核心意识和最简单的自我感也将彻底消失。

病觉缺失

病觉缺失（anosognosia）是扩展意识受损，而核心意识保留的另一个良好例证。anosognosia 这个词来源于希腊文 nosos（疾病）以及 gnōsis（知晓），指的是无法辨认自身有机体的某种疾病状态。想想 prosopagnosia（面孔失认症）和 simultanagnosia（同时失认症），为了与传统保持一致，这个词应该写成 nosoagnosia 而非 anosognosia，不过没关系，这个名词确实和它们表示的是同一类疾病。

神经病学上从来不缺乏奇怪的病症，但病觉缺失是其中最奇怪的病症之一。病觉缺失最经典的案例是一个左侧身体彻底偏瘫的脑卒中患者。他无法挪动手和胳膊、脚和腿，半个面部无法运动，不能站着或行走；然而，他对整件事毫不知情，也报告不出什么异常。当被问到感觉如何时，病觉缺失患者通常会诚恳地说："我很好。"这种令人震惊的症状是在 20 世纪由约瑟夫·巴宾斯基（Joseph Babinski）首先描述的。[6]

那些偏爱于"心理学的"解释的人一直以来认为，这种对疾病的否认受到心理动力学的驱动，即它只是患者对所面临的疾病的一种适应性反应，受到个体过去与此有关的经历的影响。他们错了。考虑一下相反的情形（右侧身体而非左侧身体偏瘫的患者），就很容易知道情况并非如此，因为那些患者不会发展出病觉缺失。他们可能严重瘫痪甚至失语，然而他们对自己的病情却了然于胸。只有大脑右半球受损时才会发展出病觉缺失。引人注意的是，有些患者的脑损伤模式会导致左侧偏瘫但不会导致病觉缺失，他们能够认识到自己的缺陷。简言之，当且仅当脑的特定区域受损时，病觉缺失才系统性地随之发生。对疾病的否认是由一种特定的认知功能受损导致的，此认知功能依赖于在该种神经疾病中受损的特定的脑系统。

病觉缺失的症状表现非常典型。我的患者 DJ 患有复杂的左侧偏瘫症状，但当我问她有关左臂的情况时，她会说她的左臂很好，或许曾经受过伤，但现在已经好了。当我让她移动自己的左臂时，她会环视四周去寻找，当看到那条失灵的胳膊时，她会问我是否"真的"想要移动"它"。直到那时，在我的坚持下，她才会承认说"它自己似乎做不了什么"。之后，她总是会用健康的手去挪动瘫痪的手，并陈述最显而易见的事实："我可以用我的右手挪动它。"

这种无法通过体感系统自动地、迅速地、内在地感受身体缺陷的症状显然令人惊骇，然而，更令人惊骇的事实是，患者在重复面对这种症状后依然无法意识到它。渐渐地，一些患者可能回忆起数次面对这种症状的经历。依赖于这种"外部"获得的信息，他们可能会说他们曾经有过那种毛病，甚至说他们现在还有[7]。

病觉缺失患者的大脑右半球存在损伤，受损脑区包括脑岛皮质，顶叶区域的3、1、2号细胞构筑区，以及大脑侧裂深处的顶叶次级体感皮质。损伤影响到了这些脑区下面的白质，扰乱了它们之间的连接以及与丘脑、基底神经节、运动皮质和前额叶皮质的联系。这个多结构区域的部分受损并不会导致病觉缺失（见附录的脑图2）。

病觉缺失中受到损伤的那些脑区在广大右半球区域内发生信号交叉。通过协同作用，它们或许生成了对当前身体状态的最广泛、最完整的映射，并将其提供给脑[8]。

我已经提过，病觉缺失主要源于无法自动地通过恰当的体感系统的信号渠道来表征当前身体状态。无论从什么形式来说，这都是对该问题的最惯常的解释[9]。尽管传统解释能够阐明障碍的主要来源，但我们同样需要解释，为什么在明确告知患者他们已经瘫痪后，他们仍然会在几分钟内忘记这一重要的言语陈述，以及为什么即使他们亲眼见到自己已经瘫痪，并且承认他们无法像挪动右侧躯体那样挪动左侧躯体，如果过一会儿再询问他们，他们仍然会记不起这种亲眼见过的事实。尽管持续收到矛盾的信息，却依然坚定地保持着错误信念，为了解释病觉缺失中出现的这种情况，我们需要调用更加复杂的东西，而不仅仅是体感更新的丧失。我的想法是，大脑右半球的体感映射受损冲击了最高级的有机体整合表征的核心，并由此破坏了原始自我的部分生物学基础。有机体当前状态的最高级表征不再全面，因此不再能够提供给有机体－客体关系的二级叙述使用，而意识恰恰依赖于后者。二级叙述仍然可以由原始自我的低级表征的变化创造出来，例如在脑干中形成的表征。这样的结果是，核心意识并未受损。但是从核心意识中涌现的核心自我不能再形成自传体记忆，因为自传体记忆或许需要一部分原始自我，这在右侧体感皮质的水平上可以得到例证。

这种解释只有在如下情况才成立：身体表征在从脑干到大脑皮质的不同水平出现，并且它们的贡献各不相同。低水平（脑干）的贡献对核心意识的保持至关重要：当脑干作用丧失时，其他功能也失效了。高水平（大脑皮质）的贡献对形成有关近期身体变化的记忆、对更新自传体记忆中有关身体的部分很可能至关重要。

造成病觉缺失的脑损伤并未损坏有机体的所有表征。它们只损坏了将肌肉骨骼框架、内环境、内脏状态以最丰富的细节联结起来的那部分表征。这一整合的最高级形式是位于脑岛以及大脑右半球的初级体感皮质、次级体感皮质的映射。在病觉缺失中，一部分重要的有机体表征依然保持完好，它们包括在大脑右半球上与左侧脑岛、初级体感皮质、次级体感皮质相应的区域中的表征，在脑桥和中脑的脑干核团中的表征，以及在下丘脑中的表征。这些表征一同提供了对有机体状态的局部而非整体的信息反馈。因而它们必然地用片面而非全面的信息滋养了自传体记忆。

病觉缺失是一种混合的意识障碍。患者不仅出现了自传体自我的缺陷，而且他们的扩展意识也出现了异常。除此以外，因为脑损伤同样损害了身体表征中最高级的那些成分，患者的原始自我也会产生部分缺陷。

躯体失认

正如我们所见，原始自我依赖于涉及内环境、内脏、前庭刺激和肌肉骨骼框架的有机体状态的多层级表征。我不禁想到，这些表征在原始自我的实现中的作用不能等量齐观，而且我认为内环境和内脏表征的作用是最重要的。几年前，我与同事斯蒂文·安德森（Steven Anderson）合作研究的一位名叫 LB 的患者强化了这一观点。这位患者所患症状叫作躯体失认（asomatognosia），从字面上理解就是缺乏对身体的识别。患者 LB 经受了右侧体感皮质特定区域的小型脑卒中，他的次级体感皮质因此受损了。这不足以导致任何永久的感觉或运动缺陷，也不会导致情绪异常。但就较小型血管损伤的情况而言，患者因脑损伤部位的瘢痕组织而发展出了癫痫。在癫痫发作期间，出现了一些不寻常的情况：患者报告她无法感受到自己的身体，即她意识不到肢体和躯干中的肌肉群了。这种现象第一次发生时造成了她的恐慌。她的心智正常运转着，她明知自己是活着并且在思考的，但她无法像以往那样感受到她的身体。然而，她能够感觉到自己的心跳，因而决定对自己施行某些“试验”，包括掐自己全身不同部位的皮肤和肌肉。一开始她感受不到什么，但逐渐地，在几分钟以后，某些感觉又回来了。在大约 10 分钟后，一切都恢复正常。她对这种疾病发作的确切描述是“感觉挺好玩的”“就像我感觉不到自己的身体”。虽然这种症状很奇怪，但她并不感到困惑。她非常清楚自己是谁，也非常清楚自己在哪儿。

LB 到医院就诊后，我们试图评估她的脑电图异常，要求她一旦症状重新发作就要立刻呼叫我们。后来，症状的确又发作了。一个护士在症状刚刚显现时及时冲进了病房，而我们在那之后不久有机会对这个护士进行了采访。护士能够确定，在疾病发作期间，LB 知道自己是谁、在哪儿。LB 强烈地认识到自己非常“清醒”的事实，并且用极为精确的语言描述了整个情形：“我并未失去存在感，只是（失去了）身体的意识。”

我认为这种疾病发作是大脑右半球体感皮质复合体的重要区域由于癫痫而暂时失活的结果。癫痫发作部位可能起于 LB 的次级体感皮质的边缘，并迅速地蔓延到中央后回正上方的初级体感皮质。有机体当前状态的最高级整合也就暂时停止了。尽管如此，患者依然接受着来自脑干、下丘脑、右脑岛的孤立剩余部分以及左侧体感皮质的信号。这些信号能够被传输至扣带回皮质。无法以整合形式恰当表征的主要是有关肌肉骨骼方面的身体信号，而内环境、内脏和前庭信号则保留完好。我认为内环境、内脏和前庭信号为她所描述的“存在感”奠定了基础，是它们提供了一部分的原始自我，使得核心意识能够持续形成。

我们有必要注意到，由于右侧体感皮质的主导作用（它们整合包括右侧和左侧身体在内的整个身体的躯体信息），这一缺陷关系到两侧身体，即使脑损伤非对称性地仅位于大脑右半球。

至于我们之前讨论过的病觉缺失患者，他们的右侧体感皮质，右侧体感皮质中的内部联结，以及扣带回、丘脑和额叶区域之间的联结受到了更加广泛的损伤。和患者 LB 一样，他们都保有核心意识，并且意识到自己的“存在”。然而，对有机体当前信号的持续的整合缺陷导致自传体记忆的更新功能持久损伤，因此不可避免地扰乱了他们心智中的意识的平滑流动。

在工作记忆出现严重缺陷的患者中，扩展意识也会受到损害，最严重的案例是在包括大脑双半球外侧面的广泛额叶受损后出现的。无论何时，这类患者能够记住的表象范围都是受到限制的。因此，他们的扩展意识再也无法触及更高级的范围。

在一系列精神疾病中，我们也能寻找到扩展意识受损的例证，虽然考虑到症状的复杂性，依据这一框架所做出的任何解释都应看作是尝试性的。然而，我们有理由说，在躁狂和抑郁患者的急性期和加重期中，都出现了扩展意识的改变。我们不妨冒昧地猜测，躁狂状态下自传体自我发生了可观的膨胀，而重度抑郁时自传体自我则萎缩了。精神分裂症的某些表现形式，如思维插入和幻听，也可以部分地解读为扩展意识的失调。受到此类影响的患者极有可能拥有异常的自传体记忆，并使用着异常的自传体自我。然而，我们应当留意，在这些表现出现期间，他们知觉的“客体”本身可能就存在异常，并且这些患者的原始自我和核心意识也可能是异常的。

受损的扩展意识可能导致了自我解体，这与人格解体状态以及神秘的无自我状态有关，也同样适用于争议不断的多重人格。

当我们谈论核心意识时，我曾提出，将观察到的行为和行为背后的有意识心智类比为几组不同乐器同时奏鸣的管弦乐谱。我讨论了核心意识受损或完整的个体的“行为谱”和“认知谱”；我建议，在接下来讨论扩展意识时延用这一类比。

观察一位扩展意识发生改变的患者时，观察者所目睹的“行为谱”和核心意识受损的患者的“行为谱”是截然不同的。扩展意识受损的患者在觉醒状态、低水平的注意以及背景情绪方面都完好无损，日常行为和某些特定情绪也是完好的。他们甚至能够正常执行一些简单的有目的行为。问题仅仅出在高度具体的行为层面，而这种行为依赖于有关过去和未来的实质性的知识。这些行为以及其所伴随的情绪显然是不可能出现的。

扩展意识受损的患者的“认知谱”与对其的外部观察结果有着良好的对应关系。觉醒的感觉、形成和注意表象的感觉、存活感，以及能够感受事物的感觉依然存在。但是个体的心智中却无法形成更高层次的意义。自传体自我的心理表征是如此贫乏，以至于心智不能知晓自我来自何处或去向何方。一个生命被感觉到了，但它的意义却没有得到审视。

瞬间与永恒

我所提出的意识的组织解决了威廉·詹姆斯提出的显而易见的悖论，那就是意识流中的自我随着时间推移不断变化，即使我们始终感觉自我随着我们的存在而保持不变。这一悖论的解决方案来自以下事实：看似变化的自我和看似永恒的自我虽然紧密联系，却是两个不同的存在。詹姆斯指出的不断变化的自我就是核心自我的意识。与其说它是变化的，倒不如说它是瞬息万变、转瞬即逝的，并且需要持续的再造和更新。看似保持不变的自我感就是自传体自我，因为它是建立在个体传记的基本事实所构成的记忆仓库的基础之上的，这种个体传记可以被部分地重新激活，因而在我们的生命中提供持续性和表面上的永恒性。

这种双重安排需要核心意识机制以及记忆的可用性。核心意识给我们提供了核心自我，但我们也需要常规记忆来构建自传体自我，并且需要核心意识和工作记忆来将自传体自我外显化，也就是将自传体自我的内容呈现在扩展意识当中。记忆能力受限的生物并不会面临詹姆斯的悖论。它们所栖居的世界距离无知仅一步之遥。它们或许拥有像有意识个体那样看似持续的片刻经验，但过去既没有牵累它们，也没有使它们变得充实，更不用说对所预期的未来的记忆了。

我的看法是，核心意识是由局限的心理与神经系统所产生的中心资源。核心意识位于中心，这并不意味着它仅依赖于某个单一的结构。我们已经看到，有大量的神经结构对核心意识的产生至关重要。但是系统复杂度、其成分的多重性及其运转的协同性并不能让我们忽视以下的事实：当我们考虑脑整体的解剖学结构时，作为核心意识基础的基本系统（支持原始自我的区域和支持二级叙述的区域的结合）被限制在一系列部位之内，而非均匀地散布于整个脑。有许多脑部位是不参与核心意识的形成的。

核心意识的坚固性就来源于这种解剖学上和功能上的集中性，也来源于以下事实：心智的任何内容，不论是在实时互动中被主动加工的，还是从记忆中回忆的，都能诱发核心意识系统的活动，或者说激发它，从而形成短暂的核心意识的脉冲。核心意识不是以感觉通道，比如“视觉”核心意识或“听觉”核心意识的形式进行组织的。相反，核心意识能够被任何感觉通道或运动系统所利用，来生成对任何客体或运动的知识。

自传体自我的内容（对个体传记中基本事实的有组织的、重新激活的记忆）是核心意识的首要受益者。无论何时，当客体 X 激发了核心意识的脉冲，关乎客体 X 的核心自我就随之出现，内隐的自传体自我当中的部分事实也以外显记忆的形式被持续激活，并自行激发了它们自己的核心意识脉冲。

综上所述，在我们有意识的生命中的任何特定时刻，我们都在对一个或几个目标客体，以及一系列随之而来的重新激活的自传体记忆产生核心意识脉冲。如果没有这样的自传体记忆，我们将对过去和未来一无所知，也不会存在我们个人的历史连贯性。但如果没有核心意识的叙述，没有从中诞生的转瞬即逝的核心自我，我们就不会拥有对当下的知识，也不会拥有对过去记忆中或预期的未来的任何知识。核心意识是具有基础性的必要条件。在进化和个体发展过程中，它总是比我们现在拥有的扩展意识领先一步。然而，如果没有扩展意识，核心意识将不会引发过去和未来的共鸣。核心意识和扩展意识，核心自我和自传体自我，两两相扣，这样才算完整。

自传体自我的神经解剖学基础

为了讨论自传体自我的神经解剖学基础，我会调用一个理论框架，并在这个框架中考虑心智表象和脑的关系。这一框架设想了一个表象空间（image space），所有感觉类型的表象都在这一空间中外显地发生，这其中就包括核心意识让我们知晓到的明显的心理内容；我还设想了一个倾向性空间（dispositional space），在这个空间中的倾向性记忆包括了内隐知识的记录，在此基础上，表象能够在记忆中构建起来，运动能够产生，对表象的加工也得以开展。这些倾向能够保持对早前知觉到的表象的记忆，因此有助于从记忆中重建一个类似的表象；这些倾向也能够协助对当前知觉到的表象的加工，例如通过影响给予这一表象的注意程度，以及随后注意的增强程度。

表象空间和倾向性空间都有各自的神经对应物。不同感觉通道的早期感觉皮质这类结构，支撑着很有可能代表着心理表象的神经模式。另外，高级皮质以及多个皮质下神经核保持的是让表象和运动得以产生的倾向，而不是表象或动作本身所显示的外在模式。（早期感觉皮质和高级皮质的位置可参见附录中的脑图 6。）我已经提到过，这些倾向保存在名叫辐合区（convergence zone）的神经集合中。[10] 表象空间和倾向性空间之间的认知分割对应着脑被分割为：（1）神经模式的映射，它们在早期感觉皮质、所谓的边缘皮质和某些皮质下神经核中被激活；（2）辐合区，它们位于高级皮质以及某些皮质下神经核中（附录的脑图部分对这一问题有进一步讨论)。

脑以高度分散的方式形成记忆。以记住一个锤子为例，在我们的脑中没有一个单独的区域，能够让我们从中找到“锤子”这个词的词条以及对“锤子”是什么东西的字典式简洁定义[11]。相反，正如现有证据所表明的，我们脑中有一系列记录对应着过去与锤子互动的不同方面：它们的形状、使用它的典型动作、操作锤子时的手形和手部动作、动作的结果、我们所知道的任何语言中指代这个物体的词语等。这些记录是静态的、倾向性的和内隐的，它们以分散的高级皮质区域的不同神经部位为基础。这种分散是由脑构造和我们所处环境的自然本质共同决定的。通过视觉和通过触觉识别锤子的形状是两个不同的过程；我们用来移动锤子的动作模式不可能与我们所看见的锤子的运动模式存储在同一个皮质区域；同样，我们造“锤子”这个词时所使用的音素也不能存储在同一个地方。事实证明，这些记录在空间上的分散没有造成什么麻烦，因为当所有这些记录以表象形式得以外显的时候，它们仅仅在几个部位呈现，并且在时间上得到很好的协调，以至于所有记录的成分表现为一个无缝结合的整体。

如果我给你“锤子”这个词，要你告诉我“锤子”是什么意思，你会迅速并且毫不费力地想出这个东西的一个可行的定义。这种定义的一个基础便是对这些不同方面的一系列外显心理模式的迅速调度。虽然关于我们和锤子互动的不同方面的记忆静态地存储在分散的脑区中，但是这些不同部分以回路的形式互相协调，以使这些静态的、内隐的记录能够快速地、在相近的时间内变为尽管粗略但外显的表象。所有这些表象的提供反过来让我们能够创造对该实体的言语描述，并作为其定义的基础。

我认为，构成我们目前的自传的那些实体和事件的记忆，与我们形成的关于任何实体或事件的记忆极有可能使用的是同一类框架。后者与前者的区别在于，它指的是我们个人历史中已建立的、不变的事实。

我认为，我们存储个人经历的记录的方式同样也是分散的，即我们按照需要将其存储在不同的高级皮质中，以与我们的一系列现时互动相匹配。这些记录与神经联结密切协调，以使记录内容能够以集合的形式快速并高效地被回忆和外显出来。

我们的自传中那些需要一种近乎永久的方式可靠激活的关键因素，对应着我们的同一性、近期的经历和我们所预期的经历（尤其是对不久的将来的预期）。我认为这些关键因素源于一个持续被重新激活的网络，这一网络是以位于颞叶和额叶的高级皮质，或是位于皮质下神经核（比如杏仁核中的那些神经核）的辐合区为基础的。该多脑区网络的协调激活由丘脑核团决定，而在长时间内记住这些重复成分则需要与工作记忆相关的前额叶皮质的参与。简言之，自传体自我是基于多脑区网络的个人记忆协调激活和展现的过程。表征这些记忆的外显表象在多个早期皮质内呈现。最终，它们会被工作记忆保持一段时间。它们像任何其他客体那样得到对待，并最终通过产生独自的核心意识脉冲，而被简单的核心自我所知晓。

自传体自我的持续呈现是扩展意识的关键。

当工作记忆同时保持着特定客体和自传体自我，扩展意识就产生了。换言之，当特定客体和个体自传中的客体同时形成核心意识的时候，扩展意识就产生了。

自传体自我、同一性与个性

我已指出，当我们考虑“自我”这个词时首先想到的两个概念，即同一性（identify）和个性（personhood），都需要自传体记忆及其在自传体自我中的实现。保持在自传体记忆中的记录包括构成身份的记忆，以及帮助定义我们人格的记忆。我们通常所说的人格（personality）来自多方面的作用。一个重要作用来自特质（trait），它的集合通常叫作气质（temperament），在人出生时就可以被发觉。有些特质是通过基因遗传下来的，而有些则由早期发展因素塑造。另一个重要的作用来自生长中的活生生的有机体与特定环境在自然、人际、文化层面的独特互动。后一个作用持续受到前一个作用的影响，并被记录在自传体记忆中，它便是自传体自我和人格的立足点。在从简单到复杂、从良性到危险、从琐碎的个人偏好到伦理原则的许许多多情形下，自传体记忆的存在能够唤起有机体普遍一致的情绪和智力反应。

当我们谈论教育和文化对人的塑造作用时，我们指的是以下三者的综合作用：（1）基因遗传下来的“特质”和“倾向”；（2）发育早期在基因和环境的双重影响下获得的“倾向”；（3）受到前两者的影响的独特的个人事件，这些事件在自传体记忆中得以沉淀和持续地再分类。我们可以想象，该复杂过程的神经对应物是由一些倾向性记录的创造所构成的。在这些记录的基础上，只要有恰当的刺激，脑便能够唤起一系列近乎同时发生的情绪与智力反应。通过运用辐合区的框架，我们可以想见，这些反应受到特定脑区的记录的控制。这些脑区在各种各样的结构中指导着反应的执行，例如早期感觉皮质指导着不同性质的感觉表象的刻画，动作皮质、边缘皮质和皮质下神经核指导着包括构成情绪在内的大范围行动的执行。

脑中不仅有许多这样的辐合区 / 倾向区存在，而且它们的分布是非相邻的。极有可能的情况是，有些位于皮质中，而另一些位于皮质下神经核中。皮质中的那些部位散布于颞叶和额叶区域。我猜测，就其常规反应而言，在对我们来说显得友好和成熟的那些性格的所有者中，多个控制区是互相联结的，因此可以组织不同复杂程度的反应。有些反应只涉及几个脑区的参与，而另一些反应需要相互协调的大规模操作，这些操作通常同时涉及皮质和皮质下部位。

同一性这个简单概念恰恰是从这种安排中产生的。在颞叶和额叶区域的许多部位中，辐合区支持着以下一类倾向：它们能够持续而反复地激活早期感觉皮质内那些定义了我们的个人和社会同一性的基础数据，其中包含从我们的亲属结构、朋友网络，到我们生命中标志性的地点，乃至我们的名字的一切事物。可以说，我们的同一性就呈现在感觉皮质当中。在我们醒着并且有意识的任何时刻，一套稳定的同一性记录得到外显的呈现。这种呈现形成了我们心智的背景，只要有需要，它便会迅速地移往前台。在某些情况下，我们能够扩大激活的记录范围，以便囊括更为广泛的个人历史和预期的未来。但不论我们是否扩大这些记忆的规模，每时每刻它们都是活跃的、可用的。我们知道，它们如果失活，是不会被人忽略的，它们失活的结果类似短暂性全面性遗忘。

当我首次思考如何解释我们身份感背后的过程时，我对一件事感到困惑，那就是为了呈现完全相同的信息，同样的感觉模式需要恒定的重复和内部的再次展现。这对神经元来说难道不是一种难以忍受的负担吗？但是当我想到生物组织中看似负担过重的其他例子后，我便打消了自己的疑虑。不妨想想你的心肌细胞，它们终其一生都在担负不断收缩的使命。

我们每个人构筑的自我概念、我们逐渐建立起的在生理和心理上“我是谁”的表象，以及我们在社会中所处位置的表象，都是由基于多年经历的自传体记忆构建的，并不断接受重建。我相信，这种构建过程的大部分是在无意识中发生的，重建过程也是如此（参见前面有关无意识的章节）。这些有意识和无意识的过程多多少少都受到各种因素的影响，如先天的和习得的人格特质、智力、知识、社会与文化环境。此刻，我们在心智中呈现的自传体自我不仅是我们先天偏向和实际生活经历的最终产物，也是受到这些因素影响的记忆的再造产物。

个人的一生中自传体自我所发生的变化不仅取决于我们经历过的过去对我们有意识或无意识的重塑，也取决于我们所预期的未来的铺设与重塑作用。我相信，自我进化中的一个关键点涉及以下两种影响的平衡：经历过的过去和所预期的未来。个体的成熟也就意味着，有关我们所预期的未来的记忆在每一刻的自传体自我中都占有重要的地位。对我们视为欲望、愿望、目标和义务的那些情节的记忆，对每一时刻的自我产生推动作用。毋庸置疑，它们同样参与了过去经历的有意识或无意识的重建，也参与形成了我们每时每刻眼中的自己。

我们的态度和选择在很大程度上是有机体在每个稍纵即逝的瞬间根据“个性的场合”进行调制的结果。那么，我们能够改变和动摇，屈服于虚荣和背叛，变得圆滑和能言善辩，也就不足为奇了。

我们每个人都有创造我们自己的哈姆雷特、伊阿古和福斯塔夫的潜力。

我们希望这些角色的某些特征能够在恰当的场合短暂地出现。从某些方面来说，我们大部分人只拥有一种角色的事实是很让人惊讶的，即使这种单一性有确凿的理由。在我们的发展历程中，这种统一控制的倾向是非常普遍的，这或许是因为，单一有机体如果需要成功维持生命，就需要一个单独的自我，因为单个有机体拥有多个自我对生存来说并不是件好事。如果将我的观点放入丹尼尔·丹尼特提出的理论框架中，可以说我们心智中丰富的想象的确为我们有机体的生命手稿提供了“多份草图”。[12] 然而，具有深刻的生物性的核心自我和在其影响下发展的自传体自我，这两者投下的阴影持续地调节着对符合单一自我原则的“草图”的选择过程。除此之外，我们想象力的微妙的选择机制总是将选择的可能性押在相同的、具有历史连贯性的自我身上。我们可以做一周的哈姆雷特，也可以做一晚上的福斯塔夫，但最终总会变回到原来的自己。如果我们拥有莎士比亚的鬼才，我们就能利用自我的内部冲突创造西方戏剧中全部的角色，或者，如果我们能像费尔南多·佩索阿一样，我们就能用同一支笔写出 4 首风格迥异的诗篇。但不管怎么说，悄然归隐至斯特拉特福的是同一个莎士比亚，因酗酒而在里斯本的一家医院湮没于世的也是同一个佩索阿。简言之，统一的、持续的、单一的自我存在不足之处，怀特海在《过程与实在》[13] 一书中对自我感的评论里指

“

我们每个人都有创造我们自己的哈姆雷特、伊阿古和福斯塔夫的潜力。

”

出了这一点。人性的弱点和多重人格的奇怪症状证实了这类不足之处的存在。然而，我们不可否认单一自我的倾向，也不可否认它对健康的心智的益处[14]。

自传体自我与无意识

弗洛雷斯坦，这位贝多芬在《费德里奥》（*Fidelio*）中塑造的浪漫式英雄，被冤屈地监禁于黑暗的地牢之中。“上帝啊，这儿多么黑！”[15]他叫喊着，他说的也有可能是人类记忆深处的黑暗。我们意识不到自己存储了什么记忆、没存储什么记忆，意识不到我们如何存储记忆，也意识不到我们如何将来自不同感觉类型、不同主题和具有不同情绪意义的记忆互相关联。我们能够对记忆的“力量”施加的直接控制通常很少，也无法掌控回忆提取的难易程度。我们有各种各样有趣的直觉，这些直觉可能有关记忆的情绪价值、坚固程度或深度，却不是关于记忆机制的直接认识的。在支配学习与记忆提取的因素，以及支持和提取记忆所需的神经系统这两个方面，我们已经积累了坚实的研究资料。[16]但是我们仍然缺乏直接的、有意识的知识。

构成我们的自传体记录的那些记忆也处于完全相同的情形之中，或许尤为如此，因为这些记忆的高度情绪负载可能会让脑对它们予以区别对待。我们体验着进入自传体记录的那些内容，我们对这些内容是有意识的，但我们不知道它们是如何存储的，存储到什么程度，存储是否坚固，存储的深浅如何。我们也不知道这些内容是如何交织为记忆，又是如何在记忆之井中被分类和重组的，不知道在我们内心中静态、内隐和倾向性的知识模式下，记忆之间的关联是如何随着时间的流逝而建立和维持的。然而，尽管我们没有任何对这些方面的直接体验，我们对保存这些记忆的回路还是有所了解的。它们密布于高级皮质当中，尤其是颞叶和额叶区域，与皮质和皮质下的边缘区域以及丘脑也保持着密切的网络联系。从神经生物学来讲，弗洛雷斯坦的黑暗地牢将在不久后见到光明。

当然，某些特定的自传体记忆无时无刻不在被简单而持续地重新激活。正是这些记忆向我们的扩展意识传递了关于我们生理、心理和人口学身份的信息，包括：关于我们近期行踪的事实（我们刚刚、几分钟、几小时和几天前在什么地方），以及关于我们对不久的将来的计划的事实（接下来几分钟或几个小时我们必须完成的事，今晚和明天我们将要去哪里）。自传体自我的这一基础方面的紊乱将会导致我们在短暂性全面性遗忘中见到的那种剧烈的神经病学问题。

然而，自传体记忆的某些内容在很长时间之中处于沉寂状态，并且这种状态可能一直持续下去。记忆不是以摹本的方式存储的，它在提取时要经历一系列复杂的重建过程。有了这个前提，我们很容易想象，对某些个人生平事件的记忆可能没有被完全重建，或是以与原来不同的方式被重建，或是再也无法在意识之中出现。相反，它们可能促进了其他记忆的提取，这些记忆以别的具体事实或具体情绪状态的形式被意识到。在那一刻的扩展意识中，被这样提取到的事实可能是无法解释的，因为它们与那时占据中心舞台的意识内容之间缺乏明显的联系。这些事实可能看似动机不明，尽管关联网络的确秘密地存在着，反映着过去某些时刻的事实，或是隐秘的记忆存储通过逐渐且无意识的组织而对这些时刻的重塑。

现在我们来考虑一下上句话中“关联”（connection）一词的多重合理含义。这个词指的是历史上可能发生过的事物和事件之间的联系；它指的是我们在体验那些事物和事件时所产生的心理表象化表征；它也可能指存储事物和事件的记录以及在外显神经模式中调动这些记录所必需的脑回路中的神经联结。精神分析中的无意识世界就根植于支持自传体记忆的神经系统，而精神分析通常被看作洞察自传体记忆中纠缠不清的各种心理关联网络的工具。然而，那个世界不可避免地与我刚刚列出的其他类型的关联也有关系。

狭义的无意识已经铭刻于我们的文化之中，它只是未被核心意识或扩展意识所知晓到的大量无意识过程和内容当中的一部分。实际上，“未被知晓之物”的列表是很惊人的。考虑一下它都包括什么：

1. 所有已经形成但未被我们注意的表象；
2. 所有未成为表象的神经模式；
3. 所有我们通过经历获取的，但未能成为外显神经模式的潜在的倾向；
4. 所有对此类倾向的悄然重建与重新连接，也许它们永远不会被清楚地知晓；
5. 所有自然以先天内稳态倾向的形式赋予我们的隐藏的智慧与技能。

令人惊奇的是，我们对此所知甚少。

自然的自我与文化的自我

想重新回到先天与后天的争论，并且试图断定某个认知功能是由基因组通过相关的生物学约束而塑造的，还是由环境通过文化的影响而塑造的，以及这种塑造是否通过特定形式作用于特定个人，这样的思路常常是很莽撞的。奇怪的是，当使用我建议的视角来看待意识时，这种区分的尝试似乎更加可行了。譬如，我敢断言，核心意识以及核心自我的产生背后的所有机制都受到强烈的基因控制。除非疾病在早期就破坏了脑结构，否则基因组就会建立起躯体和脑之间恰当的神经和体液联系，铺设必需的神经回路，以及在环境的帮助下，使这种机制终其一生可靠地发挥作用。

自传体自我的发展则有所不同。诚然，核心自我与支持自传体记忆发展的结构之间的联结是在基因组的控制下组织起来的。让学习行为得以出现、让皮质和皮质下回路的建立得以实现的那些过程也是如此，这样辐合区和那些倾向才能够各就各位。换言之，自传体记忆是在遗传生物学的若隐若现的阴影下发展和成熟的。然而，与核心自我不同，自传体记忆在发展与成熟过程中，很多时候是不依赖，甚至是不受环境的调节的。如在发展中的婴儿、儿童与青少年中，奖赏与惩罚的安排是随着不同的家庭、学校和社会环境变化的；构成个人历史及其所预期未来的那些事件的形成过程在很大程度上是受环境控制的；自传体自我在文化中得以发展，而支配文化的那些行为规定和原则也受到环境的左右；个体借以组织其生平的从个体行为模型到文化事实的知识也是由环境决定的。

当我们为了人类的独特尊严而提到自我时，当我们为了那些属于我们、活在我们心中的，曾塑造了我们生命的地点和人物而谈论自我时，显而易见，我们是在谈论自传体自我。自传体自我是人类文化历史中起主要作用的脑状态。

超越扩展意识

扩展意识让人类有机体能够将自身的心理能力发挥到极致。请考虑如下的情况：制造有用的手工艺品的能力；体谅他人的想法的能力；感受集体意识的能力；忍受痛苦，而非一感觉疼痛就做出反应的能力；意识到自己和别人可能会死亡的能力；珍惜生命的能力；产生不同于愉悦感与痛苦感的善恶观的能力；将他人和集体的利益考虑在内的能力；体会美丽而非单纯感受愉快的能力；体会到矛盾的感受，以及体会到抽象概念之间的矛盾的能力（这就是真理感的来源）。在扩展意识的支持下形成的这些出色能力中，有两种能力值得我们额外的注意：第一，跳脱出生存倾向所强加的与利弊有关的指令；第二，因批判性地察觉到矛盾而寻求真理，渴望建立行为规范和典范、剖析真相的能力。这两种能力不仅是我心目中人类独特性之巅峰的最佳候选项，也是让一种真正的人类活动得以进行的能力，这种活动能够被“良知”一词精确地概括。我并没有把核心意识或扩展意识划为人类品质的巅峰。意识是达到该巅峰的必要而非充分条件。

这些概念间的优先权链十分奇特：一个独立有机体的无意识的神经信号产生了原始自我，使得核心自我和核心意识可以形成，而在后两者的支持下，有机体形成了自传体自我，并在此基础上形成了扩展意识。在链条最末端，扩展意识让良知得以形成。

我们对良知、扩展意识和核心意识的理解可能与人类意识到这些现象的存在并对其产生好奇心的次序恰恰是对应的。早在人类将扩展意识看作一个问题之前，他们就已经发现了良知，并对其本质产生了兴趣，更不用说核心意识了。古代众神向荷马史诗中的英雄讲述的并非有关意识的事，而是有关良知的事：想一想在《伊利亚特》中，雅典娜女神拦住阿喀琉斯的胳膊，阻止他杀死阿伽门农。在公元前 10 世纪，荷马的传说假定了核心意识的存在，却未给予其明确的关注。这些传说间接地描述了一种拼凑的、受神的旨意驱使的意识，但它们真正关注的是良知问题。[17] 公元前 7 世纪的梭伦或许处在通往良知和意识的道路上。他确实告诫过读者“要了解你自己”。[18] 拥有同样智慧的还有公元前 500 年的希腊先贤、《创世记》的作者和主人公、《摩诃婆罗多》的作者，以及写下《道德经》的老子。但是他们当中没有人正视让我们如今倍受苦恼的意识的概念。我们在柏拉图或亚里士多德那里找不到“意识”一词，而且“努斯”（nous）和“精”（psyche）也并非等价的概念。意识的概念在那时是不存在的。虽然“精”的确指代了有机体的某些方面，而这些方面对现代意识概念的外部特征（呼吸、血液）或与之密切相关的概念（心灵、灵魂）至关重要，但它们和意识指的并不是同一个概念[19]。我们对意识的关注是最近才产生的（大概是三个半世纪以前）并且直到 20 世纪才成为一个前沿问题。

在承载着西方思想的语言中，那些我们用于表示意识的现象的词语同样表明，我们对这些现象的好奇心和理解力或许与它们的复杂程度是成反比的。例如在英语语言的历史中，与意识相关的中古英语是 inwit，它将内部（in）和心灵（wit）的概念很好地结合在一起。conscience（良知）这个词来自拉丁文 con 和 scientia，意为“知识的聚集”。它自 13 世纪以来就投入使用，而 consciousness（意识）和 conscious（有意识）这两个词却要等到 17 世纪上半叶，在莎士比亚死后才出现（consciousness 一词的最早使用记录可以追溯到 1632 年）。在 1600 年，莎士比亚让哈姆雷特说“所以良知让我们都成了懦夫”时，他想表达的的确是良知而非意识。虽然这位文豪深谙扩展意识的本质，并且实际上将其植入了西方文化的文学形式之中，但是他却从未能够命名这个事物本身。他甚至可能已经意识到了扩展意识背后埋伏着像核心意识这样的东西，但核心意识没有成为他关注的焦点。

在英语及其“母语”德语中，良知和意识分别对应着不同的词。在德语里，代表意识的词是 bewusstsein，而代表良知的是 gewissen。然而在拉丁语系中，指代良知和意识的是同一个词。当我将“无意识”这个词翻译成 inconscient（法语）或 inconsciente（葡萄牙语）时，它们既可能指一个处于昏迷状态的人，也可能指一个昧着良心做事的人。英语同时给我们提供了 unconscious（无意识）和 unconscionable（没良知）两个词，而德语为我们提供的是 unbewusst 和 gewissenlos。但在拉丁语系中，只有参考上下文才能够揭示这个词的真正意思。顺带说一句，在这个问题上，事情可能会变得相当迷惑人，但始终是很有趣的。在像法语和葡萄牙语这样属于拉丁语系的语言中，我们可以用一个意为“知识”的单词来表示意识，如法语的 connaissance 和葡萄牙语的 conhecimento。请再次留意，这个替代词意为“已知晓的事实”，此处所说的事实很有可能是自我存在，并且有归属于它的知识。无论代表意识的那个词是什么，我们与“包含着知识”这个概念都不是很远，正如某些变异词 con（容纳）和 scientia（科学和其他种类的事实）所表现出来的意思一样。

当“意识”这个词背后的概念浮现出来以后，拉丁文的使用者采用代表良知的词来表示它，而没有造出新词。对这种意义的归并的文化容忍度是非常值得玩味的，它或许恰恰佐证了人类对于这类问题的看法的演变，因此它本身就值得研究。但不知怎的，人们总认为良知和意识之间的相关性比差异性更有价值。奇怪的是，不像英语或德语，拉丁语系中不存在表示自我的词（反身代词并不是很好的替代物）。人们认为 I（我）或 me（我自己）这样的人称足以指代一个本能有自己名字的实体，而这名字就是对自我的直接翻译。

有人可能会猜想，因为良知在我列出的概念中复杂程度最高，因此它是最晚被考虑的现象，其本质和机制也是最晚被理解的。然而事实恰恰相反。我认为，我们对良知的运作机制比对扩展意识的运作机制了解得更多，同理，我们对扩展意识也比对核心意识了解得更多。让－皮埃尔·尚热的神经伦理学著作，或罗伯特·奥恩斯坦（Robert Ornstein）讨论意识与社会之间关系的著作，都支持了我有关良知的论点。丹尼尔·丹尼特、伯纳德·巴尔斯（Bernard Baars）和詹姆斯·纽曼（James Newman）在扩展意识水平上阐明意识的尝试则支持了我的后一个论点。[20] 依我所见，这个谜题的平衡点就藏在核心意识背后。对良知和扩展意识的解释很有可能是不完全的，因为对它们的理解部分依赖于解开核心意识的难题。

08

意识的神经病学

我把前几章概述的提案看作一个基于意识的神经研究项目的基点。只有今后使用各种方法对这些提案进行研究，才能确定这里提出的观点的价值。与此同时，我们可以根据神经科学已有的证据来考虑这些观点，这也是本章的目的。

在第 5 ～ 7 章中，我提出了关于核心意识和扩展意识机制的假设，并指出哪些解剖结构对于支持这些机制所需的原始自我和二级映射是必要的。

基于这些假设，以下陈述应该是正确的：

1. 构成原始自我神经基础的体感映射区域的双侧损伤，会扰乱意识。在上脑干和下丘脑损伤后，意识的扰乱应该是最严重的，因为在上脑干和下丘脑，原始自我结构紧密地挤在一起。损伤若发生在较高水平上（脑岛皮质、次级体感皮质、初级体感皮质、相关的顶叶联合皮质），则扰乱不那么严重，因为这些区域中的加工链在空间上更分散。
2. 假定参与构建有机体 - 客体关系二级映射的结构受到双侧损伤后，应该会导致核心意识部分或完全被扰乱。这种结构的例子是某些丘脑神经核和扣带回皮质。

3. 双侧颞叶皮质的损伤，包括下颞区域和颞极的损伤，不会损害核心意识，因为在这些情况下，表征原始自我以加工大多数已知客体以及创建有机体–客体关系的表象叙述所需的结构都是未受损的。然而，颞叶皮质的损伤会削弱自传体记忆记录的激活，从而导致扩展意识的范围缩小。前额叶区域内的高级皮质的双侧损伤也会产生同样的结果，这些皮质也支持自传体记忆记录的激活。
4. 海马的双侧损伤不会损害核心意识。然而，由于海马损伤会使人无法学习新的事物，这将阻碍自传体记忆的发展，影响其维持，并因此改变未来扩展意识的质量。
5. 与外部感觉信息（如视觉、听觉）有关的早期感觉皮质的双侧损伤不会损害核心意识，除非该损伤阻碍到依赖于特定皮质的特定客体的各个方面的表征。体感皮质的情况是例外的，因为它们为原始自我提供了部分基础。它们的损害在上面的陈述 1 中提到。
6. 双侧前额皮质损伤，即使范围很广，也不会改变核心意识。

在接下来的章节中，我将从神经病理学、神经解剖学、神经生理学和神经心理学的证据来评估这些陈述的有效性。

评估陈述 1：原始自我结构在意识中的作用的证据

陈述 1 表明，构成原始自我神经基础的体感映射区域的双侧损伤会扰乱意识。这一说法得到了昏迷、持续性植物状态、闭锁综合征和基底前脑损伤病例的综合证据的支持。因为证据的数量是如此庞大，我将集中在关于昏迷和持续性植物状态的材料上，首先简单描述一下昏迷和持续性植物状态是什么样的[1]。

它看起来像睡眠

昏迷看起来像睡眠，听起来像睡眠，但不是睡眠。对昏迷的介绍由来已久，临床描述大致如下：在没有任何预兆的情况下，患者突然昏倒在地，呼吸有些困难；他的妻子和医护人员送他去医院时，他都没有回应；他对急诊室里的任何人都没反应；4 天后，他仍然没有对医生做出反应。如果不是因为他周围复杂的电线、管道和数字显示器，如果不是因为这些构成了治疗脑血管疾病的高科技设备，作为一个访客，你可能会认为他只是在睡觉。但事实是，他确实得了脑卒中，并且处于昏迷状态。这是一种非常不正常的状态，任何正常的刺激都无法将他唤醒。

你可以和他说话，可以在他耳边低语，可以抚摸他的脸或者紧握他的手——你可以进行所有必要的操作来评估这种情况，但是他不会醒来。然而他的心脏还在跳动，他的血液还在循环，他的肺还在呼吸，他的肾脏也在工作，在特护小组的帮助下，他其他器官和系统也在正常工作。脑才是问题所在，它的一个很小但很关键的区域因脑卒中而受损。可观察到的结果是觉醒、情绪、注意和有目的的行为的暂停。你可以从观察中推断出意识也被暂停了。他不仅无法报告任何有意识心智活动的证据，也没有给出任何间接迹象表明他可能有意识心智的活动。他还活着，但他的有机体却发生了根本性的变化。

每天晚上，当我们进入睡眠状态，达到深度、无梦、有助于恢复精力的睡眠阶段（第四阶段）时，我们的意识和心智状态与昏迷患者相似。我们相信自己会再次醒来，所以我们不会因在几个小时内放弃了意识和心智而焦虑。然而，昏迷患者的情况却大不相同：他无法从被迫进入的那种睡眠状态中醒来，他恢复意识的可能性也不大。他有可能会持续昏迷，最终死亡。他的昏迷状态也有可能变轻，最终变成一种永久性的无意识状态，即持续性植物状态。

如果病情发展成持续性植物状态，患者将开始出现明显的睡眠和觉醒周期，这两个状态将以一种看似正常的方式相继出现。我们可以从两个证据来源中得出这一结论。首先，他的脑电图将会改变，并可能在每天特定的时间内呈现睡眠或觉醒的特有模式。其次，他可能会开始以睁开眼睛的方式对刺激做出反应。但是，没有任何证据表明意识正在回归；它所表明的只是觉醒已经回归。正如我们所讨论的，觉醒是意识中的一个必要元素（当然，梦除外），但它绝不等同于意识。如果患者变成植物人，他对自主神经功能的控制，如血压和呼吸，也可以恢复正常。另外，在罕见的患者身上和罕见的情况下，个别患者可能做出头部和眼睛的协调运动，还有个别患者可能会说出模式化的语言，另有个别患者可能会微笑或流泪。然而，大体上，在一天中看似处于觉醒状态的那段时间里，持续性植物状态下的患者没有任何行为，不论是自发的行为还是对某一刺激做出的反应，不会显现出有意识的迹象。情绪、注意和有目的的行为不会在持续性植物状态下恢复。一个合理的假设是，在持续性植物状态下，意识仍然是遥不可及的。这一假设得到了少数最终恢复意识的患者的证实[2]。

造成这种悲剧的原因是脑干的极小部分受损。脑干连接着脊髓和大脑半球的广阔区域。正是这种树干状的结构，把位于椎管内的中枢神经系统的一部分（脊髓）和位于颅骨内的中枢神经系统的一部分（通常意义上的脑）连接起来。脑干接收来自整个身体的信号，当这些信号向中脑位于更高位置的部分传输时，脑干充当信号的管道；同样，它也充当信号从脑向躯体传输的管道。此外，脑干含有大量的细小神经核和局部相互连接的神经纤维。人们早就知道，对心脏、肺和肠道等器官的生命支持功能的控制有赖于脑干，对睡眠和觉醒的控制同样如此。因此，在这个极小的脑区里，天生就紧密地布满了许多重要的通路。这些通路将化学和神经事件的信号从躯体传递到中枢神经系统，并将信号从中枢神经系统传递到躯体。

除了这些重要通路，还有无数微小的中心控制着许多生命活动。

这些通路和控制中心没有一个是随意散布的。相反，正如在脑中经常发生的情况一样，它们以一致的解剖学模式排列。在所有人身上都可以找到这种完全相同的排列模式，在许多其他物种体内几乎同样的位置上也可以找到这种模式。[3] 当一个人由于丘脑以下部位损伤而引起昏迷时，从脑桥中上部分起，向上至中脑和下丘脑之间的部分都遭受了损伤。此外，损伤一定发生在脑干的后部，而不是前部[4]。

导致昏迷和持续性植物状态的损伤往往并不波及多个颅神经核，以及多个上行和下行神经束，但它会持续影响脑干被盖的几组神经核。其中包括楔形核和脑桥嘴侧网状核等众所周知的网状核。我将这样的核称为经典网状核。但是，一些“非经典”核也遭到了损伤，这取决于作者是否将它们归入有些争议的“网状结构”。这些非经典核包括一系列单胺核（蓝斑核、中脑腹侧被盖区核、黑质核、中缝核），乙酰胆碱核，以及数量相当大的臂旁核和中脑导水管周围灰质。最后，丘也可能受到损伤，但不管是否受损，它们的输入和输出通路都被切断了。它们的功能要么受到损害，要么完好，但其结果不能传递到脑干或端脑（见图 8-1，阴影区域为网状结构）。

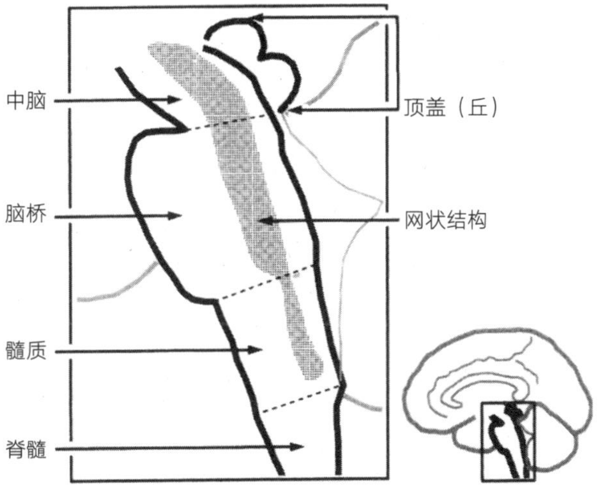

图 8-1　脑干的主要解剖部分

在穿过脑中线的矢状切面上可见，解剖位置如主图右侧的小图所示。

昏迷和持续性植物状态的情况是否支持陈述 1？尽管在此处有几点需要评论，但我相信是支持的。如前所述，通常会导致昏迷的脑干损伤危及许多结构，从经典网状核（已知控制觉醒）到非经典核（很容易符合我提出的原始自我的概念）。可能有人认为，昏迷时出现的意识障碍可以简单地用经典网状核的损伤来解释。撇开这些案例中的神经病理学和神经解剖学证据尚不完整这一事实不谈，这种论证是有问题的，因为不同但相邻的几组神经核具有真正独立功能的可能性很低。

这种观点忽略了经典网状核和单胺 / 乙酰胆碱核的解剖位置和功能邻域。这些神经核在解剖学和功能上与那些调节当前身体状态和映射身体状态的神经核交织在一起，显然，网状核和单胺 / 乙酰胆碱核受到与身体相关的神经核中发生的事件的影响[5]。我并不是说经典网状核和单胺 / 乙酰胆碱核不能像我们假设的那样激活和调节丘脑和大脑皮质。但我想说的是，它们这样做的前提是，当下的情况在很大程度上，由在中脑控制着身体并表征着身体状态的原始自我结构所决定。我们需要在我们绘制的与意识相关的脑干图中将身体调节结构包括进来，也许我们还需要扩大原始自我的解剖特征，并将经典网状核也包括进来。不过，这是未来需要研究的问题，现在还不能断定。

上述论点不能成立的原因涉及以下事实：一些昏迷的患者没有任何意识的迹象，却可能有一个正常的脑电图结果。这可能表明，经典网状核的功能在某种程度上保留了下来（或者简单地说，我们必须谨慎对待对与意识相关的脑电图结果的解释，因为有意识的患者也可能有异常的脑电图结果）。[6]

在某些案例中，昏迷发生在中脑上部和下丘脑或丘脑受损后。在这两种案例中，这种情况也符合陈述 1。对中脑上部和下丘脑的损伤会损害相当大一部分用于实现原始自我的结构。同样重要的是，这些损伤阻碍了通往原始自我结构和二级映射部位结构的通路。同样的推理也适用于丘脑受损的情况。

重要的是，在脑干受损而意识没有受损的情形下，如闭锁综合征，上面所描述的区域仍然完好无损，几乎所有我刚刚列举的结构都在被锁住的区域之外。“闭锁”这种非常不同的症状值得我们进行专门解释。

它看起来像昏迷

如果引起昏迷的脑干损伤可以帮助我们评估陈述 1，那么不引起昏迷的脑干损伤也可以帮助我们评估陈述 1，尤其是当它们距离受损后会导致昏迷的脑区很近的时候。最引人注目的例子发生在离我刚才描述的昏迷区域仅几毫米的脑干的一个区域受到损伤时，随之产生的是一种被称为闭锁综合征的毁灭性疾病。正如我在关于情绪的章节中指出的那样，患有闭锁综合征的患者失去了自主活动的能力，却保留了意识。让我给你介绍一下闭锁综合征。

就像昏迷一样，闭锁综合征通常会在毫无预兆的情况下发生。患者会像昏迷的患者一样突然躺在地板上，一动不动，说不出话来，而且在可怕的事件发生后，他有生之年都会一动不动，说不出话来。他周围的每个人都会怀疑他是得了脑卒中。起初，在几个小时、几天或几周的时间里，他会陷入昏迷。但迟早，在住院过程中的某个时刻，他会醒来，虽然纹丝不动，但很明显是醒着的。有人会怀疑他可能有意识。这时会有少量的线索，敏锐的观察者会感觉到患者有意地眨了一下眼睛。只要眨一下眼，患者的命运就会改变。经过仔细检查，我们会发现他仍然可以做一些动作：他可以上下移动眼睛，也可以眨眼。他不能皱眉，他的眼睛不能向旁边移动，他的嘴唇不能动，舌头不能伸，脖子、胳臂或腿都不能动。

垂直方向的眼球运动和眨眼是仅存的可以随意控制的行动。由于这些残余的能力，我们可以要求他向上移动他的眼睛，而他可以立即照做，同样，他可以根据要求向下移动眼睛。他能清楚地听到我们说话，他能理解我们话的意思。他有意识，他没有昏迷。他的情况被称为闭锁综合征，这是对患者心智近乎孤立的状态的恰当描述。

这种残余的简单的运动能力使其可以使用“紧急通信代码”：患者可以通过向上移动眼睛来表示是，向下移动眼睛来表示不是。他的眨眼动作可以用来从阅读给他的字母表中找出一个字母，这样他就可以一个字母一个字母地写单词和句子，从而交流复杂的思想。这种代码允许患者回答与他们的病史和现状有关的问题，并允许他们和护士、医生、家人保持有益的对话。昏迷是一种悲惨的情况，向家人描述其可怕的后果是痛苦的。但是想象一下，如果我们要和一个有着清醒头脑但只能用最简单的代码表达想法的患者打交道，要看着他的眼睛，我们会有怎样的感受。所有的药物对这种残酷的状态都无济于事，而神经病学为我们展现了一系列残酷的情况，例如晚期肌萎缩侧索硬化症，这种病的情况也好不到哪里去。当我们面对被困患者的悲惨现实时，我们可以得到的安慰是，运动控制的深度缺陷降低了他们的情绪反应，这似乎使他们内心平静了。

就大小、总体位置和致病机制来看，闭锁综合征是类似于导致昏迷的损伤的结果。但是因为损伤的确切位置不同，结果也不同，没有导致意识丧失。闭锁综合征仅在损伤位于脑干前部而不是后部时发生（见图 8-2）。因为将运动信号传递给整个身体的通路，除了一个例外，都位于脑干的前部。导致闭锁综合征的脑卒中破坏了这些通路，使得身体几乎所有肌肉群丧失了运动的可能性。幸运的例外是控制眨眼和垂直眼球运动的通路，因为它们单独穿过脑干的后部区域而未遭破坏。这就是为什么患者虽然被“锁住”，但可以进行一些交流。简言之，在昏迷中受损的关键区域在闭锁综合征患者的脑中是完好的。[7]

昏迷和闭锁综合征之间的对比为我们在意识生成中所考虑的结构的特异性提供了强有力的证据。但是，在这一点上，把以上评论放在一个关于脑这个区域的更广阔的视角上是恰当的。在接下来的几页中，我认为，仅仅从对提升网状激活系统的损害来解释昏迷和持续性植物状态并不能完全解释这个区域在解剖上和功能上的复杂性。

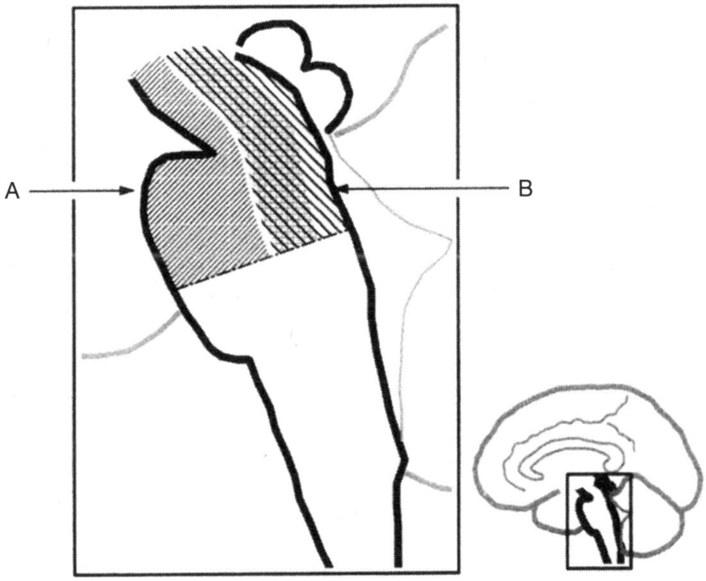

图 8-2　闭锁综合征（A）和昏迷（B）中脑干损伤的部位

解剖方位如图 8-1 所示。引起闭锁综合征的损伤位于脑干的前部。导致昏迷的损伤位于脑干的后部。

对昏迷和持续性植物状态的神经相关性的思考

我们很早就确定，意识的存在取决于脑干的完整性。许多神经学家，特别是弗雷德・普拉姆（Fred Plum）和杰罗姆・波斯纳（Jerome Posner）在对昏迷患者、持续性植物状态患者和闭锁综合征患者的研究中已经确定了脑干中哪些部分受损会破坏意识，哪些部分受损不会破坏意识。正是通过他们的努力，后两种临床症状才被发现，甚至被命名。[8]

脑干中某一部位的损伤是导致昏迷的必要条件，包括通常称为网状结构的区域。你可以把这整个区域，即脑干，想象成树干的偏心轴。它从延髓（脊髓末端的上方）一直延伸到中脑的顶部（丘脑的下方）。[9]然而，我们最关心的是位于脑桥中部以上的那部分网状结构，因为只有这部分的脑干损伤才会导致昏迷（见图 8-3）。

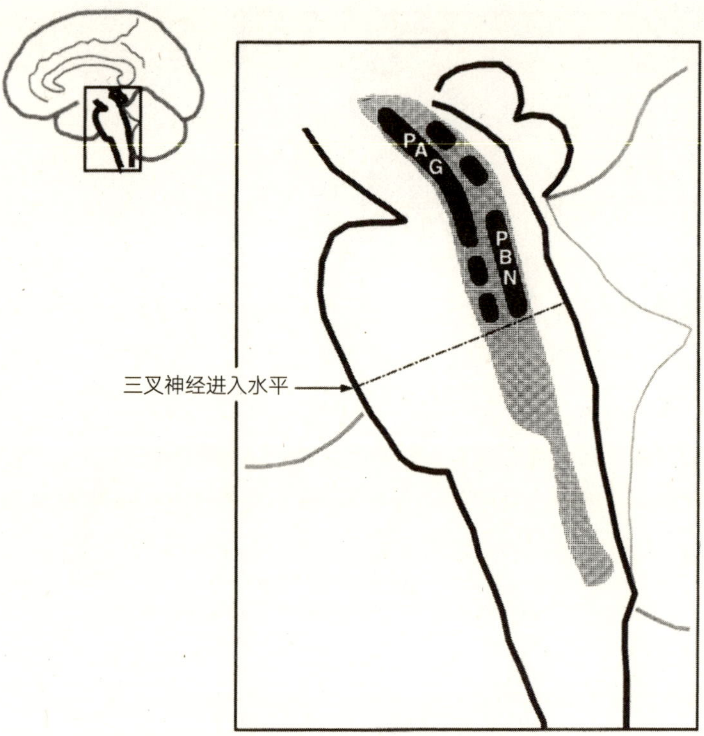

图 8-3　一些关键的脑干核的位置

解剖方位与图 8-1 和图 8-2 相同。PAG（中脑导水管周围灰质）、PBN（臂旁核）和大部分乙酰胆碱核和单胺核位于脑干上半部的后部。这就是受损后会导致昏迷的整个区域。

一些作者不愿意使用“网状结构”或“网状核”这两个术语，因为有关组成结构的新认识表明，这个区域的解剖结构或功能并不一致。[10] 这与我们在使用“边缘系统”等广义术语时面临的问题完全相同。但在过渡时期，有条件限制地使用“边缘”“网状”等术语，在新旧观点之间建立联系，是合理且有益的做法。尽管如此，网状结构不是由相互连接的神经元组成的无组织的集合，而是由可识别的神经核组成的集合。每个神经核都有特定的功能，都有自己的首选连接集。例如，臂旁核已经在传统的网状结构内部实现了个性化。众所周知，它在有机体内起着重要作用：（1）感知疼痛；（2）调节心脏、肺和肠道；（3）可能是神经通路的一部分，使有机体能够品尝味道。这并不是说网状结构消失了，而是从神经学的角度来说，我们开始知道它是由什么构成的了。我已经提到过的一些单胺核和乙酰胆碱核在注意和记忆中起着不可或缺的作用，在睡眠中也起着作用，它们也是网状结构的一部分。[11] 简言之，一些网状核直到最近才被识别出来，臂旁核就是一个主要的例子，但它在致力于了解其功能的专家圈子外，几乎不为人所知。当我提到这些核团时，你可能会目光茫然，这使我想解释说：这些新近被研究的核团大多数属于网状结构，已经发现它们都与内稳态有关，而正如我们之前所讨论的，内稳态是对内环境和内脏状态的调节。对研究它们的专业人员来说，重要的是了解它们有什么样的促进作用，比如，调节心脏功能或干预奖赏过程或调解疼痛。就目前相关科学文献的描述而言，它们的基本功能是调节生命、管理身体状态。其中一些核团经研究也被发现与睡眠有关，但大多数核团在意识中的可能作用尚未被研究。

因此，我们所面临的是与网状结构相关的研究史上的一个奇怪的分裂。有一类研究几乎可以追溯到半个世纪以前，遗憾的是，这类研究现在几乎被放弃了。这类研究把这个区域设想为一个相当同质的单元，并把它与注意、觉醒、睡眠和意识联系起来。这类研究倾向于把网状结构作为一个单元，而不是特定的核团，其被缩写为 MRF，根据使用者的观点，M 可能代表 midbrain（中脑），也可能代表 mesen cephalic（中脑的），RF 代表 reticular formation（网状结构）。这个缩写并不恰当，因为上脑桥网状结构是这个单元的一部分，但是被排除在这名称之外。第二类研究聚集于某些特殊的神经核在内稳态调节中的作用。

乍一看，你可能会认为，这两类研究是不相容的，因为各自的研究人员在专业和实验室研究方面都相差很大。

相反，我相信这两类研究可以很好地调和起来。事实上，这些不同的观点在不知不觉中传递了同一个强有力的信息：主要与生命管理过程和有机体表征相关的脑核团、与觉醒和睡眠过程有关的脑核团、与情绪和注意并最终与意识有关的脑核团，三者紧密相连，甚至相互关联。甚至有可能同一个核团实际上参与了不止一种功能。

网状结构的过去和现在

就网状结构而言，传统观点与马古恩（Magoun）、莫鲁齐（Moruzzi）及其同事在20世40年代末和50年代初从一系列卓越实验中得出的观点是一样的。而这些实验又是布雷默（Bremer）和贾斯珀（Jasper）在前十年开创的开拓性传统的结果。[12]

几乎所有这些实验都是在动物身上进行的，其中大多数动物是处于某种麻醉程度的猫。典型的实验设计要求：（1）产生损伤（例如，在称为下位离断脑［encéphale isolé］的准备中，通过对延髓的水平切断将脊髓与脑干分离；上位离断脑［cerveau isolé］横切面位于脑桥和中脑的交界处）；（2）电刺激一个特定部位（例如神经或核）；（3）根据脑电图波形的变化来测量脑处理的结果。

这些动物的实际行为并不是实验的重点。这些实验的结果是，网状结构被理解为构成了一个激活系统，后来它被称为上行网状激活系统。该系统的任务是保持大脑皮质处于清醒和警觉状态。无论是过去还是现在，这种清醒和警觉状态通常都被看作是意识的同义语。网状结构对位于其上方的神经系统的几乎所有部分都产生了强大的影响，尤其是大脑皮质。这种影响覆盖了整个大脑半球，用来描述这种影响的比喻常常借助“唤起”或“激励”这样的词。网状激活系统会唤醒大脑皮质，将其置于一种允许感知、思考和做出深思熟虑的行动的运作模式中，简言之，使其有意识。对网状结构的损害会使大脑皮质陷入睡眠状态，关闭感知和思维的灯，从而妨碍有计划行动的执行。总体来说，这些比喻是相当合理的，尽管我认为它们并不能说明全部情况。

少数当代科学家致力于研究网状结构并将其延伸到丘脑，包括研究意识和注意的神经基础的研究者，如莫西亚·斯泰里亚德（Mircea Steriade）和鲁道夫·里纳斯（Rodolf Llinas），以及研究睡眠的研究者，如艾伦·霍布森（Allan Hobson）。[13] 他们的研究支持了马古恩和莫鲁齐实验的主要结论，可以肯定地说，网状结构通常与睡眠和觉醒有关。此外，很明显，网状结构内的一些核团专门参与睡眠 - 觉醒周期的产生。例如，桥脚区胆碱能神经元，以及与去甲肾上腺素和血清素分布有关的核（蓝斑核和中缝核）就是这种情况。[14] 关于这些不同的核团如何参与睡眠状态的诱导和终止，以及它们在有梦发生的特定睡眠（REM 睡眠或异相睡眠）中的激活或沉默，存在一些有趣的细节。例如，去甲肾上腺素和血清素神经元是沉默的，但是一些乙酰胆碱神经元是非常活跃的，它们的活动与脑桥 - 膝状体 - 枕叶波（ponto-geniculo-occipitalwaces，PGO 波）的出现有关。这种波在有梦的睡眠中出现，类似于在清醒状态下的脑电图波形。[15]

最近的调查也证实了这些早期观测的一个重要方面。深度睡眠中的有机体产生慢波和高波幅的脑电图，这被称为同步脑电图；而处于清醒和专注状态或异相睡眠状态的有机体产生快波和低波幅的脑电图，这被称为去同步脑电图。但是当代的研究者对这个古老的发现做出了一个重要的限定：所谓的去同步脑电图之中实际上隐藏了与大脑皮质小且局部的区域相关的同步区域，这些区域的活动似乎高度协调。换言之，正如斯泰里亚德和沃尔夫·辛格（Wolf Singer）各自提出的那样，“去同步化脑电图”这个术语不恰当，因为在这种状态下，有可能找到电生理活动高度同步的脑区。[16]

到目前为止，当代研究者证实的最重要的发现是，电刺激网状结构导致了所谓的去同步脑电图。换言之，来自网状结构的某些激发模式会导致清醒状态或睡眠状态。这个区域和产生意识所必需的状态（觉醒和注意）之间的密切联系是一个不可否认的事实，但无论是解剖上的区域，还是觉醒和注意的状态，都不足以全面解释意识。

也有研究表明，丘脑的某些核团，即板内核团，恰好是网状结构信号的接收者，是大脑皮质产生清醒状态或睡眠状态的通路中不可或缺的一部分。事实上，对这些核团中 MRF 的刺激产生的效果与刺激大脑皮质产生的效果相同。[17]

鲁道夫·里纳斯利用这些发现提出，无论是在清醒状态还是在有梦的睡眠状态下，意识都是在一个包括大脑皮质、丘脑和网状结构的闭环装置中产生的。这个装置依赖于在网状结构和丘脑中存在的自发放电的神经元。这些神经元的活动受到感觉神经元的调节，感觉神经元把外部世界的信号传入脑，但是这些神经元在一开始并不需要外界的信号来触发。

这一行动背后的机制很有趣。向丘脑和大脑皮质输送乙酰胆碱改变了靶向神经元中离子通道的活动。[18]

简言之，当代网状结构研究的引领者已经得出结论，在意识状态下，网状结构会产生一系列传送至丘脑和大脑皮质的连续信号，从而建立起大脑皮质连贯性的某些几何关系。与此同时，对睡眠机制的研究也表明，网状结构参与了睡眠－觉醒周期的控制。既然睡眠是无意识的一种自然状态，那么我们可以合理地认为，意识和睡眠都产生于、植根于同一区域的生理过程。

这是一组完全一致的发现，围绕这些发现编织的整体解释既连贯又有价值。这一解释对神经科学来说是一个重要进步，我相信如果我们不引用它，我们将无法解释意识的神经生物学。但我不认为这是将脑区与意识现象联系起来的最全面的解释，也不认为意识的神经生物学研究可以完全满足于这些发现。

意识比清醒和专注更高级，它需要知晓活动中有一种内在的自我感。因此，意识是如何产生的问题不能完全通过假设一种唤醒和激活大脑皮质的机制来回答，即使有人指出，人一旦醒来，其大脑皮质会在局部和整体上表现出连贯的电生理活动的特定模式。毫无疑问，这些模式对于意识状态是不可或缺的。我认为它们为清醒和注意状态提供了神经关联物，在这个过程中，表象可以被形成和操纵，运动反应可以被组织起来。然而，仅仅描述这些电生理模式并不能解决自我和知晓活动的问题，而我认为自我和知晓活动是意识的核心。在我看来，这些模式与意识过程的最后阶段联系得最紧密，在这个过程中，客体映射得到增强，客体被凸显出来。可以想象，这些电生理模式也可能与自我和知晓活动有关。实际是否如此，需要先针对电生理模式的哪一部分同自我和知晓活动有关这一问题建立假设，再进行验证。另外，也有可能去同步化脑电图模式，即经过仔细观察可以发现其中存在一些局部同步化脑电图与周期性非局部同步化脑电图的模式，与自我和知晓活动没有直接关系，而与有待知晓的客体有关。

我对传统观点的保留意见使我想到我在本节一开始就指出的事实：我们面临着关于网状结构的第二类研究。在传统的研究中，网状核参与控制觉醒和注意。在第二类研究中，研究的目标未必是传统研究所针对的那些网状核，而可能是位于其附近并与其紧密接触的网状核。这些网状核是脑调节内稳态的先天机制的一部分，因此，它们必须时刻接受表征着有机体状态的信号。

一个安静的谜

当我们考虑一个长期困扰我的谜团时，第二类研究的重要性就变得明显了：考虑到网状结构是一个从脊髓顶部到丘脑水平、横跨整个脑干的长而垂直的组织结构，为什么只有对从脑桥上部以上的特定部分的损伤才会导致意识丧失，而对其余部分的损伤根本不会改变意识？这个发现已经得到了充分的证实，不需要再重复实验，但它静静地躺在文献中，没有多少评论，也没有多少解释。为什么确实只有一部分的网状结构与意识的创造或暂停有关，为什么在一个接一个的病例中，受损区域总是相同的？把这个谜题投射到网状结构的实验研究中后又产生了一个问题：为什么上行网状激活系统与网状结构的那一部分紧密地联系在一起？让我试着勾勒出一个答案。

网状结构中，损伤后意识改变的部分与损伤后意识不改变的部分之间有着相当清楚的分界线。当你想象沿一个垂直于脑干长轴方向的平面切开脑干时，你就能清楚地看到这条分界线。这个水平切面的位置大约是在三叉神经，即第五颅神经刚好进入脑干的地方。普拉姆和波斯纳在他们关于昏迷的书中表示："对大脑皮质兴奋至关重要的结构的尾部区域，可能并不比三叉神经入口更低多少。"（见图 8-3。）

这个分界平面指出了许多有趣的解剖学事实。首先，在这个平面上方有许多核团参与高阶内稳态的控制，包括情绪的控制。对于中脑导水管周围灰质核和臂旁核来说就是这样。例如臂旁核位于分界平面上方，从脑桥中部开始，接收来自整个躯体而非来自内环境和内脏的信号。脑桥嘴侧网状核接收来自大脑皮质的重要投射，并将它们分布到这一区域；该网状核也位于分界平面的正上方。[19] 同样，传递去甲肾上腺素和多巴胺的单胺核和乙酰胆碱核也是这样。它们恰好起于这分界平面上，并沿着这一区域上延。血清素核也位于这一区域的上方。尽管血清素核与其他三种递质的神经核不同，血清素也位于较低的水平；然而，这些较低的神经核的投射更多地针对脊髓而不是端脑。

现在，让我们考虑一下为什么这个问题和与三叉神经的连接可能是相关的。

三叉神经纤维携带来自头部结构（头皮和面部的皮肤和肌肉、口鼻内部结构）的感觉信号。简言之，它是来自内环境、内脏和头部肌肉骨骼方面的信号的代理。

总之，三叉神经自下而上地向脑提供了关于有机体状态，即内环境、内脏和头部肌肉骨骼器官状态的最后一批信息。

在脑干的下部，以及每一段脊髓中，我们可以发现其他神经进入这些区域的入口点。这些神经传递着来自四肢、胸部、腹部等头部外所有身体部位的信号。显然，将全身信号传递到脑的结构，包括从脊髓下部到脑桥的许多入口点，而只有在所有入口点都完好无损的情况下，这些信号才能全部到达脑。

解剖上的线索涉及以下事实：只有在头部信号通过三叉神经进入脑干后，才能完全地传递当前机体状态的全部身体信号。位于较高水平的第四颅神经和第三颅神经，对整体的身体表征没有贡献。它们将运动和自主神经的指令从脑干传出，而不是传入。第二颅神经和第一颅神经分别与视觉和嗅觉相连。它们不在脑干水平进入中枢神经系统，也不传输内部身体状态的信号。

一旦来自三叉神经的信号可以被位于入口点上方和下方的一些神经核（三叉神经核沿着脑干垂直排列，在入口点上方和下方都存在）获得，脑就不但拥有了表示身体状态并使用神经通路的所有信号，甚至拥有了表示身体状态并使用化学通路的一些信号（它们通过后脑区传输）。就目前的身体状态而言，脑所缺失的只是下丘脑和穹窿下器接收到的化学信号。有趣的是，大约在这个水平上，脑也拥有听觉、前庭和味觉信息，而在分界平面以上的区域，视觉信号通常是可用的，因为视觉信号虽然传入顶盖，但信号随后的投射分布在网状核中。

这表明，迄今为止发现的脑结构和意识状态之间的最强大关联之一，与使身体信号进入中枢神经系统的结构设计密切相关。在分界平面的上方，一旦来自身体的所有神经信号和一些化学信号进入中枢神经系统，许多与调节内稳态有关的脑干神经核就可以对当前的身体状态有一个“全面”的认识，这对调节过程至关重要。三叉神经进入脑干的入口只是一个线索，一个指向某个区域开端的指针。在这个区域之上，进化已经确定了生命调节装置的位置，而这些装置的正常运作依赖于来自整个有机体的数据。

我猜测，经典网状核也位于三叉神经指向的这个平面之上，与调节生命的神经核的距离较近，因为网状核受生命调节情况的驱动。

当损伤发生在三叉神经指向的这个平面附近或以上部位时，原始自我的基础被破坏，而且在二级映射中对原始自我变化的叙述也被破坏。失去了原始自我的基础，有机体就不能再表征知晓的关键基础，即当前的内部状态，以及随后当有机体被一个客体（实际的或回忆的）所吸引时所经历的变化。在这种情况下，不管经典网状核有没有伴随损伤，意识的整个机制都会崩溃。当然了，如果经典网状核确实是由原始自我结构驱动的，那么这种损害就会更加严重。

经典实验视角下的原始自我剖析

关于网状结构的经典实验结果与我一直在讨论的关于原始自我的神经解剖学基础的假设是一致的。本质上，必须考虑四个不同的发现。第一个发现是，切断猫的脊髓和延髓的连接，也就是对其进行下位离断脑处理后，猫的脑电图的模式没有发生变化。从我的假设中得出的预测与该发现一致，它也得到了脊髓或髓质受损的患者不会发生意识障碍这一事实的支持。

第二个发现来自上位离断脑处理，在这种方法中，猫的脑干在脑桥和中脑之间的连接被切断。其结果造成了严重的损害：这个小动物醒不过来了，不管是从行为还是从脑电图跟踪检查结果而言都如此。这也符合我的假设，也符合人体自然损伤的结果。在这个水平上的破坏将阻止我们刚才讨论过的上脑桥的重要结构与其他更高水平结构（丘脑和大脑皮质）之间出现任何交叉的信号传递。[20]

第三个发现特别引人注目。它涉及在猫脑桥中部进行的两种类型的切断手术，一种在三叉神经入口点的正上方，另一种在高出入口点约 4 毫米的地方。在巴蒂尼（Batini）、莫鲁齐和其他人的研究中，对这两种切断手术的研究得到了两个不同的结果。[21] 脑电图显示，针对三叉神经入口点正上方的切断手术会导致永久性的清醒状态，而针对比入口点稍高一点的部分的切断手术会导致严重的觉醒障碍，而且从行为和脑电图来看，这与切断脑桥和中脑连接的上位离断脑手术所得到的结果没有什么不同。

首先让我谈谈第二种切断手术，也就是在高出三叉神经入口点平面约 4 毫米的地方切断脑干。虽然这种切断手术的破坏性不及通过破坏周围区域而导致昏迷的广泛损伤，但它可能至少有三种后果：第一，它破坏了位于切面处的乙酰胆碱核，并破坏了它们向上传出的投射；第二，它破坏大脑皮质向下的投射，从而阻止皮质信号穿过上脑桥的被盖区；第三，它损害了部分臂旁核。这些效应不管是单独还是结合起来，都会扰乱正常的意识过程，例如，有碍从更低和更高结构向原始自我结构发送信号。因此在猫身上观察到的结果与假设是一致的。

然而，更引人注目的是在三叉神经入口点向下 4 毫米处进行切断手术后的结果。虽然我们没有办法知道猫的最终意识状态是什么，但脑电图显示它们一直处于觉醒状态。对这一发现的解释如下：第一，该手术阻断了孤束核的催眠效应。孤束核位于该切面以下，已知具有催眠效应。第二，该手术没有损害构成原始自我基础的任何结构，因此来自大脑皮质和丘脑的信号仍可进入关键区域，改变原始自我状态。这是可能的，因为猫在这种状态下将继续加工视觉刺激，从而激活丘脑皮质和顶盖区域。视觉调节装置和眼球垂直运动功能仍然完好无损，过去的记忆仍然可以从皮质结构中唤起，所有这些过程都可以正常地向位于切面上方的完整的脑干区域发出信号。第三，与整个身体状态有关的化学信息仍然可以通过下丘脑和穹窿下器直接传递到中枢神经系统，其信号传递的结果可以传达到位于切面上方的原始自我结构。简言之，不像那些昏迷患者，也不像切面位于稍高或高得多的脑桥 - 中脑交界处的猫，被实施这种特殊切断手术的猫会保持所有实现原始自我所必需的结构，以及向这些结构发送当下有机体变化的信号的残余通路的完整性。这种情况，再加上缺乏来自切面下方的任何睡眠诱导性影响，可以解释显示实验猫处于清醒状态的脑电图，并且可以解释为什么实验猫能保持觉醒状态，甚至是注意。

正常意识是否仍然存在，可能是一个无法通过实验来回答的问题，而且肯定永远不会在人类身上得到答案，因为没有任何自然损伤会产生这种选择性的缺陷。[22]

使事实与解释相符

虽然表面看来，这两类网状结构研究关注的是不相关的功能，但是我怀疑这两类研究的结果在深层次上是相互联系的。这两类研究的动机是由不同的问题驱动的，但在我的框架内，它们的关联开始显现出来。举个例子，让我们考虑一下我对蒙克（Munk）、辛格和他的同事在一个实验中的最新发现的解释。[23]蒙克和他的同事能够在猫身上制造出具有局部同步特征的去同步化脑电图，这表明猫处于觉醒和注意的状态。他们通过对中脑网状结构进行电刺激来达到这一目的。然而，他们在一个脚注中指出，他们实际上刺激到了臂旁核，这是在对实验动物的尸体解剖中发现的。在尸体解剖中，研究人员可以追踪刺激电极的作用位置，而这些电极被发现放置在了臂旁核上或其周围。简言之，某个神经核的网状结构在此前一直被认为与心脏、肺和肠道的自主调节以及与身体状态（如疼痛）等有关，但在这个实验中，电刺激该网状结构产生了一种以觉醒和注意为特征的皮质活动状态，而这种状态一般被视为与经典网状核有关。

这两类研究之间的另一个实验上的联系，来自我的实验室在情绪领域的研究。在一系列对没有神经系统疾病健康被试的研究中（与安托万·比查拉、托马斯·格拉博夫斯基 [Thomas Grabowski]、汉娜·达马西奥和约瑟夫·帕维齐 [Josef Parvizi] 合作完成），我们通过实验诱发了各种情绪，并且使用 PET 证明了，上层网状结构中的一些脑干结构在某些情绪中变得异常活跃，而在其他情绪中则不然。

这种激活可能是被试为了体验这些情绪而需要保持注意的结果吗？如果是，我们的发现将是有趣的，但考虑到我们从网状结构的传统研究中所知道的，并且考虑到佩·罗兰（Per Roland）和他的同事之前的一项研究揭示了在需要注意的任务中网状结构会激活，这个发现也并不新鲜。[24]

然而，单靠注意并不能解释我们的发现。首先，我们使用的控制任务需要相当程度的对想象的注意。如果我们将情绪的发现归因于注意，那么在减去控制任务时，激活就会消失。此外，对于不同的情绪，研究结果也有所不同。我们发现，对于悲伤和愤怒等情绪，脑干的激活量最大，而对于快乐等情绪，脑干的激活量很小。然而，被试对所有的情绪都采取了相同的步骤，没有任何证据表明这些情绪对内部注意的需求有所不同。上层网状结构的激活很可能与处理某些特定情绪并产生这些情绪的最终感受所需的神经过程有关。

这一发现进一步证明，网状结构传统上与睡眠－觉醒周期和注意的控制有关，但也与情绪和感受、内环境和内脏状态的表征，以及自主控制有关。有大量证据表明事实确实如此，特别是对于中脑导水管周围灰质而言更是如此。界定了几种情绪的身体变化实际上是由中脑导水管周围灰质控制的。[25] 简言之，上脑桥和中脑的网状结构可以可靠地与我之前提出的原始自我概念联系起来。这很可能就是为什么它们也可以与看似毫不相关但却密切联系的功能，如情绪、注意、意识等息息相关。

我的研究小组的另一个有趣发现来自与约瑟夫·帕维齐和加里·W.凡·霍森（Gray W. Van Hoesen）合作进行的一项研究。[26] 这项研究对阿尔茨海默病患者和与其同年龄的正常对照组的网状核进行了详细的描绘，它揭示了一个令人惊讶的新发现：大多数晚期阿尔茨海默病患者脑干左右两侧的臂旁核都受到严重破坏。所有早发性阿尔茨海默病（一种特别严重的阿尔茨海默病变体）患者和 80% 晚发性阿尔茨海默病患者的臂旁核均受损。

鉴于晚期阿尔茨海默病患者有明显的意识障碍（见第 3 章），我们有理由怀疑臂旁核损伤可能与意识衰退有关。当然，他们意识的衰退不能用众所周知的内嗅皮质和附近的颞叶皮质的参与来解释。[27] 在这一点上，我们只能猜测因为阿尔茨海默病有太多的局灶性病理部位，以至于我们无法完全理解特定损伤和特定神经退行性病变部位之间的相关性。例如，在阿尔茨海默病中，后扣带回皮质和内侧顶叶联合皮质也严重受损，如前所述，它们是二级映射的候选部位[28]。

总之，我看到一个强有力的事实出现在我们所讨论的脑干关键区域，即它同时参与觉醒、内稳态调节、情绪和感受、注意和意识的过程。乍一看，功能重叠似乎是随机的，但是放在前面几章所建立的框架中进行反思后可见，这种重叠似乎是合理的。包括情绪在内的内稳态调节需要觉醒的时间（以收集能量）、睡眠时间（大概是为了恢复神经活动所必需的化学物质消耗[29]）、注意（与环境的适当互动），以及意识（因此与个体有机体相关的高水平反应才能最终发生）。所有这些功能的身体相关性和服务于它们的核团在解剖学上的密切性是相当明显的。

这种观点与经典的观点是一致的，即在上脑干区域有一种装置能够在丘脑和大脑皮质创造特殊类型的电生理状态。事实上，我的建议融合了经典的思想，但在以下方面与众不同：首先，它为装置的起源和解剖位置提供了生物学基本原理；其次，正如目前所描述的，它假设装置的活动对意识状态有重要贡献，但不产生界定了意识的主观方面。

评估陈述 2：二级结构在意识中的作用的证据

现在让我们转向陈述 2，它涉及扣带回、丘脑核团和上丘脑的损伤，这些区域被认为参与了核心意识背后的二级神经模式。当你读到这些评论时，再回想一下我关于颅相学的反对。我并不是说这些区域中的任何一个都为对意识出现至关重要的神经模式负全部责任。十有八九，关键的神经模式是基于跨区域的相互作用。

我首先选择的二级结构是被称为扣带回皮质的大脑皮质的一大块区

域。扣带回皮质在中线附近，每个大脑半球有一个扣带回皮质，这个皮质被划分为多个细胞结构区域（见附录脑图 4 和脑图 5）。在扣带回皮质的前部，该结构主要由 24 区和 25 区组成，在胼胝体前部周围能直接看到这些区域。然而，另外两个细胞结构区，分别是 33 区和 32 区，尽管它们面积很大，却几乎看不见，因为它们嵌在脑沟里。大脑皮质的后部由 23 区（在脑回顶部可以看到），以及 31 区、29 区和 30 区（这些区域的面积也很大，但是嵌在脑沟中，因此是隐藏的）组成。

总结扣带回皮质的已知功能，最简单的方式就是说它们是感觉和运动功能的奇怪组合。扣带回是一种庞大的体感结构，它接收来自第 5 章所描述的体感系统的所有分支的信号。这不仅包括大量的内环境和内脏信号，还包括来自肌肉骨骼分支的重要信号。然而，扣带回也是一种运动结构，它直接或间接地参与了大量复杂动作的执行，从与发声有关的动作，到涉及肢体单独或协同的动作，再到涉及内脏的动作。但这还不是全部。扣带回明显参与了注意过程，明显参与了情绪过程，明显参与了意识过程。这种功能重叠是明显的，让人想起中枢神经系统的另一个部分——上脑干。

可以合理地说，我们对扣带回既了解很多，又不太了解。尽管已有许多出色的针对扣带回的神经解剖学研究，扣带回的内在解剖结构以及与其他区域的许多联系仍然是未知领域[30]。扣带回的神经生理学研究也是如此，它仍然有些神秘，尤其是关于其后部的研究。对这种全貌的无知，一种解释是，人类缺乏自然发生的双侧扣带回损伤。就前扣带回皮质而言，这种损害相当罕见，而后扣带皮质损伤也极为罕见。思考一下，至今没有一个案例被描述为双侧扣带回损伤，包括我上面列举的所有细胞结构区域都受损。

在这种情况下，我们应该谨慎行事。我们知道以下事实：由扣带回皮质引起的癫痫发作的特征是意识丧失，这种意识丧失的时间实际上比那些常规的非扣带回引起的癫痫发作导致的意识丧失时间要长。功能神经影像学的一些研究也有一些重要的发现。意识暂停或减弱的情况，如慢波睡眠、催眠和某些形式的麻醉，都与扣带回皮质活动减少有关；而REM睡眠以及无数注意模式都与扣带回皮质活动增加有关。[31]

在损伤研究和功能成像研究中，扣带回与情绪、注意和自主控制有关[32]。双侧扣带回前部损伤会引起无动性缄默症。正如我们在L的例子中看到的（第3章），双侧扣带回皮质受损的患者虽然保持觉醒，但意识受损。不管是从内部看还是外部看，用“假死”描述患者的状况最好不过了，这就是为什么患者被描述为无运动和缄默。从文献和我自己的观察来看，我可以肯定地说，双侧扣带回前部的损伤破坏了核心意识和扩展意识，但不影响觉醒。然而，我们应该注意到，尽管受影响的患者不能完全恢复正常的心智，但他们确实在几个月内恢复了核心意识。这种恢复可能是由于两个扣带回后部的完整性。双侧扣带回后部的损伤可能导致永久性损伤，但我只研究了一个令人信服的相关案例。尽管如此，我们还是有理由冒险地认为，对整个双侧扣带回的损伤可能会明显地，甚至是永久性地破坏意识。在扣带回的前部和后部这两大部分中，我敢说后部是最不可或缺的部分，尽管我认为正常的运作需要这两个部分协同工作。

我应该补充一点，后扣带回后部和周围区域受损的患者也有意识障碍。这个区域是内侧顶叶，是压后皮层和楔叶的结合。细胞结构区31区、7区和19区是这个区域的一部分。该区双侧损害的患者存在严重的意识障碍。他们的损伤结果不像昏迷那样明显，但与我刚才描述的双侧扣带回损伤结果相当。

就像双侧扣带回皮质损伤的患者一样，双侧扣带回内侧、顶叶损伤的患者在通常的意义上处于觉醒状态：他们的眼睛可以睁开，他们的肌肉有适当的张力，他们可以坐下，甚至可以走路；但是他们不会带着任何意图看你或看任何东西，他们可能会茫然地盯着或没有明显动机地看向客体。

这些患者无法控制自己。他们对自己的情况一无所知，而且对检查者的几乎所有要求都不予回应。尝试让他们参与谈话很少成功，最多产生一些不稳定的结果。我们可以诱导他们短暂地看一个客体，但是这个请求不会产生任何有效的反应。这些患者对朋友和家人的反应与对医生和护士的反应没有什么不同。虽然“类僵尸行为”这一概念不是来自对这些患者的描述，但用它来描述这些患者非常恰当。

顶叶内侧区域受损造成的最普遍的结果是阿尔茨海默病。除退行性疾病外，双侧顶叶损伤的患者并不经常表现出脑卒中。我记得最清楚的双侧顶叶损伤是由相当对称的结肠癌转移引起的。想了解这位患者看起来如何的话，可以回忆一下第 3 章中描述的失神自动症的状态——动作缓慢，目光漫无目的。头部受伤也会引起这种情况。英国著名的神经学家麦克唐纳·克里奇利（Macdonald Critchley）在他那本关于顶叶的划时代专著中提到过一个类似案例。[33]

对扣带回皮质解剖学特征的反思表明，它是我之前提出的那种二级结构的优秀候选者。它的不同子区域和大量的体感信号输入，可能会在任何给定时间内，产生对有机体整个身体状态的最“完整的”描述。但是，由于扣带回皮质也可以接收来自主要感觉通道的信号，例如客体的外观可以通过丘脑投射和来自下颞区、颞极区和外侧顶叶区的高级皮质的直接投射，轻易地被扣带回皮质接收到。扣带回皮质可以帮助产生一种神经模式。在这种模式中，客体的外观和身体所经历的变化之间的关系可以被映射到适当的因果序列中。扣带回事实上可能对“知晓的感受”做出了关键性的贡献，这种特殊的、高级的感受定义了核心意识。

为什么上丘也被认为是有助于形成二级模式的结构？原因如下：上丘是多层结构，它接收各种形式的多重感觉输入，以复杂的方式跨层次整合信号，并将结果传递给各种脑干核、丘脑和大脑皮质。[34] 例如，上丘直接从其顶层的视网膜接收视觉信息，而再往下几层，它也接收来自视觉皮质的信息，从位于下层的下丘接收听觉信息，从不同的脑干核接收大量体感信息（包括内脏信息）。

上丘的整合活动旨在使眼睛、头部、颈部和耳朵（对可以移动耳朵的生物而言）朝向视觉或听觉刺激源，以便进行最佳的客体加工。在这个活动过程中，上丘描绘出客体的出现时间、外观和空间位置，以及身体状态的各个方面。可以想象，他们的 7 层细胞中有一层可能致力于映射一种二级神经模式，根据现有的数据描述客体与有机体之间的关系。这个结果会影响经典网状核（并通过丘脑的板内核影响皮质加工），以及单胺核和乙酰胆碱核。对皮质不发达的物种来说，这可能是伴随着注意行为的核心意识的简单形式的来源。我得赶紧补充一点，就人类而言，没有证据表明，在没有丘脑和扣带回结构的情况下，上丘神经能够支持核心意识，即使脑干中的原始自我结构是完整的[35]。

最后，还有丘脑的问题。对丘脑神经解剖学和神经生理学的综述不在本书范围之内。就像大脑皮质和脑干一样，丘脑并不是几个段落就能阐明的主题，而是整本书才能阐明的主题。但是，为了便于讨论，我可以说，丘脑获得了表征潜在原始情节中的人物和事件的不同结构的连续参与的一手“报告”。丘脑以内隐的形式表示客体与有机体之间的关系，随后则通过在扣带回皮质和体感皮质中创造更为显性的神经模式来实现这一目标。丘脑的一些核团，如网状核和丘脑枕核，在这一过程中起着关键作用。丘脑与意识有关的观点是基于可靠的动物实验证据、丘脑损伤的结果，以及导致意识障碍的失神发作中的异常放电起源于丘脑这一可能性。[36]

然而，目前关于丘脑的证据，虽然与总体预测一致，却不足以令人信服地证明假设。我们现在能得到的结论是，双侧丘脑的损伤肯定会破坏意识。最后，我再讲一些令人好奇且可能相关的证据。1998 年夏天，我和我的同事们有了一次达成共同认识的经历。一位客座讲师来到我们系做了一个演讲，不是关于意识的，而是关于儿童神经影像学的研究。在演讲中，演讲者提供了一组 PET 扫描图像，这些图像是在婴儿出生后不久和出生后头几个月内获得的。在早期，这些新生儿脑中非常活跃的结构是脑干、下丘脑、体感皮质和扣带回皮质，它们几乎就像在静寂的神经影像海洋中的孤岛。如你所见，激活的结构完全匹配原始自我映射和二级映射所需的结构。这些结构在出生时就功能成熟，这是值得注意的。鉴于其他脑系统，如听觉也一直处于全速运转状态，这种激活暗示着一种相当大的功能优先级。几个月后，PET 扫描显示腹内侧额叶和杏仁核也活跃起来。我们中的一些人会意地看着对方，演讲者可能想知道为什么。[37]

评估其他陈述

现在，让我们转向剩下的陈述，这些陈述涉及脑的某些部位，它们的损伤不会导致核心意识受损，这些结构包括海马、颞叶和额叶的高级皮质，以及视觉和听觉的早期感觉皮质。

长话短说，这些结构中的任何一个区域双侧损伤都不会对核心意识造成损害。对于任何可以被正确映射的客体，自我感和知晓活动仍然会有效地运作。这一事实强调了以下情况：原始自我和二级映射在很大程度上取决于脑中线两侧的一系列结构，即脑干、下丘脑、基底前脑、丘脑核以及位于中央的扣带回皮质；而对客体的映射在很大程度上取决于分布在大脑皮质上并不位于中央位置的感觉皮质。“自我与知晓活动”结构的左右两部分位于中央，彼此交叉，并且常常由于同样的病理原因而一起受损；客体映射所依赖的结构在大脑左右半球的两部分相距较远，而且往往独立地受损。

我们可以肯定地说，对海马、整个前颞叶、整个外侧颞叶或大部分内侧颞叶和下颞叶的双侧损伤不会导致核心意识的损伤。我们在第 4 章中讨论的两位患者，HM 和戴维，明确地表明了这一事实。事实上，即使是所有这些区域受到损伤也不会损害核心意识。双侧杏仁核损伤也不会使核心意识失去其完整性，正如患者 S（第 2 章）所清楚显示的那样。不用说，这些结构中的任何一个区域单侧损伤也不会导致意识损伤。

由所有这些损伤导致的各种功能受损却未波及意识一丝一毫，这真是一个传奇。众所周知，这种损伤会导致学习、记忆和语言的深刻改变。但是，尽管有这些显著的损伤，患者仍然能敏锐地意识到自我和周围环境，他们的核心意识没有受到损害。他们是完全有意识的，而且，在通常情况下，他们很清楚自己的缺陷。他们清楚地意识到了自己被中断的记忆和破碎的语言。

同样，听觉皮质、视觉皮质和前额叶皮质的双侧或单侧损伤不会损害核心意识。从本质上讲，患者通过听觉或视觉通道感知和识别刺激的能力受损，在这些感觉通道中创造内部表象的能力也受损，并且存在与感觉通道相关的选择性记忆缺陷。但核心意识在受影响的感觉通道之外正常运转。

早期视觉皮质的双侧损伤通常局限于一个子区域，导致部分或整个视野的视觉丧失。通常情况下，它还会造成许多令人惊讶的情况，视觉加工被破坏是情况之一。例如，看到色彩的能力可能在整个视野或部分视野中丧失，而看到运动、深度和形状的能力仍然完好无损，即所谓的色盲；或者辨认以前熟悉的物体的能力可能会丧失，尽管对物体的物理结构的鉴赏仍然完好无损，即我们之前讨论过的失认症；或者，以协调而专注的方式观察视野的能力可能会消失，即巴林特综合征。[38]

在所有这些情况下，核心意识仍然完好无损。除了视觉加工过程中被选择性破坏的方面，患者能够正常加工认知的任何方面。患者敏锐地意识到他们不能再做什么，这表明核心意识的“一般”过程得以幸免。同样令人感兴趣的是，这些患者中的一些人对他们再也无法感知或识别的刺激保留了一定的无意识加工。这种情况的一个典型例子是盲视。[39]一些患者由于通常被称为皮质盲的原因而完全丧失视力。他们可能声称自己在视野中看不到任何物体，他们也确实看不到，但是当要求患者用手指指出物体的可能位置时，他们可以将手臂和手指移向正确的方向。这表明一些正确的加工活动正在发生，以至于负责运动的结构可以引导手臂和手指朝向适当的方向，即使该过程的部分信息不能用于意识形成过程。

同样的情况也会发生在视觉皮质受损特别严重的类似盲视的患者身上，这种病症被称为安东综合征。患者可能会像先前描述的失认症患者一样，否认自己失明了，但是这种奇怪的说法可以得到部分解释。患者的眼睛仍然能够转向吸引视觉器官的客体，并聚焦于它们。这种现在无用的视觉感知机制的努力结果并不会传递给视觉皮质本身，而是会传递到如上丘和顶叶皮质这样的结构。脑仍然被告知正在进行一系列与感知相关的调整，这可能与脑在仍然能够进行视觉加工时会发生的调整没有什么不同。

在视觉加工完全缺失的情况下，脑为那些在意识中被感知到的知觉调整构建了一种合理的适当解释。这种解释就是，患者正在看一个客体。当然，这种解释并不充分，但也并非完全不合理。在我看到的案例中，正如人们可能预期的那样，这种信念通常会在几个小时内消失。我相信，在事件发生的最初几个小时里，患者完全没有视觉表象，不管是真实的还是回忆的，这就解释了为什么患者会被愚弄。视觉表象的严重缺陷使这点一目了然。

我对双侧腹内侧前额叶损伤患者做过多项研究，其中就包括了《笛卡尔的错误》中提到的研究。我可以自信地说，尽管他们做出有利决定的能力和对某些问题产生情感共鸣的能力受到了损害，但他们的核心意识并没有受到损害，即使是对包括额叶极在内的双侧前额叶背外侧皮质的损伤，也不会导致核心意识受损。[40] 这种损伤确实会改变工作记忆，从而影响扩展意识，但这种损伤不会使核心意识受损。

对识别可能产生意识的脑区而言，上述“消极”证据与关于损伤后会导致意识明确受损的脑区的“积极”证据同样重要。对于刚才提到的消极证据，我想强调的是，海马的双侧损伤，以及双侧视觉或听觉皮质受损都不会损害核心意识。

消极证据的重要性如下：海马是来自多种感觉通道的信息接收者，它的回路是这样的——它的信号可能以某种方式构建一个“场景”的n级映射，而每时每刻，有机体的多种表象装置都会产生这种场景。因此，我们可以设想，海马将是产生我提出的作为核心意识基础的二级映射的理想结构。然而，事实并非如此，许多对两侧海马区域受损患者的研究表明，在这些病例中总能发现严重的学习和记忆缺陷，但核心意识从未受损。

结论

根据上述对现有证据的评估，我们可以得出一些临时结论。

1. 被认为支持原始自我或有机体－客体关系的二级叙述的脑区受损，会破坏核心意识。扩展意识也会受到干扰。
2. 支持原始自我或二级映射的区域具有特殊的解剖学特征：（1）它们属于大脑系统发育上较古老的结构；（2）它们主要位于中线附近；（3）它们不位于大脑皮质的外表面；（4）所有这些区域都涉及身体调节或表征的某些方面。
3. 原始自我和二级结构构成了一个中心资源，它们的功能障碍导致了对任何客体的意识的普遍中断。早期的感觉结构涉及对客体不同方面的加工，因此其中一个结构丧失功能，即使是大面积损伤，一般来说也不会影响意识。
4. 总的来说，那些受损后不会造成核心意识损害的区域在中枢神经系统中所占的比例要比那些受损后会损害意识的区域所占的比例要大。

5. 这些相同的区域（如早期感觉皮质、高级皮质）主要参与：（1）传输由于核心意识存在而被知晓的客体和事件的信号；（2）保存与他们的经验有关的记录；（3）在推理和创造性思维中操纵这些记录。
6. 早期的感觉结构也参与了意识产生的过程。它们是以不同方式实现这点的。早期感觉结构共有几组，每一组对应一种感觉通道，但只有一组结构支持原始自我和二级映射。早期感觉结构的参与包括：（1）通过影响原始自我结构，启动这一过程；（2）向二级结构发送信号；（3）作为二级神经模式所产生的调节性影响的接收者。正是由于后者的影响，支持该客体的神经模式的增强才会发生，而有待知晓的客体的不同组成部分才能整合在一起。

简言之，核心意识在很大程度上依赖于一些脑结构的活动。它们数量有限，在系统发育上较为古老，下至脑干，上至体感皮质和扣带回皮质。这些结构之间的相互作用起到以下功能：（1）支持原始自我的产生；（2）产生描述有机体（原始自我）和客体间关系的二级神经模式；（3）调节不属于这个集合的客体加工区域的活动。

我确定这些关键候选区域具有特异性，但这不应该被解释为我将其中任何一个视为意识的基础。以上列出的任何一个功能都不是在单个神经部位或中枢水平上执行的，这些功能是作为神经活动跨区域整合的结果而出现的。我设想，自我感和客体的增强是由这组神经部位和直接参与客体构建的神经部位之间的相互作用产生的。

因此，就对客体的核心意识，即知晓特定事物的活动中的自我感而言，作为其基础的神经模式，是一个大规模的神经模式。它涉及两套相互关联的结构的活动：一套结构的跨区域活动产生原始自我和二级映射的集合，另一套结构的跨区域活动产生客体表征的集合。

显著的功能重叠

在支持原始自我和二级映射的结构中，有显著的生物功能重叠。单独来看，这些结构涉及以下 5 个功能中的大部分：（1）调节内稳态和传递身体结构和状态的信号，包括处理与痛苦、愉快和驱力有关的信号；（2）参与情绪和感受的过程；（3）参与注意的过程；（4）参与觉醒和睡眠的过程；（5）参与学习的过程。

脑干和扣带回皮质在这 5 种功能上都出现了重叠，而其他结构在很大程度上也出现了类似的功能重叠。这里指出的重叠是事实，但由于一些原因，以前人们并未重视这些重叠。也许主要原因是，关于其中一个脑区（脑干）的探索，已经被分成了两类截然不同的研究，一类关于内稳态调节问题，另一类关于睡眠和注意机制。这些问题和研究人员一直被隔离开来。另一个原因是神经科学对情绪的忽视阻碍了人们认识到，从脑干到体感皮质，所有这些区域对情绪的过程都是至关重要的。

因此，我们可以合理地得出以下结论：除了上述 5 个功能之外，这些区域还有一个额外的功能——核心意识的构建。

这项评估所揭示的功能重叠乍看起来似乎有违直觉，然而，经过对相关数据的反思，它们变得非常合理。第一，重叠可能是相邻核团不同“家族”的功能所致。第二，虽然不同家族的核团具有解剖学上的特殊性，但是它们由于解剖学上的联系而高度相关。第三，这些核团相互临近，并在解剖上相互联系，由此出现功能重叠。这种相邻性与相关性并非偶然，可能表明了这些区域发挥了首要的功能作用。

考虑到脑干水平上的功能重叠，这一观点的合理性得到了加强。关于情绪和注意，功能重叠的基本原理如下。情绪对于适当的注意方向至关重要，因为它提供了一个关于有机体过去与给定客体的经验的自动信号，从而为把注意分配或保留给某一客体的操作提供了基础。简单的有机体通过基本的表象生成能力和最小的注意来启动觉醒的行为，其结果是：第一，可以对客体进行加工；第二，情绪会随之产生；第三，在情绪的引导下，注意的进一步增强和集中可能发生，也可能不发生。在具有意识能力的有机体中，上述事件清单仍然适用，但第二步将变为如下：情绪会随之产生，并为拥有它的个体所知晓。

管理注意的结构和处理情绪的结构彼此相邻，这是一种权宜之计，但不一定使布局整齐有序。这些过程的某些组件甚至可能结构相同，尽管运作模式略有不同。此外，所有这些结构都位于那些调节和给出客体状态信号的结构附近，这也是很有意义的。这是因为一方面，拥有情绪和注意的结果完全与管理有机体内生命的基本事务有关，而另一方面，如果没有有机体自身当前状态的数据，就不可能管理生命和维持内稳态。

情绪和注意与核心意识的重叠有多合理？答案是，如果我们认为意识是我们调节内稳态和管理生命的最复杂的手段，那么这就是合理的。自然界是一个权宜的修补者，因为意识是达到内稳态的一种现代手段，所以自然界可以很方便地从先前参与基本内稳态的装置中、从和这些装置邻近的区域中进化出意识的装置，即情绪、注意和身体状态调节的装置。

网状结构和丘脑的新关系

上述结论并不以任何方式否认某些脑干结构参与觉醒和注意，它们通过丘脑板内核、单胺类非丘脑皮质投射和乙酰胆碱核的丘脑投射来调节大脑皮质的活动。问题是邻近的脑干结构，甚至是上述脑干结构中的一些结构会有其他活动——管理身体状态和表征当前的身体状态。这些活动并不是脑干已经确立的激活作用所附带的：它们可能是这种激活作用在进化中一直得以保留的原因，也可能是这种激活作用主要由那个区域承担的原因。

简言之，我对传统上分配给脑干的“上行网状激活系统”及其在丘脑的延伸角色没有异议。相反，我毫不怀疑，这些区域的活动有助于创造有选择的、综合的、统一的意识内容。我只是怀疑这样的贡献是否足以全面地解释意识。这就是为什么我关注以下一系列不同但相关的问题：是什么驱使这些区域执行它们的任务？它们劳动的目的是什么？从心理上说，这些劳动的结果在多大程度上解释了我所相信的意识？

一个违反直觉的事实

上述结论强调了一个重要的事实：即使是最简单的核心意识也需要涉及脑的每一层和每一部分区域的整体活动，但意识最主要依赖于那些在进化上更古老的区域，而不是更新的区域。这些区域位于脑的深处，而不是脑的表面。奇怪的是，我在这里提出的“二级”过程是基于与生命调节密切相关的古老的神经结构，而不是基于新皮质的现代神经成就，这些成就使精细的感知、语言和高度的理性成为可能。显而易见的“更多”的意识取决于“更少”的大脑结构，而二级神经模式最终是一个深层次的低级神经模式。意识之光被小心地隐藏起来，古老得令人敬畏。

请允许我指出，这是一个事实，而不是一个假设。不管我的假设是否正确，事实仍然是，对这些部位的损伤会损害意识，而对其他部位的损伤不会。对于这个事实，只能说它似乎违反直觉。我们理所当然地认为意识是一个重大的生物学进步，即使在我们认为非人类生物也具有意识时也如此。当然，这一进步意义重大，但它可能比通常想象的更古老。从进化的角度来说，不那么古老的是扩展意识。有了记忆，才有了扩展意识。记忆通过如下方式使扩展意识得以产生：第一，通过允许我们建立一个自传体记录；第二，通过给予我们关于其他事实的广泛记录；第三，通过赋予我们保持工作记忆的能力。毫无疑问，这些在人类中蓬勃发展的扩展意识是基于脑进化的现代方面，也就是新皮质方面。然而，归根究底，这些令人震惊的意识新特征都不会独立于核心意识的较小功能而出现。

第四部分

知晓的界限

意识不是良知。它不同于爱、荣耀和怜悯，不同于慷慨和利他主义，不同于诗歌和科学，不同于数学和技术发明。意识最终是作为一种感受——一种独特的感受而开始的。

09

对感受的感受

我在本书的开头描述了一个障碍：在有意识之前，情绪是不能被主体所知晓的。现在，在陈述了我对意识本质的观点之后，是时候解释我们如何能够知晓一种情绪了。让我们从头开始：我们知道，当一种有感受的自我感在我们的心智中产生时，我们就有了一种情绪。无论是在进化方面还是在个体发展方面，都是直到有了有感受的自我感，才有了良好的协调反应。这些反应构成了一种情绪，以及随之而来的脑表征，而这些脑表征又构成了一种感受。但是当我们感觉到一种情绪在我们的有机体中发生时，我们只知道我们感受到了一种情绪。

对“有机体中发生的事情”的感觉来自对原始自我及其在二级结构中的变化的表征。“情绪作为客体”的感觉来自在促进二级表征的结构中表征情绪诱导部位的活动模式。根据对其他客体的描述，我提出：（1）原始自我在二级水平上被表征；（2）将要改变原始自我（情绪诱导部位的神经活动模式）的客体在二级水平上被表征；（3）随之而来的原始自我的改变（由“身体环路”或“拟身体环路”机制进行）也在二级水平上被表征。

感受一种情绪是一件简单的事情。它包括由神经模式产生的心理表象，这些神经模式代表组成情绪的身体和脑的变化。但是知晓我们有那种感受，“感受”那种感受，只有在我们建立了核心意识所必需的二级表征之后才会发生。正如前面所讨论的，它们是有机体和客体之间关系（在这种情况下是一种情绪）的表征，以及该客体对有机体的因果效应的表征。

我所概述的过程与我们之前讨论的涉及外部客体的过程完全相同，但当所讨论的客体是一种情绪时，这个过程就难以想象了，因为情绪发生在有机体的内部，而不是外部。只有牢记关于情绪（第 2 章）和有机体（第 5 章）的章节中介绍的一些概念，我们才能理解以下过程：（1）有几个脑区的活动模式诱发了构成情绪的一系列活动，（2）这种活动模式可以在二级脑结构中被表征。诱发情绪的脑区包括下丘脑、脑干、基底前脑、杏仁核和腹内侧前额叶皮质的核团。二级结构包括丘脑和扣带回皮质。

沉浸在身体状态的表征中的情绪感受，只有在其他身体状态的表征被整合并产生原始自我之后才会被知晓，这听起来可能很奇怪。当然，知晓一种感受的方法是通过另一种感受，这听起来也很奇怪。然而，当我们意识到原始自我、情绪感受和对知晓感受的感受在进化的不同阶段出现，并且直到今天，这些情绪都仍出现在个体发展的不同阶段时，这种情况就变得可以理解了。原始自我先于基本感受，二者都先于构成核心意识的对知晓活动的感受。

情绪感受的基础

构成感受基础的神经模式的集合产生于以下两类生物学变化：与身体状态相关的变化和与认知状态相关的变化。与身体状态相关的变化可以通过两种机制来实现[1]。其中一种机制涉及我所说的“身体环路”，它同时使用体液信号（通过血液传递的化学信息）和神经信号（通过神经通路传递的电化学信息）。由于这两种类型的信号，身体状态被改变，并随后在脑干以上的中枢神经系统的体感结构中表征出来。身体状态表征的变化可以部分地通过另一种涉及拟身体环路的机制来实现。在这个替代机制中，身体相关变化的表征是在其他神经网络的控制下直接在感觉的身体映射中产生的，例如，在前额叶皮质中。这就好像身体真的被改变了，但实际上并没有。拟身体环路机制部分或全部地绕过了身体本身，我认为绕过身体节省了时间和精力，这在某些情况下可能是有用的。拟身体环路机制不仅对情绪和感受很重要，而且对一类被称为“内部模拟”（internal simulation）的认知过程也很重要[2]。

当情绪过程导致基底前脑、下丘脑和脑干的核团分泌某些化学物质，并将这些物质输送到其他几个脑区时，就会产生与认知状态相关的变化。当这些核团在大脑皮质、丘脑和基底神经节释放神经调质时，会引起脑功能的大量显著改变。我设想的最重要的改变包括：（1）诱导特定行为，如联结和培养、玩耍和探索；（2）正在进行的身体状态加工过程的改变，例如，身体信号可能被过滤或允许通过，选择性地被抑制或增强，并改变其愉快或不愉快的性质；（3）认知加工模式的改变（与听觉或视觉表象相关的一个例子，是表象产生速度从慢到快的变化，或表象聚焦从清晰到模糊的变化。这种变化是情绪的一个组成部分，与悲伤或兴奋完全不同）。

我怀疑这三种改变都存在于人类和许多非人类物种中。然而，第三种改变，即认知加工模式的改变，可能只会使人类具有意识，因为它需要对神经事件进行特别高水平的表征，即只有前额叶皮质才可能支持的脑加工过程各个方面的元表征。

简言之，情绪状态是由身体化学成分的无数变化、内脏状态的变化，以及面部、喉咙、躯干和四肢不同横纹肌收缩程度的变化所决定的。但它们也由神经结构集合的变化所决定，这些变化导致了前述的那些改变，同时也导致了脑内部若干神经回路状态的其他重大变化。

若将情绪简单定义为主要引起有机体状态的短暂变化，那它与情绪感受的以下简单定义相对应：它代表了生物状态的瞬时变化在神经模式和随后的表象方面的表征。片刻之后，当这些表象伴随知晓活动中的自我感出现时，当它们增强时，它们就会变成意识。从真正意义上说，它们是对感受的感受。

情绪反应没有什么含糊、难以捉摸或者不明确的东西，而可以成为情绪感受的表征也没有什么含糊、难以捉摸或者不明确的东西。情绪感受的基础是一套非常具体的神经模式，这些模式存在于特定结构的映射中。

从情绪到意识感受

总之，事件的整个过程，从情绪到感受，再到对感受的感受，可以分为 5 个步骤，前 3 个步骤在关于情绪的章节中已经概述过了。

1. 情绪的诱导物对有机体的参与，例如，一个特定的客体经过视觉加工，产生了该客体的视觉表征。该客体可以是被意识到的，也可以是未被意识到的，可能被识别，也可能不被识别，因为对客体的意识和识别，都不是这个周期的延续所必需的。
2. 客体表象加工后产生的信号会激活一些神经部位，这些神经部位被预设为会对客体所属的特定类别的诱导物（情绪诱导部位）做出反应。
3. 情绪诱导部位触发一系列对身体和其他脑区的反应，并释放出构成情绪的身体和脑的全部反应。
4. 皮质下和皮质区域的一级神经映射表征身体状态的变化，无论它们是通过“身体环路”“拟身体环路”还是联合机制实现的。感受出现了。
5. 情绪诱导部位的神经活动模式被映射在二级神经结构中。原始自我因为这些事件而改变。原始自我的变化也被映射到二级神经结构中。对上述事件的叙述，描述了“情绪客体”（情绪诱导部位的活动）与原始自我之间的关系，因此被组织在二级结构中。

这种关于情绪、感受和知晓活动的观点是非正统的。首先，我想说的是，在各自的情绪出现之前，并不存在核心的感受状态，即表达（情绪）先于感受。

其次，我认为“拥有一种感受”并不等同于“知晓一种感受”，对感受的反思是另一种进步。总的来说，这种奇怪的情况让我想起了 E. M. 福斯特（E. M. Forster）的话：“在我说出来之前，我怎么知道我在想什么？”

关于情绪、感受、意识这三种现象，不可避免而又显著的事实是它们与身体的联系。我们起于一个由身体和脑组成的有机体，这个有机体能够对特定刺激做出特定形式的脑反应，并且能够表征因对刺激做出反应和参与预设反应所引起的内部状态。随着身体的表征在复杂性和协调性方面的发展，它们逐渐构成了有机体的一个完整的表征，一个原始的自我。一旦这种情况发生，就有可能产生原始自我的表征，因为它受到与给定环境的相互作用的影响。只有在那时，一个对环境做出美妙反应的有机体才开始发现自己对环境做出了美妙反应。但是所有情绪、感受和意识过程的执行都依赖于有机体的表征。它们共有的实体就是身体。

感受是为了什么

也许有人认为，没有感受的情绪是调节生活和促进生存的充分机制。也许有人认为，发出传递这种调节机制的结果的信号对于生存几乎没有必要。但事实并非如此。在生存过程中，拥有感受具有非凡的价值。

情绪本身是有用的，但是感受的过程提醒有机体有问题存在，而情绪已经着手解决这个问题了。这个简单的感受过程激励有机体去注意情绪化的结果（痛苦始于感受，并会因为知晓活动而得到加强，快乐也是

“

在生存过程中，

拥有感受具有非凡的价值。

”

如此）。感受的可用性也是下一步发展，即知晓我们有感受的感受的垫脚石。反过来，知晓活动是计划具体和非定型反应过程的垫脚石，这些反应既可以补充情绪，也可以保证情绪带来的即时收益能够随着时间的推移而维持，或者两者兼而有之。换句话说，对感受的感受通过促进对新奇的、定制的适应性反应形式的计划来扩展情绪的范围。

现在考虑一下以下问题：要知晓一种感受就需要一个知晓的主体。在为进化中意识的持久性寻找一个好的理由时，人们可能会说，意识之所以持久，是因为被赋予如此天赋的有机体能够“感受”它们的感受。我的意思是，允许意识存在的机制可能已经占了上风，因为它对有机体知晓自己的情绪是有用的。随着意识作为一种生物特征而盛行，它不仅适用于情绪，而且适用于促使有机体付诸行动的许多刺激。最终，意识适用于所有可能的感觉事件。

关于背景感受的说明

在 20 世纪，人们对情绪的神经科学关注甚少，他们将注意力集中在了达尔文所研究的情绪的核心类型上。恐惧、愤怒、悲伤、厌恶、惊讶和快乐，在面部表情和可识别性方面已经被发现是人类的普遍情绪，正如艾克曼和其他人的研究所显示的那样。因此，最常被考虑的感受是那些构成对这些主要情绪的有意识读取的感受。如果这不会分散我们的注意，使我们不去注意我们不断地有情绪感受的事实，那么这一切都是好的，尽管这些感受不一定是来自 6 种普遍情绪的 6 种“普遍感受”的一部分。大多数时候，我们没有体验到这 6 种情绪中的任何一种，这当然是一种幸福，因为其中有 4 种情绪是不愉快的。我们也没有体验到任何所谓的次级情绪或社会情绪，这也是一件好事，因为它们也没有多令人愉快。

但是我们确实体验过其他种类的情绪，有时是低强度的，有时是相当强烈的，我们确实感觉到我们存在的一般的生理基调。我把这种背景扰动的表现称为“背景感受”，这是我在《笛卡尔的错误》中第一次使用的术语，因为这些感受并不在我们心智的显著位置上。有时我们会敏锐地意识到这些问题，并且能够特别关注这些问题。有时我们则去关注其他的心理内容。然而，无论如何，背景感受有助于定义我们的心理状态，并为我们的生活增添色彩。背景感受产生于背景情绪，这些情绪虽然更多的是内在的而不是外在的，但也是可以通过无数种方式被其他人观察到的，如身体姿势、动作的速度及安排，甚至是我们交流可能与背景情绪无关的思想时说话的语调和韵律。基于这个原因，我相信拓宽我们对感受来源的观念是很重要的。

突出的背景感受包括：疲劳、精力充沛、兴奋、健康、疾病、紧张、放松、情绪高涨、拖沓、稳定、不稳定、平衡、不平衡、和谐、不和谐。背景感受与驱力和动机之间的关系是紧密的：驱力直接在背景情绪中表达自己，我们最终通过背景感受意识到它们的存在。背景感受和心境之间的关系也很密切。心境是由微弱和持久的背景感受以及微弱和持久的基本情绪（在抑郁的情况中即为悲伤）组成的。背景感受和意识之间的关系也同样紧密：背景感受和核心意识是如此紧密地联系在一起，以至于它们不容易分开。

背景感受是体内状态瞬时参数的忠实指标，这种说法可能是正确的。该指标的核心成分是：（1）血管和各种器官的平滑肌组织以及心脏和胸部横纹肌运作的时间和空间特点；（2）靠近所有这些肌肉纤维的环境的化学特征；（3）是否存在表明对活组织的完整性或最佳内稳态条件构成威胁的化学特征[3]。

因此，即使是像背景感受这样简单的现象，也依赖于许多水平的表征。例如，一些与内环境和内脏有关的背景感受，必须依赖于早在脊髓各段的胶状质和中间带以及三叉神经核尾侧发生的信号。其他背景感受与心脏功能中横纹肌的周期性运作以及平滑肌的收缩和扩张模式有关，这些模式需要在特定的脑干神经核（如孤束核和臂旁核）中进行表征。

我的背景感受概念类似于发展心理学家丹尼尔·斯特恩（Daniel Stern）提出的“活力情感”（vitality affect），他在研究婴儿时使用了这个概念。这个概念最早是由成就非凡但默默无闻的美国哲学家苏珊·朗格提出的，她是怀特海的学生[4]。

感受必定与身体有关

无论情绪是由何种机制引起的，身体是情绪的主要舞台，无论是直接的还是通过在脑的体感结构中的表征。但是你可能已经听说过这个观点是不正确的，这个观点本质上是由威廉·詹姆斯提出的。简言之，詹姆斯提出，在一种情绪过程中，脑会引起身体的变化，而情绪的感受是感知身体变化的结果。时间已经将这个观点抛诸脑后。首先，我的观点比詹姆斯提出的观点含义更多。其次，对詹姆斯的攻击占据了 20 世纪的大部分时间，至今仍在继续，但这种攻击是无效的，尽管他对情绪的观点既不完美也不完整。

我概述的激发情绪和产生感受基础的机制与詹姆斯关于这个主题的原始表述是一致的，但包含了詹姆斯文本中所没有的许多特征。我添加的这些特征都没有削弱或违背感受在很大程度上是身体状态变化的反映这一基本观点，而这正是詹姆斯对这一主题的开创性贡献。我提出的新特征为它们增加了一个新的维度。即使在最典型的事件过程中，情绪反应也是针对身体本身和脑的。

脑在神经加工过程中产生了重大变化，这些变化构成了感受的重要部分。身体不再是情绪的唯一舞台，因此身体也正如詹姆斯所希望的那样不再是感受的唯一来源。此外，身体来源可能是虚拟的，可以说，它可能是身体的表征，而不是身体的本来面目。我必须补充一点，我并没有提出额外的情绪特征或机制来规避对詹姆斯观点的批评，尽管我的一些建议确实做到了这一点。

在了解攻击者的攻击目标之前，我就提出了自己的观点。

有人可能会说，没有必要回应对詹姆斯的批评，因为他的开创性想法是那么可信，但这么说是错的。原因如下：第一，可以理解的是，詹姆斯提供的解释是不完整的，它必须扩展到现代科学术语中。第二，部分完整的解释在细节上是不正确的。例如，詹姆斯对作为感觉表象来源的骨骼肌不屑一顾，而且对内环境只字不提。目前的证据表明，大多数感受可能依赖于所有的来源，即骨骼和内脏的变化，以及内环境的变化。第三，这些误解一方面是批判的对象，另一方面仍然被引用，阻碍了对情绪和感受的全面理解。

脊髓横断后的情绪和感受

认为来自身体的输入与感受无关的观点，往往是基于以下错误的观念：由损伤引起的脊髓横断的患者不应该有情绪或感受。批评者说，问题在于他们似乎能够表达情绪和感受。然而，只有一部分与感受相关的身体输入在脊髓中进行。第一，相当一部分相关信息实际上是在迷走神经等神经中传输的，而迷走神经在脑干水平进出脑，远高于可能因事故而受损的脊髓的最高水平。同样，只有一部分情绪的产生依赖于脊髓。很大一部分情绪产生过程是通过脑干水平的颅神经（它可以作用于面部和内脏）和其他脑干核团（它们可以直接作用于高于它们水平的脑）来完成的。

第二，身体输入的一个重要部分实际上并不是通过神经，而是通过血液，然后到达脑干水平的中枢神经系统，如通过最后区或更高的区域来完成的。

第三，所有对脊髓损伤患者的调查，包括那些似乎偏向于发现感受受损的调查，以及那些偏向于发现感受完好的调查，都显示了某种程度的感受受损。考虑到脊髓是相关身体输入的部分通道，这一点应该在人们的意料之中。[5]

此外，在这些研究中出现了一个无可争议的事实：脊髓损伤的位置越高，感受受损的程度就越大。这一点很重要，因为脊髓的截面越高，身体输入到脑的信息就越少。较高的截面与较少的感受相关，较低的截面与较多的感受相关。

事实上，如果不是脊髓损伤阻碍了某些身体输入，这一发现将很难解释。尽管有一种不太可信的说法，即较高的脊髓损伤会导致更大的运动缺陷，随之而来的是更大的心理缺陷，从而导致更少的感受。

第四，脊髓横断几乎不可能彻底，因此有残余的通道可以进入中枢神经系统。

第五，一些批评者似乎认为身体是脖子以下的有机体的全部，头部却被遗忘了。事实证明，面部、颅骨，以及口腔、舌头、咽喉的组合构成了呼吸道和消化道的上部以及大部分的发声系统，为脑提供了大量的输入信息。这种输入在脑干水平上穿透脑，这一水平同样比任何脊髓损伤的水平都要高。由于大多数情绪表现在面部和喉部肌肉组织的变化，以及面部和头皮的自主性变化中，因此脑部相关变化的表征不需要脊髓来做任何事情，它仍然可以作为感受的基础，即使在脊髓最完全横断的患者身上也是如此。

总而言之，在正常情况下，我们使用脊髓来表达一部分情绪，并将这些情绪的一部分表达信号传回脑。因此，即使是最完整的脊髓横断也无法破坏情绪和感受所需的双向信号流。在脊髓损伤中发现的任何缺陷都支持以下观点：身体输入与情绪和感受的体验相关。这样的缺陷很难用来论证相反的观点。但任何人都不能指望克里斯托弗·里夫在事故发生后不会有情绪和感受，他两者都有的事实并不能提供证据以反对身体在情绪和感受中的至高无上的作用。

来自迷走神经和脊髓切断手术的证据

自从坎农把 C. S. 谢灵顿（C. S. Sherrington）在狗身上的实验和他自己在猫身上的实验作为 1927 年攻击詹姆斯的核心内容之后，来自迷走神经切断手术或迷走神经和脊髓切断手术的证据也被曲解了。[6] 为什么一只被切断了迷走神经和脊髓的狗或猫，会像坎农预测的那样，完全丧失情绪表达？不应该这样。切断迷走神经和脊髓并不会阻碍改变动物面部反应的通路，因此实验动物仍会表现出愤怒、恐惧，或与检查人员和平合作。这些反应来自脑干，由在谢灵顿或坎农实验中没有受到影响脑神经调节。这些面部表情在切断迷走神经和脊髓之后仍然完好无损，这是应该的。当看到猫咪时，狗狗会很生气，反之亦然，即使它们不能移动它们的身体，因为它们颈部以下已经瘫痪。顺便说一句，如果这些动物在适当的脑区受到电刺激，它们可能会表现出"假愤怒"的现象，"一种无动机的愤怒表达"。

但是实验动物的感受呢？它们当然不能就此被测试，但是根据我提出的观点，这些感受可能部分地被改变了。实验动物会从它们的面部表情接收信号，并且会接收到来自脑干核团的完整信号，这两者都是感受的基础，但是它们不会接收到来自内脏输入的迷走神经和脊髓的信号。在这一点上，坎农把谨慎抛到一边，想知道当有这么多情绪展示的时候，是否还会有感受。他把情绪的存在看作是感受存在的可靠标志。这个错误完全是由于没有在情绪和感受之间做出有原则的区分，没有认识到从诱导物到自动化的情绪，再到情绪变化的表征，最后到感受的连续的、无指向性的过程链。

来自闭锁综合征的教训

关于身体输入在感受产生过程中的重要性，最有趣的（尽管是间接的）证据之一来自闭锁综合征。正如在第 8 章中所讨论的，当脑干的一部分，如脑桥或中脑，在其前方的腹侧而不是后方的背侧受到损伤时，就会发生闭锁综合征。传递信号到骨骼肌的运动通路被破坏，只有一条眼睛垂直运动的通路被保留下来，有时甚至不能完全保留。导致闭锁综合征的脑损伤直接位于引起昏迷或持续性植物状态的病变区域的前面，但闭锁综合征患者仍有完整的意识。他们不能移动脸部、四肢或躯干的任何肌肉，他们的交流能力通常仅限于眼睛的垂直运动，有时只有一只眼睛能运动。但是他们保持清醒、警觉，并且能意识到他们的精神活动。自主的眨眼运动是他们与外界沟通的唯一方式。使用眨眼来表示字母表中的一个字母是一种费力的方法，闭锁综合征患者可以通过慢慢地对细心的记录者眨眼的方式，来撰写单词、句子，甚至是书籍。

这种悲惨状况的一个显著方面，也是迄今为止一直被忽视的一个方面是，尽管患者完全有意识地从人类自由的状态跌落到几乎完全机械化的监禁状态，但他们并没有像观察者根据他们的情况所预期的那样，体验到他们可怕的处境所带来的痛苦和混乱。他们有相当多的感受，从悲伤到快乐。然而，从现在以书籍形式出版的记录来看，患者甚至可能体验到一种奇怪的平静，这是他们从未有过的感受。他们完全意识到自己处境的悲剧，他们可以报告一种理智上的悲伤或者沮丧，因为他们实质上被监禁起来了。但是他们并没有报告人们想象中的在他们可怕的环境中可能出现的恐惧。他们似乎没有任何像许多完全健康和活动自如的人在磁共振扫描仪甚至拥挤的电梯里所经历的那种严重恐惧。[7]

我对这一惊人发现的解释如下：除了眨眼和垂直眼球运动，闭锁综合征造成的损害使患者身体的任何部位都无法做出任何运动，无论是随愿的还是由身体任何部位的情绪反应所引起的，也使患者无法对故意的意图或情绪，以面部表情和身体姿势做出反应。只有部分例外，那就是患者尽管没有伴随哭泣的运动，但仍会产生眼泪。在这种情况下，任何通常会诱发情绪的心理过程都不能通过我们讨论过的身体环路机制来实现。脑被剥夺了作为展现情绪的舞台的身体。尽管如此，脑仍然可以激活基底前脑、下丘脑和脑干中的情绪诱导部位，并产生一些依赖于情绪的脑内部变化。此外，由于从身体到脑的大多数信号系统都是自由和无阻碍的，脑可以从符合背景情绪的有机体特征中获得直接的神经和化学信号。这些特征与内环境的某些方面的基本调节有关，而由于脑干损伤，这些特征与患者的心理状态基本不耦合（只有血流的化学路径保持双向开放）。我怀疑一些内环境状态被患者感知为平静的、和谐的。支持这一观点的证据来自以下事实：当这些患者出现理应产生疼痛或不适的情况时，他们仍然可以记录下这种情况的存在。例如，当他们长时间不被别人移动时，他们会感到僵硬和局促。奇怪的是，通常伴随疼痛而来的痛苦似乎被钝化了，也许是因为痛苦是由情绪引起的，而情绪不能再于身体剧场中上演——它被限制在拟身体的机制中了。

另一个支持这种解释的证据来自注射箭毒并经历了手术的患者，箭毒是一种通过作用于乙酰胆碱的烟碱型受体来阻断骨骼肌活动的物质。如果箭毒在适当的麻醉诱导使患者丧失意识之前起作用，患者就会意识到他们的麻痹状态。就像患有闭锁综合征的患者一样，注射了箭毒的患者能够听到周围人的谈话。根据事件发生后得到的报告，这些患者不如闭锁综合征患者镇静，而且更接近人们想象的情况。有一个线索也许可以解释这种差异。箭毒阻断乙酰胆碱的烟碱型受体，乙酰胆碱是神经冲动收缩肌肉纤维所必需的递质。由于我们整个脸部、四肢和躯干的骨骼肌属于横纹肌，并且有这种烟碱型受体，箭毒阻断了所有这些神经肌肉接头位置的神经化学刺激，导致患者瘫痪。然而，引导平滑肌在情绪的自主控制下做出反应的神经冲动，使用的是不被箭毒阻断的毒蕈碱受体。在这种情况下，依赖于纯自主神经信号的一部分情绪反应，有可能在身体剧场中发挥作用，并在神经结构中得到表征。

总的来说，这个证据表明，情绪和感受的身体环路机制比我提出的作为替代和补充的拟身体环路机制更重要。

借助身体从情绪中学习

最近的一系列有关学习的实验也为身体在情绪中的作用提供了证据。研究人员在老鼠和人类身上都已经证明，在学习过程中，一定程度的情绪会加强对新事实的回忆。詹姆斯·麦高（James McGaugh）及其同事领导了这些研究，其结果现在已经得到了很好的证实。[8] 例如，如果你听到两个长度、事实数量相当的故事，但不同之处在于其中一个故事的内容充满了情绪，那么相比于另一个故事，你会记住这个故事的更多细节。你可能会很高兴地知道，当老鼠被放置在相同的环境中时，它们和我们表现相同。在标准的学习情境中，当一定数量的情绪在适当的时间发生时，它们也会取得更好的成功。而在老鼠的迷走神经被切断之后，情绪不再对它们的表现有帮助。为什么会这样？因为没有迷走神经，老鼠的脑也失去了大量的内脏输入。手术后缺失的特定内脏输入对于帮助学习的情绪一定是至关重要的。

10

使用意识

无意识及其局限

在那些思考意识问题的人之中，越来越多的人赞同意识是有价值的，而正因为有了这种价值，意识才在进化中占据优势。然而，当涉及意识所做出的确切贡献时，人们的看法就不那么一致了。

在本书的开篇，我提醒读者关注情绪的无意识性，并展示了情绪和感受是多么有效，即使有机体并未知晓到它们的存在。那么，我们有理由提出疑问，对这些正在发生的情绪和感受的知晓，能使有机体从中获得哪些可能的好处呢？

为什么意识是有益的？如果我们没有知晓到我们是拥有感受的，我们会不会也同样成功呢？

在前面的章节，我已经开始设法解决这些问题，但想要得到一个更详细的答案就需要考虑无意识过程的优势和局限。毋庸置疑，当前在我们心智中出现的想法和我们表现出来的行为都是大量我们没有意识到的加工过程的结果。人们早就认识到未知因素对人类心智的影响。在古代，未知的因素被称为“神”和“命运”。在 20 世纪的早期，未知因素接近我们的存在，并隐藏在心智的潜意识之中。在通常采用的弗洛伊德理论的版本中，个体早期的某些特定经历将塑造无意识的运作。在采用荣格理论的版本中，潜意识的塑造在进化的早期就已经开始了。我们不需要通过认可弗洛伊德或荣格提出的机制，来承认人类行为中无意识过程的存在和力量。

在整个20世纪里，通过与弗洛伊德和荣格最初的提议无关的研究，对无意识加工过程的证据一直在积累。

社会心理学领域已经产生了大量的证据，证明人类心理和行为中的无意识影响。有说服力的实证数不胜数，但约翰·凯尔斯托姆（John Kihlstrom）和阿瑟·雷伯（Arthur Reber）的全面评论提供了一个很好的切入点来了解这些令人着迷的事实。[1]

认知心理学和语言学也提供了有力的证据[2]。

例如，在3岁的时候，儿童就能很好地运用语言的结构规则，但是他们并没有意识到这些“知识”，他们的父母也没有意识到。一个很好的例子来自3岁儿童完美地组织下列复数形式的行为：

dog（狗）+复数形式=dogz（狗的复数）

cat（猫）+复数形式=cats（猫的复数）

bee（蜜蜂）+复数形式=beez（蜜蜂的复数）

儿童在正确的单词后面加上浊音的z或清音的s，但是这个选择并不取决于对这些知识的有意识搜索。在20世纪中叶，诺姆·乔姆斯基（Noam Chomsky）为我们指出了语法结构的知识，但在大多数情况下，这种知识完全正确和有效的用法并没有有意识地出现[3]。

来自神经心理学领域的例子同样数不胜数，且同样具有说服力。例如，通过条件作用获得的知识处于有意识的搜索之外，只能间接地表达出来；不能有意识地识别面孔的患者可以无意识地觉察到熟悉的面孔；因特定脑损伤而失明的盲视患者能够相对准确地指出光源，然而他们无法有意识地看到光源。[4] 在没有意识到运动中表达的知识的情况下对感觉运动技能的检索，提供了一个很好的例证。

感觉运动技能是指当你学会游泳、骑自行车、跳舞或演奏乐器时所获得的那种技能。这种技能的学习需要多次练习，在这个过程中，任务的执行逐步完善。你不会一节课就学会拉小提琴，即使你碰巧是新一代的海菲兹（20 世纪杰出的美籍立陶宛小提琴家）。你需要多次尝试才能掌握感觉运动技能。相反，你却能一次就记得我的面孔和名字。

在实验室中我们可以安排一些任务来可靠地测量技能学习，比如镜画追踪或旋转追踪任务。在旋转追踪任务中，你需要用触针针尖触碰标记在圆盘边缘的小圆点，而圆盘则保持快速旋转。你需要时间和若干次试验才能掌握这个操作，其中包括保持与圆盘的圆周运动相一致的精确速度。任务要求手臂的运动速度与圆盘的旋转速度之间有很好的协调性。计算机通过感应触针与小圆点实际接触的时间来自动测量你的操作表现。

健康的个体经过几组练习就能掌握这项任务。当我们将练习中操作表现的测量值绘制成图时，我们意识到有一条学习曲线。下一个练习中的错误总是比上一个练习中的少，完成任务所需的时间也会缩短。因此，正常的被试会同时学习许多东西。他们会学习实验的地点和正在实施实验的主试，学习关于做实验用的仪器的信息，学习关于任务的指导语的信息，学习关于如何越来越好地完成任务的信息。常言道熟能生巧，练习能够使你达到在卡内基音乐厅演奏的水平。

现在，让我们重复这个实验，但是改变实验的被试，选择患有严重失忆症的患者，比如戴维（他不能记住任何新的面孔、地点、单词或情境）。你可能认为这些患者无法学会这项任务，但事实并非如此。他们学得很好，在实际的操作中和正常的被试没有任何区别。然而，戴维与正常被试之间有一个主要的区别。这个区别与操作的内容有关，而不是与操作本身有关。失忆症患者不会学习关于实验地点、主试、仪器和指导语的任何信息。他们学到的仅仅是执行任务。每次面对实验仪器时，他们都需要被一步一步告知任务的所有信息。他们执行任务，并且每次都操作得越来越好，错误越来越少，速度越来越快，这清晰地表明技能的运用并不取决于对描述任务的事实的有意识搜索。戴维不记得他在第一次练习中遇到困难时是怎么想的，也不记得他是如何改正操作和磨炼技能的，他只是在熟练地操作。作为一个有意识的人，对他来说，这种情境好像是第一次遇到。指导语和技能的知识处于有意识的搜索之外，然而他的脑已经准备好操作这种技能。

同样值得注意的是，我们也能够在这些患者身上验证以下一点：这种技能知识在获得后能够保持很长一段时间。例如，戴维在技能习得两年后仍然可以表现得和正常对照组一样好。这表明知识得到了巩固。

你可能会说，尽管诸如此类的无意识技能的执行很有趣，但它对患者毫无价值，对正常人也无关紧要。毕竟，我们往往知道我们会在什么情况下学习技能以及与此相关的事件。但感觉运动技能可以在很少或是没有意识搜索的情况下操作，这对我们日常生活中许多次要和不那么次要的任务的执行有很大的好处。不依赖于有意识搜索，使我们的大部分行为自动化，注意和时间（我们生活中稀缺的两种东西）得以解放，从而去计划和执行其他任务，为新问题创造解决方案。

自动化在专业操作方面也颇具价值。优秀的音乐家或运动员的部分技术可以保持在意识水平之下，使其能够把精力集中在更高水平的技术指导和控制上，从而根据为特定任务规划的特定目的去进行操作。

对于面孔失认症患者（如埃米莉，我在第 5 章中谈到的患者），在随机呈现的刺激中，那些她从未见过的面孔和亲朋好友的面孔是一样的。我们用测谎仪同时记录下她的皮肤电反应后，一个戏剧性的区别产生了。对她的有意识心智而言，这些面孔都同样无法辨认。朋友、亲人和陌生人导致了同样的心智空白，心智中没有任何东西能让人想起他们的身份。然而，几乎每个亲人或朋友的面孔的表象都会引起明显的皮肤电反应，而陌生人的面孔则不会。患者没有觉察到这些反应。此外，当近亲面孔出现时，皮肤电反应的幅度更大。

对此的解释是明确的。尽管患者的脑不能以表象的形式想起知识，从而通过有意识的搜索进行识别，但它仍然能够产生一种发生在意识搜索之外、泄露了过去对该特定刺激的知识的特定反应。

这个发现表明了无意识过程的力量，也说明了在意识之下可能存在特异性。关于高水平无意识加工的最具决定性的例证，也许来自我实验室里与安东尼·比查拉和汉娜·达马西奥合作进行的研究。这项研究包含一个决策任务，并揭示了在相关知识和逻辑发挥其全部作用之前，一些最终可以通过使用这些知识和逻辑达成的决策是由无意识的影响促成的。它还揭示了情绪对驱动无意识信号的重要作用。这个任务包含一个纸牌游戏，在这个游戏中，有几副纸牌是好的，有几副纸牌是坏的，但玩家不知道。关于"哪几副牌是好的，哪几副牌是坏的"的知识是通过玩家从不同的牌堆中抽取纸牌而逐渐获得的。知识来源于以下事实：从特定的牌堆中选择特定的纸牌会获得经济上的奖励或惩罚。我们最初用这个任务来研究额叶受损的患者的决策过程，最近也用它来研究脑损伤患者和没有神经疾病的健康个体的情绪和意识。

当正常玩家开始持续地选择好的纸牌、避开坏的纸牌时，他们对所面临的情境并没有有意识的描述，也没有有意识地制定应对该情境的策略。然而，在从坏的牌堆中抽取纸牌之前，这些玩家的脑已经产生了系统的皮肤电反应。在从好的牌堆中抽取纸牌之前，没有类似的反应。这些反应表明了一种无意识的偏差，显然与牌堆的相对好坏有关。在没有意识的情况下，脑是如何无意识地“知晓”哪几副牌是好的，哪几副牌是坏的，这个问题十分重要。

就狭义的知晓活动而言，脑的确知晓到下列隐含的联系：奖赏性的事物产生愉快的状态，惩罚性的事物产生不愉快的状态，因此，作为惩罚来源的特定客体会被避免。在这种安排下，个体不需要意识到过去经验的事实。这些事实的确需要通过适当的神经模式与当前情境联系起来，从而使其预设的影响可以作为一种隐性偏差发挥作用[5]。然而，有意识的个体可以超越上述过程的状态。从广义上讲，人类不仅会意识到这些偏差，即知晓这些偏差，而且可以通过有意识的推理得出适当的结论，并利用这些结论来避免做出不愉快的决定。

我们从腹内侧前额叶皮质或杏仁核受损的缺失隐性偏差系统的患者身上了解到，他们的决策系统已经严重受损。这表明无意识系统与有意识推理系统是紧密相连的，前者的受损会导致后者的受损。但在没有神经疾病、无意识和有意识系统都存在且正常的人身上很明显，有意识系统拓展了无意识系统的范围和作用。意识允许玩家发现该策略是否正确，如果不正确，则可以修正。此外，意识让玩家能够表征游戏情境，并决定自己是否应该停止游戏，或者思考当前情境对玩家或裁判的可能价值。

意识的价值

考虑到在没有意识的情况下，我们仍然可以实现对生命的充分调节，并且在没有可知晓的自我的影响下，技能仍然可以自动化，偏好仍然可以产生，那么，意识的真正价值是什么？

最简单的答案是：意识有利于扩展心智的范围，并以此改善具有更广泛心智的有机体的生活。

意识之所以有价值，是因为它为实现内稳态引入了一种新方式。我指的不是一种比在脑干和下丘脑中早已存在的完全无意识机制更有效的平衡内环境的方式。相反，我指的是一种解决各类问题的新方式，尽管如此，这些问题还是与之前的内稳态调节方式所解决的问题有关。换言之，脑干和下丘脑中的装置能够无意识、高效地协调心、肺、肾、内分泌系统和免疫系统的工作，从而使生命参数维持在适当的范围内；而意识装置处理的问题是单个有机体如何应对其基础设计中没有预测到的环境挑战，以满足生存的基本条件。

一个与该结论一致的事实是，环境的需求和有机体能通过自动化、模式化的装置来满足这些需求的程度之间的不匹配。无意识的有机体具备调节内稳态的能力，也具备在进化已使其适应的环境中呼吸空气、找到水源、转化生存所需的能量的能力。比起那些没有意识的有机体，有意识的有机体具备一些优势。它们可以在自动调节的世界（与原始自我交织在一起的基本的内稳态世界）和想象的世界（在这个世界中，不同模式的表象可以结合起来，产生对尚未发生的处境的新表象）之间建立联系。想象创造的世界，即计划的世界，构想情节、预测结果的世界，与原始自我的世界相连。自我感一方面与先见相联系，另一方面与预先存在的自动化相联系。

意识并不是对环境产生充分反应，从而达到内稳态的唯一方式。意识只是实现这一目的的最新、最复杂的方式，它是通过在有机体依据自动反应尚未适应的环境中为创造新的反应铺路来实现其功能的。

我认为就当前的设计而言，意识对表象世界的限制首先是关于个体的、关于个体有机体的、关于广义上的自我的。意识的有效性源自它与无意识原始自我之间毫不隐讳的联系，这种联系保证了有机体能够通过产生关注而对个体生活中的问题给予恰当的注意。也许，意识作用背后的秘密就是自我。简言之，意识的力量源自它在个体生命调节的生物机制与思维的生物机制之间建立起的有效联系。这种联系是个体关注产生的基础，这种关注渗透到思维过程的各个方面，集中了所有问题解决活动，并激发随后的解决方案。意识之所以有价值，是因为它把知识集中在个体有机体的生命上。

意识价值的证据源自对最轻微的意识损伤的后果的考虑。当自我的心理方面被中止时，意识的优势骤然消失。复杂环境中的个体生命调节不复存在。从完全个人和社会的意义上讲，个人仍然有能力进行基本的、即时的身体维护。但是他们与所依赖的环境之间的联系被破坏了，从而无法保持这种身体维护。事实上如果任其自行处置，死亡将因身体维护能力的崩溃而降临。这和其他一些类似的例子都表明，一种包含了本书中概念化的自我感的意识状态对于生存是必不可少的。

想象层面的“知晓活动中的自我”对有机体是有益的，因其将整个行为和认知机制如斯宾诺莎所希望的那样导向自我保护，并最终如我们所希望的那样导向与他人合作。

我们会体验到他人的意识吗

我因为对意识有着更深入的理解，常常被问到我们最终能否获得彼此的心理体验。对于这个问题，我的答案一直是不会，并且我的想法也从未改变。乍一看，这也许令人惊讶，因为我们得到如此之多关于神经生物学的新事实。然而，在我看来，对任何心理表象而言，再多关于心理表象背后的生物学知识，也不可能在知识拥有者的心智中，产生与作为心理表象创造者的有机体心智中的体验完全相同的体验。

想象一下，在不久的将来，当我看着旧金山湾时，有一种令人惊叹的新扫描设备可以让你以前所未有的深度扫描我的脑。你、我、神奇的扫描设备，还有旧金山湾，都在这里。这种扫描设备将不仅聚焦于当前已达到的水平，也就是所谓的大规模系统，还能聚焦于更深入的水平。想象一下，你在我形成视觉表象之前就可以在不同的时间点分别扫描我的视网膜、外侧膝状核，以及所有的早期视觉皮质。这种扫描设备可以把你带到大脑皮质及皮质下核的不同细胞层，而且空间分辨率是如此之高，以至于你可以清晰地看到神经元放电的模式，而它们与你我都能在有机体之外看到的东西相对应。

最后，想象一下，为了让这个科幻场景超出目前的范围，但绝不超出可信的范围，这种神奇的扫描设备会向你描述它在我有机体内的各种神经元集合中检测到的神经激活模式的物理现象和化学反应。

有了这种高性能扫描设备所获得的数据，并假设你有同样高性能的计算机，能以某种有意义的方式分析这些丰富的数据，你就很可能会获得一组与我脑海中的表象内容相关的信息。然而，我要告诉你的是，你绝不可能获得我对该表象的体验。这是在任何关于意识与心智的神经科学的讨论中都需澄清的关键问题。你和我对相同的风景都会产生一种体验，但我们是基于自身的视角产生这种体验的。我们每个人都有一种独立的个人拥有感和主体感。你所见到的我脑中的活动模式是我对旧金山湾的体验的生物学基础，你对所有这些神经数据都有着你自己的体验，而非我对旧金山湾的体验。你对某些事物的体验与我的体验高度相关，但它其实是一种不同的体验。当你观察我的脑活动时，你所见的并非我所见的。你所见的是我脑活动的一部分，而我所见的就是我所见的。

我自身对风景的体验来得容易、轻巧、直接，不需要技术的介入。我不需要知道我不同脑区的神经元和分子的特定行为就能拥有对旧金山湾的体验。事实上，即使我在心智中回忆所有与形成风景的心理视觉表象相关的神经生理学知识，当前表象的形成或是我对它们的体验也不会有丝毫不同。了解一些脑是如何工作的相关知识是很好的，但这对任何体验都不是必需的。了解更多关于脑的知识会更好，但这并非因为其对体验世界有所帮助。

有一点应该是清楚的：我们将会对心理表象加工的生物学知识有越

来越多的了解，这会使我们更好地理解心智与意识背后的机制。这完全符合一个事实，即对任何表象的体验都不需要具备这种知识。

现在另一个问题出现了。表象加工的生物学知识与这些表象的体验无关，这个事实往往被理解为，根本不可能发现这些表象背后的生物学知识。当然，前者与后者毫无关系。我们已经看到，关于表象的形成及其体验背后的生物学机制的知识是一码事，对这些表象的体验是另一码事。像我们所了解的那样，拥有再多关于表象形成的神经生理学的知识、再多关于心理表象体验的知识，知识的所有者都不会产生关于这些表象的体验，然而更多的知识为我们如何有这样的表象体验提供了一个更令人满意的解释。

哲学家弗兰克·杰克逊（Frank Jackson）讲过一个在哲学界赫赫有名的关于该问题的故事，经常在关于该问题的论述中被引用。[6]这个故事讲的是一位名叫玛丽的神经学家，她在一个只有黑白的封闭环境中长大，从未有过色彩体验，尽管她恰好了解有关色彩的神经生理学方面的所有知识。有一天，玛丽离开了她那没有色彩的茧（只有黑白的环境），来到了真实的世界，第一次体验到了色彩，这对她来说是一件全新的、令人惊讶的事情。这个故事的第一个传统的观点是，玛丽在色彩的神经生理学方面的卓越知识从来没有给过她关于色彩的体验。这个故事到现在仍然正确。毫不奇怪，根据以上的解释，事实确实如此。然而，这个故事的第二个主要的观点是我所不认同的，即虽然玛丽拥有丰富的关于色彩的神经生理学知识，但她从未体验过色彩，这个事实意味着神经生理学知识不能用来解释心理体验，在知识与体验之间存在一个不可跨越的鸿沟。

我在以下方面不赞同这些结论：首先，也是最重要的一点，对体验背后机制的解释和拥有这种体验是完全不同的事，正如我在本节开头所讲的那个小故事。我们不应该仅仅因为“拥有神经生理学的知识不等同于我们试图解释的现象的体验本身”，就得出“神经生理学知识不足以解释该现象”这样的结论。这是不应该的，也是不能够的。我不赞同的第二个理由源自之前的争论。对包括色彩在内的特定刺激的体验，不仅依赖于表象的形成，还依赖于在知晓活动中的自我感。玛丽的故事并不足以论证它想要证明的问题，因为它没有从神经生理学方面解决色彩体验的问题，而仅仅是解决了色彩表象形成的问题。[7]

当然，玛丽可以变得对意识的神经基础非常了解。她也许会阅读本书，那时，她将知道如何解释色彩心理体验的一般机制，但这仍不能使她拥有色彩体验。用科学的语言解释如何使某些事成为心理上的或我们的，与直接产生心理上的或我们的事物是两码事。

在一些科学领域中发现对使用主观观察的抵制，是行为主义者和认知主义者之间一个古老争论的再现。行为主义者认为，只有行为而非心理经验才能被客观地研究；而认知主义者则认为，只研究行为并不能不偏不倚地研究人类的复杂性。心智及其意识是首要的私密现象，尽管它们向感兴趣的观察者提供了许多这些现象存在的公开迹象。有意识的心智及其组成部分的属性是真实的存在，而非幻觉，它们必须被作为个体的、私密的、主观的经验来研究。主观经验不具有科学可及性的观点是无稽之谈。

主观的存在与客观的存在一样，需要有足够多的观察者根据相同的实验设计进行严密的观察，需要检查这些观察结果的一致性，并进行某种形式的测量。此外，从主观观察中得到的知识，例如内省式的洞见，可以启发出客观的实验，而且同样重要的是，主观体验可以用既得的科学知识来解释。认为可以通过研究主观体验的行为关联物有效把握主观体验的本质，这种观点是错误的。虽然心智和行为都是生物学现象，但心智是心智，行为是行为。

心智和行为可以关联起来，并且随着科学的发展，这种联系会越来越紧密，但是在各自的参数上，心智和行为是不同的。这就是为什么除非你告诉我，否则我永远不会知道你的想法，为什么除非我告诉你，否则你也永远不会知道我的想法。

意识在这个宏大计划中处于什么地位

有太多含义围绕着“意识”这个词，它们混合在一起，几乎使“意识”一词没有限定就无法使用，而这种混合可能就是意识被提升到至高地位的原因。这种合并导致我们无节制地将我们眼中人类心智的那些精湛而独特的特性都归因于意识，如我们辨别善恶的能力、我们对人类的需求和欲望的了解、我们对自身在宇宙中所处位置的感知。如此归因致使意识遥不可及。相反，我认为意识是使心智能够发展我们所欣赏的特性，而非这些特性的实质。意识不是良知。它不同于爱、荣耀和怜悯，不同于慷慨和利他主义，不同于诗歌和科学，不同于数学和技术发明。同理，道德沦丧、存在主义焦虑或者创造力的缺乏，也不是意识处于不好状态的例证。就大多数罪犯而言，他们的良知也许受损，但他们的意识并未受损。

源自人类思维的非凡成就需要意识，正如它们需要生命，而生命需要消化作用和平衡的内部化学环境一样。但这些非凡的成就没有一项是由意识直接产生的。相反，它们是神经系统的直接结果。神经系统拥有意识，又具备大量的记忆，具备将记忆项目分类的强大能力，具备对语言形式的整个知识谱系进行编码的创新能力，以及增强在心理展示中保留知识并聪明地操作知识的能力。反过来，每一种能力都可以追溯到无数的心理和神经成分。

核心意识在人类赖以生存的运作秩序中并不是特别重要。它是一座复杂大厦地基的一部分，而不是梦寐以求的塔尖（见图 10-1）。在等级排序上，核心意识位于诸如行为、情绪、感觉表征等我们与非人类物种共有的基本能力之上，但与之相距不远。

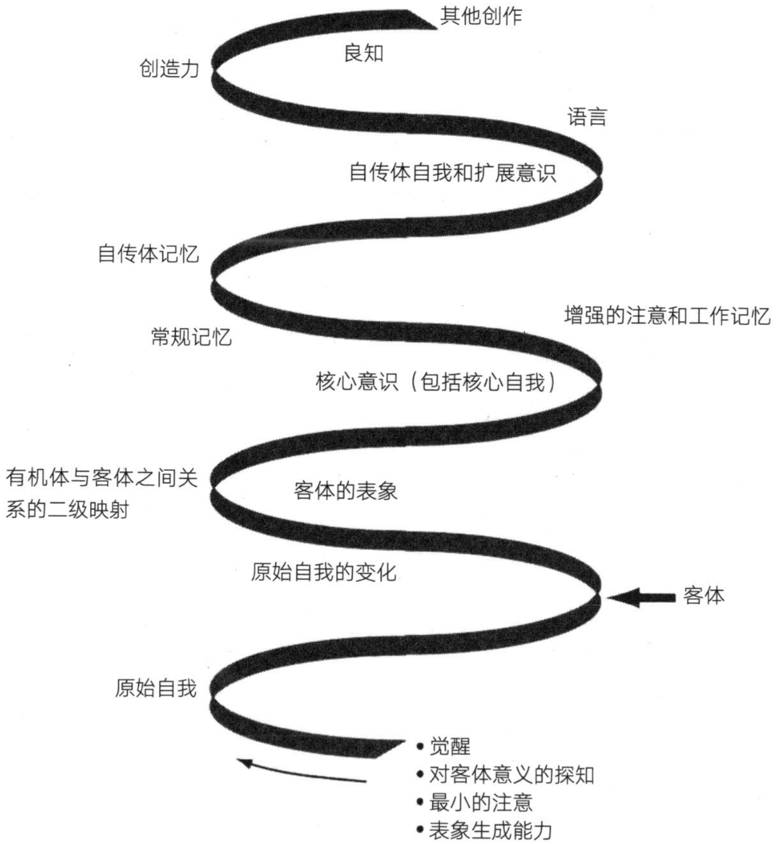

图 10-1　从觉醒到良知

当我们比较人类与非人类物种的基本能力时，其本质可能没有多少不同。比如我并没有看到有任何证据表明人类的情绪会“更好”。不同的是我们对情绪在生命中所扮演的角色的感觉，这种差异源自我们对生命的本质有更多的了解。造成差异的是记忆、语言和智力，而并非情绪。同样的道理可能也适用于意识。扩展意识出现在被赋予核心意识的心智中，但只有当这些心智可以依赖于卓越的记忆、语言和智力时，当构建这些心智的有机体与适当的社会环境相互作用时，扩展意识才会发生。简言之，意识是进入文明的一种重要凭证，而非文明本身。

当我把意识从它当前的神坛上拉下来时，并没有把人类的心智从神坛上拉下来。只是，把人类的心智放在神坛上并让它保持在那里的不仅仅是包含在“意识”这个术语中的生物学现象，还有许多我们需要描述、命名并试图科学理解的其他现象。尽管如此，我已经准备好承认，我们可能是因为意识而被逐出伊甸园的。意识并不是知识果实的全部味道，但纯真的意识确实在许多物种之前、在人类开始构建属于他们自己本性的概念之前的数百万年，就已经开启了一切。

11

聚光灯下

通过感受和光

也许本书中最令人惊讶的观点是，意识最终是作为一种感受——一种独特的感受而开始的。当然，尽管如此，它仍是一种感受。我仍然记得我为什么开始将意识视为感受，那似乎是一个合理的理由，即意识让人感觉它像是一种感受，而如果它像是感受，那它很可能就是感受。你不会感觉它像任何外部指向的感觉通道中的一个清晰的表象。它既不是视觉模式，也不是听觉模式；它既不是嗅觉模式，也不是味觉模式。我们看不到也听不到意识。意识不能闻也不能尝。意识像是某种由身体状态的非言语信号所建立的模式。也许正因如此，我们心理上的第一人称视角的核心意识及其简单的自我感的神秘来源以一种有力又难懂、明确又含糊的形式展现在有机体面前。

17 世纪法国的哲学家马勒伯朗士也许会同意这种说法，因为他在 300 年前曾写道："通过光和清晰的观念，心智看到了事物、数字和广延的本质；心智通过模糊的观念或感受来判断有机体的存在，并知晓自身的存在。"[1]

意识，作为知晓活动的感受，与我引证的和意识最密切相关的脑结构的以下重要事实是一致的：这些结构下至支撑原始自我的结构，上至支撑二级映射的结构，负责加工从内环境到骨骼肌系统框架的身体信号。所有这些结构都通过感受的非言语词汇来运作。因此，由这些结构内的活动产生的神经模式是我们称为感受的心理表象的基础，这种说法是有道理的。意识产生的奥秘很可能如下：关于任何客体与有机体之间关系的映射都会成为一种感受的感受。

意识神秘的第一人称视角是由新产生的知识和信息（如果你愿意，也可以称之为信息）组成的，而这些知识是以感受为表达形式的。

将意识的根源呈现为感受，可以让人得到对自我感、对我在导论中概述的两个意识问题中的第二个问题的解释。那个问题就是，脑中的影像的所有者是如何在影像中出现的。然而，这个提议并没有完全解决第一个问题，即脑中的影像是如何从其可感的根源中产生的。来自神经生物学家、认知科学家和哲学家的其他提议都针对第一个问题。例如，杰拉尔德·埃德尔曼的提议也许是迄今为止发表的对于解决意识问题的最全面尝试，他使用一个动人的生物学框架来解释脑中的影像生成的条件。

在近期的工作中，埃德尔曼做了进一步的努力，并具体说明了在有意识心智中创造完整场景所必需的生理条件。其他解决脑中的影像的深思熟虑的尝试包括伯纳德·巴尔斯的全局工作空间假设和丹尼尔·丹尼特的多重草稿模型。

重要的是，通过使感受成为意识的基本元素，我们不得不去探究感受的本质。感受是由什么构成的？知觉到的感受是什么？我们离所能获得的感受有多远？这些问题目前还不能完全得到解答。它们定义了我们目前科学能力的极限。

然而，无论答案是什么，人类意识依赖于感受这一观点帮助我们应对创造有意识的人造物这一问题。在先进技术和神经生物学事实的帮助下，我们能创造出一个有意识的人造物吗？基于这个问题的性质，我对此有两个答案，一个是“能”，一个是“不能”，这也许并不奇怪。不能，意味着我们几乎不可能从内部感觉的角度来创造出一个拥有类似于人类意识的人造物；能，意味着我们能够创造一些人造物，在形式上具有本书提到的意识机制，我们也可以说这些人造物具有某种意识。

在形式上具有意识机制的人造物的一些外部行为会模拟有意识的行为，并可能通过图灵测验的意识版本。尽管约翰·塞尔（John Searle）和科林·麦金（Colin McGinn）在行为、心智和图灵测试方面提出了很好的理由，但通过测试并不能保证人造物有心智。更重要的是，人造物的内在状态甚至可能模拟我这里所提出的作为意识基础的一些神经和心理设计。它们会有一种产生二级知识的方式，但是，如果没有感受的非言语词汇的帮助，这些知识将不会以我们在人类身上见到的方式表达出来，而且它们很可能存在于许多活的现有物种中。事实上，感受是障碍，因为人类意识的实现可能需要感受的存在。情绪的“表情”可以被模拟，但对感受的感受却无法被芯片复制。只有当肉体被复制，脑对肉体的影响被复制，脑作用于肉体产生的脑的感觉被复制后，感受才可以被复制。

聚光灯下

在本书的开篇，我引用出生和走到聚光灯下的时刻作为意识的隐喻。当自我第一次进入心智后，我们每天用三分之二的时间马不停蹄地步入心智的聚光灯下，知晓到我们自己。现在，如此多的记忆造就了我们，我们甚至可以想象自己正在聚光灯下穿过舞台。

这一切都起于一个简朴的开端，起于我们最基本的生命感觉，而这种感觉与我们身体边界内外的一些简单的东西有关。然后灯光的强度增加，随着它变得更亮，更多的宇宙被照亮。过去的客体比以往任何时候都能更清晰地为我们所见，起初是分别看见，然后是立刻全部看见；未来更多的客体，以及我们周围的更多客体正在被照亮。在日益增强的意识的聚光灯下，每天都有更多更细微的事物被知晓。

意识从它卑微的开端到现在的地位，是对存在的一种启示。我必须补充一点，这种启示是不完整的。在它发展的某个阶段，在记忆、推理以及后来的语言的帮助下，意识也成为改变存在的一种方式。

当我们在对存在的部分启示的引导下开始操纵存在时，所有的人类创造物都回到了那个过渡点。只有当我们了解了自己和他人的本性之后，我们才能产生善与恶的感觉、良知行为的规范。创造力本身（产生新想法和人工制品的能力）需要的比意识所能提供的更多。它需要丰富的事实和技能记忆、丰富的工作记忆、良好的推理能力和语言能力。但意识在创造的过程中始终存在，不仅因为意识的聚光灯是不可或缺的，而且因为它的启示的本质以这样或那样的方式，或多或少地引导着创造的过程。

奇怪的是，从道德规范、法律到音乐、文学，再到科学、技术，无论我们发明了什么，都是由意识提供给我们的存在启示直接规定或启发的。此外，这些发明会以这样或那样的方式，或多或少地影响被启示的存在，使其变得更好或更坏。存在、意识和创造是一个影响的循环，并且这个循环是闭环。

人类处境的戏剧性完全来自意识。当然，意识及其启示能让我们为自己和他人创造更好的生活，但我们为更好的生活付出的代价是高昂的。这不仅仅是风险、危险和痛苦的代价。这是知晓风险、危险和痛苦的代价。更糟糕的是，这是知晓什么是快乐，知晓什么时候失去或无法得到快乐的代价。

因此，人类处境的戏剧性来自意识，因为它涉及一种在我们谁也没

“

我们能创造出一个有意识的人造物吗？我对此有两个答案，一个是“能”，一个是“不能”。

”

有同意的交易中所获得的知识。那笔交易就是，更好的存在的代价以丧失对这种存在的纯真为代价。对所发生事情的感受，是我们从未问过的问题的答案，也是浮士德式交易中我们永远无法讨价还价的那枚硬币。大自然为我们做了这些选择。

但这场戏剧不一定是悲剧。在某种程度上，通过各种不完美的方式，无论是作为个人还是作为集体，我们都有办法引导创造力，并通过这样做，改善而不是恶化人类的存在。这并不容易实现，没有蓝图可循，成功的可能性很小，很可能失败。然而，如果创造力能被成功地引导，即使是被适度地引导，我们将再次让意识实现自我平衡，对存在起到调节作用。知晓活动有助于存在。我甚至希望，理解人性的生物学将有助于做出一些选择。尽管如此，改善存在的命运正是文明（意识的主要结果）所要做的，而且至少 3000 年来，无论其回报或大或小，文明都一直在尝试着改善存在。好消息是，我们已经开始改善了。

致谢

我首先要感谢谢默斯·希尼无意中为本书书名贡献了灵感。他的诗《歌》的结尾提到“当鸟儿的歌声非常接近音乐时发生了什么”。《当感受涌现时》是我不由自主地将他的诗句根据本书的特定主题修改而成的。

在准备书稿的过程中，我很幸运有很多时间与博学而耐心的同事们讨论我的想法。汉娜·达马西奥，她的思想和建议是我持续不断的灵感；约瑟夫·帕维齐在脑干方面的专业知识帮助我形成了对这一脑区的看法，难得他对解决这一复杂问题抱有热情；拉尔夫·阿道夫斯思想开放，但从不想当然地接受任何解释；查尔斯·罗克兰几乎不接受任何解释，但却是最具建设性和慷慨的同事；帕特里夏·丘奇兰德对清晰表述的执着给我带来了可喜的挑战；我永远的批评者伦迪夫人远没有我想象的那么严厉。在这段时间里，我还听取了许多同事的建议，他们阅读了书稿并提出建议。他们包括维多利亚·弗罗姆金、杰克·弗罗姆金、保罗·丘奇兰德、费尔南多·吉尔、杰罗姆·卡根、弗雷德·普拉姆、皮埃尔·雷恩维尔、凯瑟琳·罗克兰、丹尼尔·特拉内尔、斯蒂芬·赫克、安托万·比查拉、塞缪尔·邓南、乌尔苏拉·贝卢吉和爱德华·克利马。他们的评论使我受益匪浅，我感谢他们的智慧和善意。

我同样感谢这份书稿完成后，几位同事通读了书稿并不吝赐教。他们是杰拉尔德·埃德尔曼、朱利奥·托诺尼、让-皮埃尔·尚热、弗朗西斯·克里克、托马斯·梅津格和戴维·休布尔，他们作为我梦寐以求的读者，对书中的观点字斟句酌、精雕细琢。当然，书中若有错误和不足，责任由我承担。

我感谢艾奥瓦大学神经病学系的同事们，特别是认知神经科学系的同仁们，感谢他们多年来教给我的东西，感谢他们帮助我创造了独一无二的研究脑与心智的氛围。美国国立神经疾病研究所和马瑟斯基金会的资助使这一切得以实现。我同样感谢在我们的认知神经科学部门接受研究的神经病患者，感谢他们给我们了解他们问题的机会。

我的助手尼尔·珀德姆协调了书稿的准备工作，贝蒂·雷德克 16 年来一直帮我抄写手稿，唐娜·韦内尔则帮助打字，他们都尽职尽责。丹尼斯·克鲁茨菲尔德和乔恩·斯普拉德林用他们的娴熟技术帮助我进行文献查找。

我感谢蕾切尔·迈尔斯对本书的巧妙编辑和戴维·霍夫的耐心与细致，确保了本书的顺利完成。最后，我想感谢我的两位朋友简·伊赛和迈克尔·卡莱尔的支持和指导，没有他们的建议和热情，我是不可能完成这个项目的。

术语和脑图

·术语·

因为诸如“表象”“神经模式”“表征”“映射”等词的含义多种多样，意义并不明确，因此使用起来比较困难。然而，当试图讨论本书的主题时，这些词对表达个人观点而言是必不可少的。这些注释是为了进一步阐明我对这些词的使用。

表象和神经模式

当我用“表象”这个术语时，我总是指心理表象。表象的同义词是心理模式。我并不用“表象”这个词来指运用当前神经科学的手段，在激活的感觉皮质（如听觉皮质、视觉皮质）中发现的神经活动模式。当我提到加工过程的神经方面时，我会用诸如“神经模式”“映射”之类的术语。

表象可以是有意识的，也可以是无意识的（见前文相应章节）。无意识的表象是不能直接观察到的。有意识的表象只能从第一人称的视角观察到，如我的表象、你的表象。而神经模式只能从第三人称的视角观察到。如果在最先进技术的帮助下，我能够看到我自己的神经模式，那也是从第三人称的视角观察到的。

表象不仅是视觉上的

我所说的表象是指由视觉、听觉、嗅觉、味觉和体感等感觉通道的表征所构成的心理模式。体感通道（somatosensory modality，这个词来自希腊语 soma，意为“身体”）包括各种形式的感觉：触觉、肌肉觉、温觉、痛觉、内脏觉和前庭觉。表象这个词并不仅仅指视觉表象，也不存在静态的表象。这个词还可以用来指由音乐或风引起的声音表象，指爱因斯坦在解决心理问题中用到的体感表象，他用一个富有洞察力的词来描述这些模式——“肌肉”表象。[1]各种形式的表象“描述”了各种具象与抽象的加工过程和存在。表象也会或概括或详细地“描述”实体的物理属性、实体之间的时空关系以及它们的行为。简言之，当心理表象作为意识的结果而成为我们的所属物时，我们称为心智的过程是一个连续不断的表象流，其中许多表象在逻辑上是相关的。

表象流随着时间或快或慢、或有序或跳跃性地向前移动，有时它不只是一个序列，而是几个序列。这些序列有时是并行的，有时是收敛或发散的，有时是重叠的。用“思维”这个词来表示表象流是可以接受的。

构建表象

当我们接触到客体时，从人物地点到牙痛、从脑外部到内部，或是当我们在记忆中由内而外地重构客体时，表象就被构建出来了。

当我们清醒时，构建表象的工作从未停止过，甚至当我们睡觉时、做梦时，它还在继续。可能有人认为表象是我们心智的流动。在我把用来向你表达我想法的词写出来之前，这些词首先形成了音素和语素的听觉、视觉或体感的表象，尽管这些表象很简单粗略。同样，现在你眼前的这些印刷文字在促进其他表象的激活之前，即在促进非言语表象的激活，通过这些表象，使与文字相对应的“概念”可以在心理上呈现出来之前，首先被你作为言语表象进行加工。从这个角度看，任何你所能想到的符号都是表象，可能没有什么心理残留物不是由表象构成的。甚至构成每个心理瞬间背景的感受也是表象，在上文表述意义上的体感表象，即身体状态各个方面的信号。在知晓活动中反复出现的、构成自我的感受也不例外。

表象可以是有意识的，也可以是无意识的。然而，需要注意的是，并不是所有由脑构造的表象都是有意识的。有太多的表象被生成。在相对较小的心智窗口中竞争相当激烈，进入这个窗口的表象才可以被意识到。在这个窗口中，表象伴随一种我们正在理解并适当关注的感觉。换言之，在有意识的心智之下确实别有洞天，还存在着许多层次。其中一层是由未被关注的表象构成的，也就是我刚才提到的那种现象。另一层是由神经模式和神经模式之间的关系构成的，这些神经模式对应着所有的表象，不管它们最终是否会被意识到。还有一层与在记忆中记录神经模式的神经机制有关，这种神经机制体现了先天和后天的内隐倾向。

表征

还有其他几个术语的含义需要阐明。其中一个是“表征”，它是这类讨论中存在争议但几乎不可避免的一个术语。我用“表征”作为“心理表象”或“神经模式”的同义词。我对一张特定面孔的心理表象是一种表征；对那张面孔进行知觉–运动加工时，在脑的各种视觉、体感和运动区域产生的神经模式也是一种表征。我对“表征”的使用是常规的、易懂的。它仅仅意味着“与某物始终相关的模式”，无论是与心理表象相关，还是与特定脑区内一系列连贯的神经活动相关的模式。“表征”这个术语的问题不在于其不明确性，因为每个人都能猜出它的意思，而在于它的隐含之义，即心智和脑中的心理表象和神经模式以某种程度的保真度代表了表征所指的客体，就好像客体的结构在表征中被复制了一样。当我使用“表征”这个词时，我并没有这样的暗示。我不知道可靠的神经模式和心理表象是如何与它们所指的客体相关的。

然而，无论表征是何种程度的保真，神经模式及其对应的心理表征都既是脑的产物，也是外部现实的产物。当你和我看着除我们自身之外的客体时，我们会在各自的脑中形成类似的表象。我们很清楚这一点，因为我们可以用非常相似的方式来描述这个客体，甚至是它的细节。但这并不意味着我们所看见的表象就是对外部客体的复制。

从绝对意义上讲，无论它是什么样子，我们都并不知道。当客体的物理结构与身体相互作用时，我们所看见的表象是基于有机体内，包括被称为脑的部分内发生的变化的。遍布全身的信号装置（在皮肤、肌肉、视网膜等部位）帮助构建神经模式，这些神经模式映射了有机体与客体之间的交互作用。它们是根据脑的习惯构建的，在脑的多个感觉和运动区域瞬间产生。这些脑区适合用来加工来自身体特定部位，如皮肤、肌肉或视网膜的信号。这些神经模式或映射的构建是基于交互作用所涉及的神经元和神经回路的瞬间选择。换言之，构建所需的模块存在于脑中，可以被收集和组装。保留在记忆中的模式部分是基于相同的原理构建的。

因此，我们在心智中所见的表象并不是对特定客体的复制，而是我们和参与有机体活动的某一客体之间的交互作用的表象，是依据有机体的设计，以神经模式的形式构建的。客体是真实的，交互作用是真实的，表象也是同样真实的。然而，我们最终看见的表象的结构和属性是由客体所引起的脑构造的。并不存在客体的表象被从客体转移到视网膜，再从视网膜转移到脑。相反，在客体的物理特性和有机体的反应模式之间存在着一组对应关系，根据这组对应关系，内部生成的表象就被构造出来了。既然你和我在生物学意义上足够相似，从而可以对相同的事物构造足够相似的表象，我们就可以毫无异议地接受以下传统观念：我们已经形成了某个特定事物的图像。但事实上我们没有。

对表征这个术语持谨慎态度的一个主要原因是，它很容易让人联想到将脑比作计算机的比喻。然而，这种比喻是不恰当的。脑的确进行运算，但它的组织和工作方式与计算机的一般概念几乎没有相似之处。

映射

许多同样的限制条件也适用于“映射”这个术语，当涉及心智的神经生物学的讨论时，这个词几乎与“表征”一样，是不可避免和无法抗拒的。当被称为光子的光线微粒以一种与客体相关的特定模式撞击视网膜时，神经细胞在那个模式，如一个圆圈或一个十字中被激活，并构成了一个短暂的神经“映射”。在随后的神经系统层面，例如视觉皮质，也会形成相关的映射。[2] 可以肯定的是，就像“表征”这个词那样，模式，以及映射与被映射物之间的对应关系也存在相应的合理概念。但是这种对应关系并不是点对点的，因此映射不需要准确。脑是一个创造性的系统。脑并非像设计好的信息加工装置那样镜像地反射周围的环境，而是使用自己的参数和内部设计来构建环境的映射，从而创造一个相较于其他人而言独一无二的世界。

表象生成过程中知识的奥秘和缺口

关于表象从何而来的问题并不神秘。表象源自脑的活动，脑是与自然、生物和社会环境产生交互作用的有机体的一部分。因此，表象源自神经模式或神经映射，它们是在构成了神经回路或神经网络的所有神经细胞或神经元中形成的。然而，表象是如何从神经模式中产生的，这还是一个谜。神经模式如何变成表象是神经生物学领域尚未解决的难题。

我们中的许多人在神经科学领域有一个共同的目标和愿望，即最终能够为“可以用当前的神经科学手段从分子水平到系统水平进行描述的神经模式，是如何变为我们此刻正在体验的、多维度的、时空整合的表象的”这一问题提供一个全面的解释。也许有一天，我们能够令人满意地解释从神经模式到表象的发生的所有步骤，但不是现在。当我说表象依赖于并产生于神经模式或神经映射，而不是说它们是神经模式或神经映射时，我并非无意中陷入了二元论，即一边说神经模式，一边说非物质。我只是说我们还不能描述发生于我们目前在不同神经水平上对神经模式的描述，以及源自神经映射活动的表象的体验之间的所有生物学现象。

一方面，我们在分子、细胞和系统水平对神经事件的认识与我们希望了解其出现机制的心理表象之间还存在缺口。这个缺口需要由尚未确定但有可能确定的身体现象来填补。当然，缺口的大小以及未来弥合的可能性有多大，都值得商榷。尽管如此，我还是想澄清一下，我将神经模式视为我称为表象的生物学存在的前身。

我刚才所说的缺口是我在整本书中保持两种水平的描述的原因之一，这两种水平一种针对心智，一种针对脑。这种分离是一个简单的知识卫生问题。我想再一次说明，它并非产生于二元论。保持这不同水平的描述，并不意味着我认为有不同的物质，一种是心理的，一种是生物学的。我只不过认为，心智作为一个高水平的生物过程，需要并理应有自己的描述，因为它的形象具有私密性，也因为它的形象是我们想要解释的基本现实。另外，用恰当的词语描述神经事件是旨在理解这些事件如何影响心智创造的努力的一部分。

新的术语

本书引入了一些新的术语，如核心意识、扩展意识（见第 1 章中的定义）、原始自我和二级结构（在第 5 章和第 6 章中有介绍）。

另外，我对“情绪”和“感受”的使用也不是传统意义上的，如我在第 2 章的开头所解释的那样；“客体”这个词有广泛而抽象的含义：人、地点、工具都是客体，具体的痛苦或情绪同样是客体。

· 脑图 ·

神经系统由神经组织组成。和其他活体组织一样，它也是由细胞构成的。神经细胞被称为神经元，尽管它们受到另一种细胞（胶质细胞）的支撑，但一切都表明神经元是产生运动和心理活动的关键单元。

神经元有以下三个主要的组成部分（见脑图 1）：细胞体，由细胞核和线粒体等细胞器组成，是细胞的动力源；被称为轴突的主要输出纤维；被称为树突的输入纤维。神经元相互连接形成神经回路，在回路中可以找到与导线相似的东西（神经元的轴突纤维）和被称为突触的连接器（通常由一个轴突与另一个神经元的树突接触组成）。

人类的脑中有数十亿个神经元，它们被组织在局部的神经回路中。如果它们像蛋糕一样平行排列，这些回路就构成了皮质区域；如果它们像碗里的浆果一样非分层排列，就构成了神经核。皮质区域和神经核都通过轴突的“投射”相互连接，形成系统，并逐渐在更高的复杂性水平上形成多个系统组成的系统。当轴突的投射大到肉眼就可以看到时，它们就形成了“通路”。就规模而言，所有的神经元和局部回路都是微观的，而皮质区域、大多数神经核和系统是宏观的。

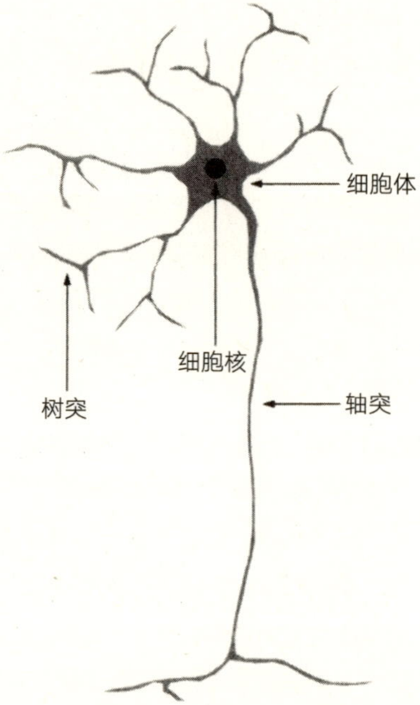

脑图 1　一个神经元在解剖学上的主要组成部分

在解剖学上，神经系统通常分为中枢神经系统和外周神经系统。中枢神经系统的主要组成部分是大脑，它由左右大脑半球和胼胝体（一种双向连接左右大脑半球的厚的神经纤维束）组成。中枢神经系统也包括深层核团，如（1）基底神经节；（2）基底前脑；（3）间脑（由丘脑和下丘脑组成）。大脑通过脑干与脊髓相连，脑干后面是小脑（见脑图 2）。

中枢神经系统通过神经与身体的各部分相连，神经是神经元细胞体中产生的一束束轴突。所有连接中枢神经系统（简称脑）和外周的神经集合构成了外周神经系统。神经将冲动从脑传到身体，又从身体传到脑。脑和身体也通过血液中的激素等物质进行化学连接。

无论你从哪个方向切开中枢神经系统的一个部分，它都能很容易地显示出深色和浅色的区别。深色部分被称为灰质（尽管它们的真实颜色是棕色而不是灰色），而浅色部分被称为白质（尽管它们不是白色的）。

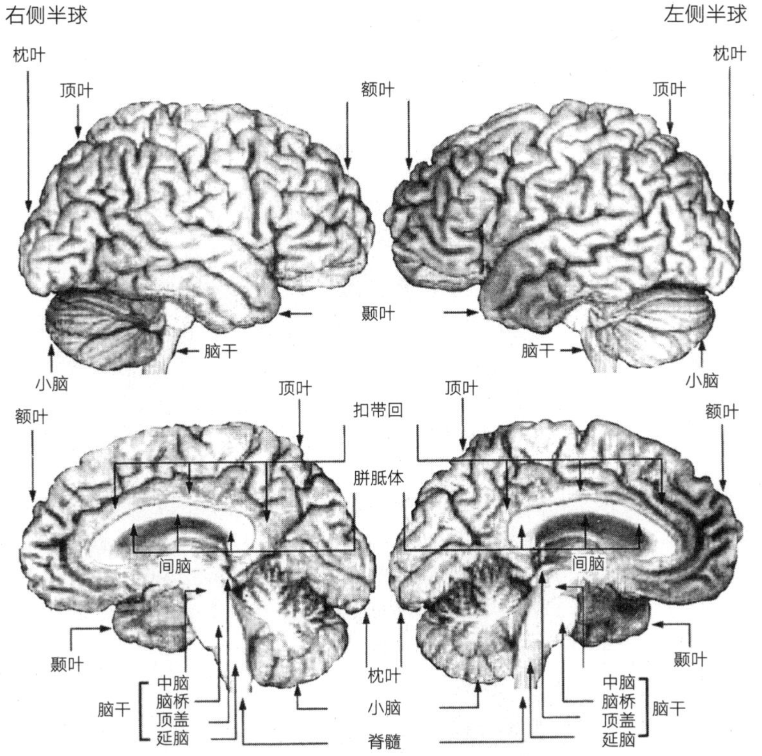

脑图 2　人类脑的三维重建模型

该模型显示了中枢神经系统的主要脑区和它们的关键组成部分。该模型是基于磁共振数据和 BRAINVOX 技术重建而成。注意 4 个主要脑叶、间脑（包括丘脑和下丘脑）和脑干的相对位置，还要注意胼胝体（胼胝体穿过中线连接两个大脑半球）和每个大脑半球扣带回的位置。左右两个大脑半球的脑沟（回）的模式非常相似，但并不相同：两者存在着显著的不对称，而这些不对称似乎是功能差异的基础。

灰质的深色是因为大量神经元细胞体的紧密堆积。从灰质中的细胞体发散而出的神经纤维构成了白质。使神经纤维绝缘的髓鞘形成了白质部分的浅色。

灰质有两种类型：分层和非分层。分层类灰质的例子包括：覆盖着大脑半球的大脑皮质，覆盖着小脑的小脑皮质；非分层类灰质，即神经核的例子包括：基底神经节，位于每个大脑半球的深处，由尾状核、壳核和苍白球三个大核组成；杏仁核，位于左右颞叶深处的巨大的神经核；一些较小的神经核聚集形成的丘脑、下丘脑和脑干的灰色区域（见脑图 3）。

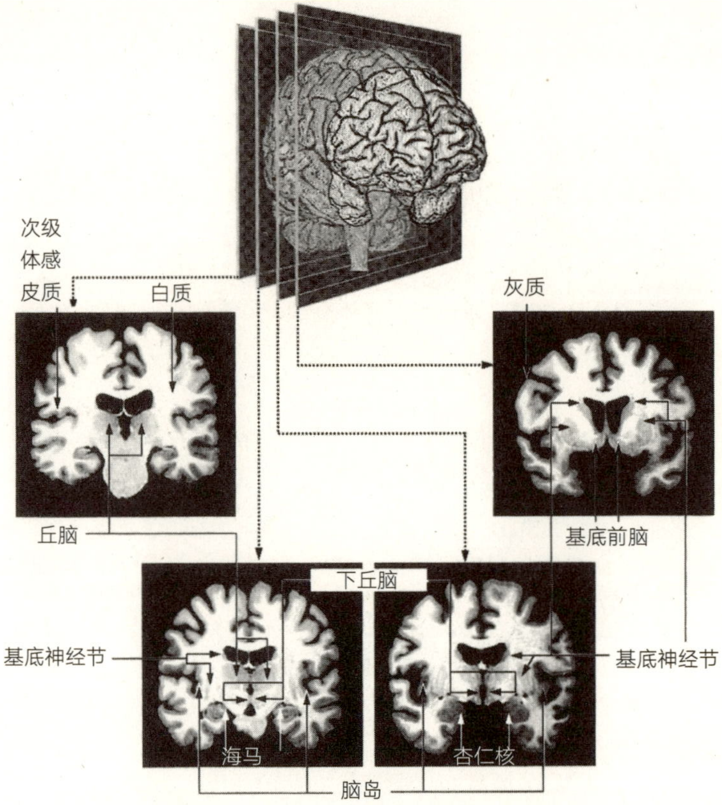

脑图 3　大脑皮质和深层核团中的灰质

如前文所述，灰质由密集的神经元细胞体组成。与之相对的白质由轴突组成，轴突从细胞体发出，传递到其他区域以建立连接和传输信号。剖面图提供了从大脑表面看不见的一些深层结构，如基底神经节、基底前脑、杏仁核、丘脑和下丘脑的相对位置的视图。还要注意脑岛的位置。脑岛是大脑皮质的一个区域，属于体感系统的一部分，完全隐藏在外侧裂的深处。

大脑皮质可以被看作是大脑的一个全面的覆盖物，它覆盖着大脑半球的表面，包括那些裂缝和沟回深处的表面，这些裂缝和沟回使大脑表面具有褶皱的特征。这种多层覆盖物的厚度大约是 3 毫米，这些层彼此之间平行，并且与大脑表面平行。大脑皮质中，最晚进化出现的部分被称为新皮质。大脑皮质是一个压倒性的存在，所有其他灰色结构、上述的各种神经核、小脑皮质被称为皮质下区域。大脑皮质的主要区域被称为叶，包括额叶、颞叶、顶叶和枕叶（见脑图 4）。

传统上，大脑皮质的不同区域是通过与其细胞排列的不同结构所对应的数字来辨别的（见脑图 5）。区域的编号起源于科比尼安·布罗德曼的工作，并且在近一个世纪后仍然是一个有效的工具。这些数字需要学习，或在脑图上查看，与区域的大小或重要性无关。

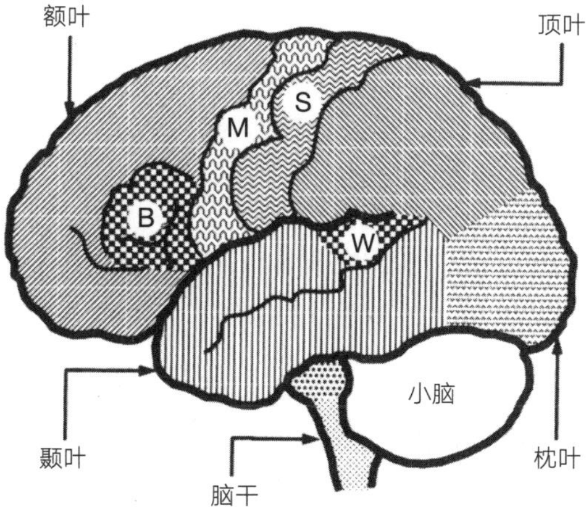

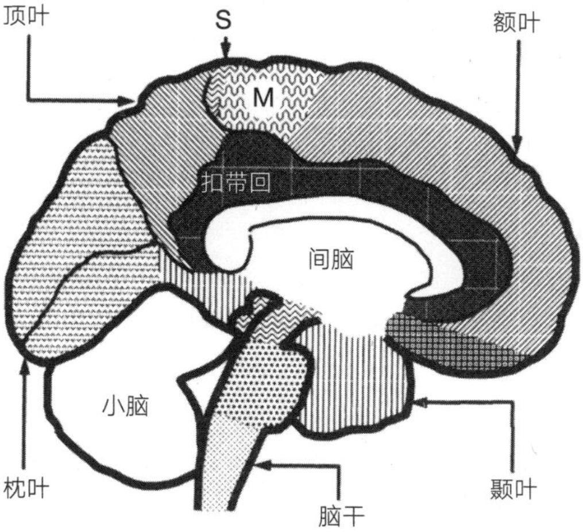

脑图 4　大脑半球的主要解剖区域

虽然布罗卡区和韦尼克区是与语言相关的最著名的脑区，但其他一些区域也参与语言加工过程。同样，运动区（M）和体感区（S）也只是运动和体感的冰山一角。在大脑皮质的其他区域及皮质下，有许多皮质区域和神经核支撑运动功能（如扣带回皮质、基底神经节、丘脑、脑干核），以及体感功能（如脑干核、丘脑、脑岛、扣带回皮质）。

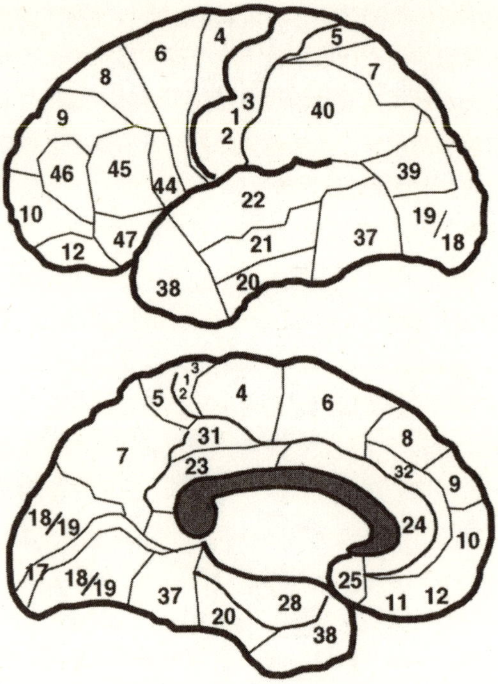

脑图 5　主要的布罗德曼区

这些数字并不反映这些区域的功能、重要性或位置。它们仅是简单的参考代码。

当神经元活跃时（对应的神经科学术语为“放电”），电流从细胞体传导到轴突。当电流到达突触时，它会触发一种叫作神经递质的化学物质的释放（谷氨酸就是这样一种递质）。在兴奋性神经元中，与突触相邻的许多其他神经元的交互作用决定了下一个神经元是否会被激活，即它是否会产生自己的动作电位，从而导致自己的神经递质释放，依此类推。

突触可以强也可以弱。突触的强度决定了冲动是否以及有多容易继续传递到下一个神经元。在兴奋性神经元中，一个强的突触会促进冲动的传递，而一个弱的突触则会阻碍冲动的传递。

平均每个神经元可以形成大约 1 000 个突触。考虑到有超过百亿的神经元和超过十万亿的突触，每个神经元倾向于和少数其他的神经元，而不是和大多数或所有的其他神经元交流。事实上，许多神经元只与在相对局部的皮质区和神经核回路内相距不远的神经元交流，至于其他的神经元，尽管它们轴突传递的距离有几厘米，但仅与少数其他神经元联系。神经元的活动首先取决于其所属的附近神经元的集合；其次，无论系统做什么，神经元的活动都取决于在互相连接的集合体系结构中一个集合是如何影响其他集合的；最后，无论每个集合对其所属系统的功能有什么贡献，神经元的活动都取决于其所属集合在系统中的位置。不同脑区的不同功能是由大规模系统中稀疏连接的神经元集合所占据的位置造成的。简言之，脑是一个由多个系统组成的系统。每个系统都是由小而宏观的皮质及皮质下神经核连接而成，皮质及皮质下神经核由微观的局部回路组成，微观的局部回路由神经元组成，所有神经元通过突触连接起来。

为了研究心理表象和脑之间的关系，我一直使用根据实验与临床神经心理学、神经解剖学和神经生理学的成果所构建的框架。该框架假设有一个表象空间和一个倾向空间。在表象空间内，所有感觉类型的表象都能外显地出现。其中一些表象构成了意识让我们体验到的外显的心理内容，而另一些表象则保持无意识。倾向空间是指倾向中包含的知识库，以及使我们可以从回忆中构建表象、可以生成动作、可以促进表象的加工的机制。

倾向空间的内容不像表象空间那样是外显的，倾向空间的内容是内隐的。一旦核心意识被激活，我们就能知晓表象的内容，但永远无法直接知晓倾向的内容。倾向的内容总是无意识的，以潜在的形式存在。然而，倾向可以产生多种行为，诸如将激素释放到血液中，收缩内脏、四肢的肌肉或发声器官。倾向记录了一些以前实际感知到的表象，并参与到重构记忆中相似表象的尝试中。倾向也协助加工处理当前所感知的表象，如影响给予当前表象的注意的程度。我们从来没有意识到执行这些任务所必需的知识，也从来没有意识到所采取的中间步骤。我们只知道结果，如幸福的状态、心跳的加速、手的运动、回忆起的声音片段、经过编辑的对风景的感知。

我们所有从进化中继承的、与生俱来的或通过后天学习所获得的记忆，简言之，我们所有关于事物、事物的属性、人物、地点、事件、关系、技能、生物调节的记忆，凡是你能说得出的记忆，都以倾向的形式（内隐、隐蔽、无意识的形式）存在，等待着成为外显的表象或行为。需要注意的是，倾向并不是文字，而是潜在性的抽象记录。可以用来表示任何存在、事件或关系的文字或符号，以及我们组合文字和符号的规则，也以倾向的形式存在，并以表象和行为的形式出现在生活中，如在讲话或打手势时。当我想到倾向时，我总是想到等待着短暂苏醒的蓬岛小镇（电影《蓬岛仙舞》[*Brigadoon*] 中的世外桃源）。

接下来，我们来辨别中枢神经系统中的哪些部分支撑表象空间，哪些部分支撑倾向空间。

视觉、听觉和其他感觉信号的接收点及其周围的大脑皮质（各种感觉通道的早期感觉皮质），边缘系统的部分区域（如扣带回），以及非皮质结构（如顶盖）支撑了外显的神经模式。这些映射的神经模式在内部和外部输入的影响下不断变化，很可能是表象的基础，这些表象的变化与神经模式随时间而产生的变化是一致的。

另外，环绕着早期感觉皮质和运动皮质这些岛屿，构成了大脑皮质海洋的高级皮质、部分边缘皮质和大量的皮质下神经核（从杏仁核到脑干）都拥有倾向，即内隐的知识记录（脑图 6）。当倾向回路被激活时，它们向其他回路发出信号，致使其他脑区产生表象或行为。

这个简略的概述还需要提到其他脑区才算完整。这些脑区表面上的作用是在脑区间形成相互连接，以及控制信号在特定脑区的发生。这些脑区包括丘脑、基底神经节、海马和小脑。我们需要一本教科书才能开始讨论它们各自工作的复杂性，尽管我们对此知之甚少。然而，为了方便讨论，简言之，丘脑的功能，如相互连接信号、控制不同脑区的活动以及传递信号，对意识来说是必不可少的。然而，就意识而言，其他脑区的功能要么是不清楚的，如基底神经节、小脑，要么是微不足道的，如海马。

我提过，在被称为辐合区的神经元集合中存在着倾向。表象空间和倾向空间之间的划分，对应以下两者的划分：（1）外显神经模式的映射，在早期感觉皮质（边缘皮质和一些皮质下神经核）被激活；（2）辐合区，位于高级皮质和一些皮质下神经核。

这种解剖结构是如何作为我们心智中所体验到的那种整合和统一的表象的基础的尚不清楚，尽管一些人已经就此提出了部分的解决方案，但其具体如何还尚未明确。这个问题通常被称为“捆绑”问题。就心理的全景图来看，捆绑可能需要某种形式的神经元活动的时间锁定，这些神经元活动发生在单独但相互联系的脑区。毫无疑问，作为有意识心智特征的整合和统一场景，需要所有神经元发送大量局部和整体的信号。杰拉尔德·埃德尔曼的“再入”（reentry）概念满足了这一要求。鲁道夫·里纳斯跨皮质的“捆绑波”（binding wave）和我的“时间锁定反激活”（time-locked retroactivation）概念是另一种尝试。我们试图找到一种机制，它能够使我们脑中必要的碎片化活动在时空上保持连贯。[3] 沃尔夫·辛格已经在微观结构层面找到了产生连贯性所需的机制[4]，而弗朗西斯·克里克已经在细胞和微电路层面上对这些要求形成了广泛的理论[5]。让－皮埃尔·尚热和杰拉尔德·埃德尔曼已经为这种机制的运作提出了选择性的框架，而迈克尔·默策尼希（Michael Merzenich）的工作表明脑确实具有以这种方式运作所必需的灵活性。

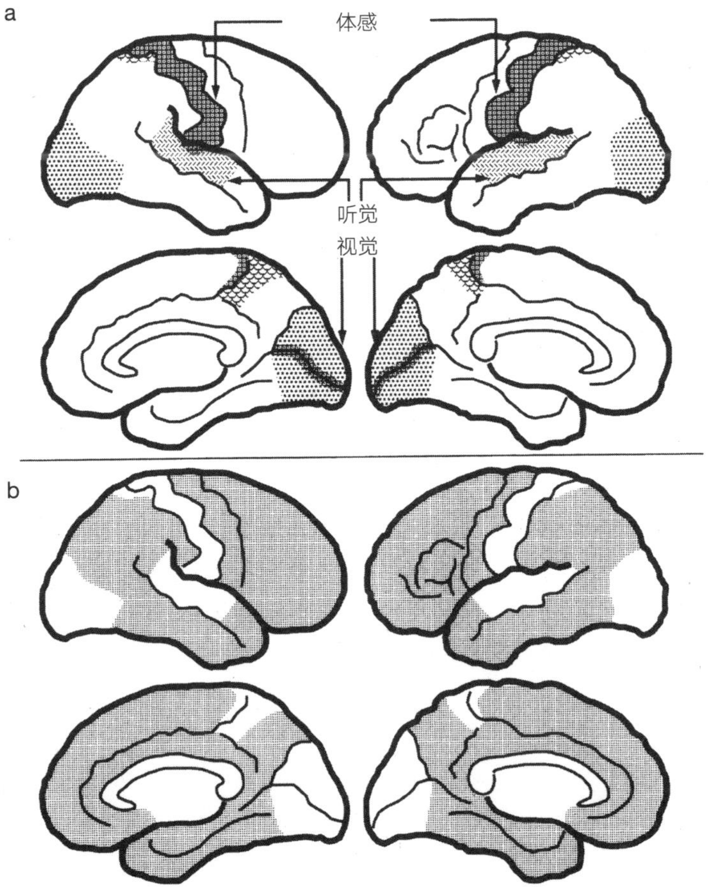

脑图 6 主要的早期感觉皮质、高级皮质、边缘系统皮质

a：主要的早期感觉皮质包括体感、听觉、视觉皮质等。“早期”一词指的并不是在进化史中出现得早，而是指信号先进入这些大脑皮质。例如，光首先激活视网膜的神经元，然后激活膝状核，随后激活布罗德曼第 17、18、19 区，这些区域被统称为“早期视觉皮质”。布罗德曼第 17 区又称“初级视觉皮质”或 V_1；布罗德曼第 18、19 区又称“视觉联合皮质”，包括被称为 V_2、V_3、V_4、V_5 的亚区。在颞叶的听觉皮质、在顶叶的体感皮质也类似。

b：图中的阴影线部分是高级皮质和边缘系统皮质。大脑皮质的其余部分由高级皮质组成，它们主要围绕着早期皮质和一些所谓的边缘系统皮质，如扣带回皮质。

译者后记

2005年，国际知名杂志《科学》（*Science*）在庆祝创刊125周年之际，公布了125个最具挑战性的科学问题，排在第二位的问题是："意识的生物学基础是什么？"达马西奥也意识到了这一问题的重要价值："如果说对心智问题的阐明是生命科学最后的边界，那么意识更像是其中的最后一个谜团。"达马西奥的力作《当感受涌现时》就是回答这一问题的尝试。

意识问题自心理学诞生之初就被列为其研究的主要对象，著名的费希纳定律即始于对意识阈限的测量。100多年过去了，对于如何科学地测量意识阈限，学界依然没有满意的答案。译者本人在阈下知觉、内隐记忆等与意识密切相关的领域做过不少探索，也深感意识研究之艰难。而达马西奥在情绪领域的研究工作，尤其与罹患意识障碍的神经疾病患者相处的经历，掀开了窥探意识的缝隙，唤起了他研究意识问题的兴趣和勇气。

《当感受涌现时》是达马西奥有关意识在心理层面以及在人脑中如何构建的思考，更进一步说，是讨论情绪与感受在构建自我感中所发挥的作用。理解达马西奥的这些思考不但需要一定的专业背景知识，更需要理解达马西奥的思维路径。有机体－客体－表象－内稳态－情绪－感受－知晓，这一路径是了解达马西奥如何解构意识的快捷通道。

达马西奥偏爱斯宾诺莎，因其哲学观点为他的科学研究提供了支点。斯宾诺莎指出："每个事物莫不尽其所能以努力保持其存在。"作为有生命的有机体，努力存活才能保持其存在。达马西奥认为，正是意识让有机体为存活所做的努力有了更大的可能。

即使作为单细胞的简单有机体，要维持生命的存在，也要维持其内部环境化学特征，即内环境的稳定，也就是坎农所说的内稳态的稳定。而要维持这种内稳态，有机体就"需要用一种类似知觉的东西来感受不平衡，需要一种以行动倾向方式存在的内隐记忆的类似物，从而保留自己的技能性知识；同样，它也需要类似技能的东西来执行先发制人的或修正性的行动"。

情绪是内稳态调节中不可或缺的一部分，是复杂的化学反应和神经反应的集合，其作用就是引导有机体以各种方式创造有利于其自身生存的环境。有情绪的有机体更容易存活，这使得情绪被作为基因的一部分得以保存。

达马西奥认为，"情绪先于感受"这一观点在他撰写的《寻找斯宾诺莎》一书中得到了详细论证，这意味着情绪和对情绪的感受是两回事。不仅如此，他还认为，"感受"在字面意义上并不意味着知晓或意识，换句话说，感受既可以是无意识的，也可以是有意识的。当然，这也同时意味着，意识也分为无意识和有意识，用达马西奥的话更确切地说，是核心意识和扩展意识。核心意识是一种简单的生物现象，在有机体整个生命周期内都是稳定的，非人类所独有；扩展意识是一种复杂的生物现象，在有机体整个生命周期内不断进化，有不同水平的组织层次，部分非人类有机体也具有低水平的扩展意识。

自我是意识中的核心概念，知晓主要意味着对自我的知晓。自我又被达马西奥分为原始自我（或原我）、核心自我和自传体自我。他认为意识的产生取决于两个前提："有机体与某些客体之间存在某种关系，而在这种关系中，客体会引起有机体的变化。"前者指客体在有机体中留下的表象，即"脑是如何在它的神经元回路中生成神经模式，并设法将这些神经模式转换成构成最高层次生物现象（我称其为表象）的外显心理模式的"，这是认知心理学领域中被大量研究的课题。后者是问题的核心，也就是有机体被客体改变而在自身获得的表象，或者用达马西奥的话说是"躯体在脑中的模式"。达马西奥把有机体最初的表象称作原始自我，认为"它作为意识的主角出现在我们心智中，是自我层面上核心自我和自传体自我的无意识前身"。核心自我对应着核心意识，是一种瞬间的存在，不断地被与脑交互的客体再创造；自传体自我对应着扩展意识，是个体特性的事实和存在方式的非瞬间结合，取决于对情境的系统记忆。

表象是意识产生的重要中介。有机体的生存"依赖于寻找并吸收能源，依赖于阻止各种威胁生命组织的完整性的情况发生"，这些行为需要表象的指引，尤其是"良好的行为需要良好的表象伴随"。这就意味着，脑中具有能够对客体和有机体进行"最大限度地有效操纵表象，以服务于特定有机体利益的装置，将给配备该装置的有机体带来巨大的优势，使其有可能在进化中占上风"。这个装置就是意识。

意识如何产生？何时产生？透露得太多，或许会让读者失去阅读的乐趣，作者本人也会不乐意，还是给读者保留一些悬念为好。

参加《当感受涌现时》各章节翻译人员如下：第 1 章，走到聚光灯下，陈梦妮（南京大学心理系 2020 级硕士生）；第 2 章，情绪和感受，罗帏（南京大学 2017 级硕士生，现为湖南大学心理咨询中心教师）；第 3 章，核心意识，白舒靓（南京大学心理系 2020 级博士生）、罗帏；第 4 章，半遮半掩的提示，张婷（南京大学心理系 2021 级硕士生），罗帏；第 5 章，有机体与客体，第 6 章，核心意识的形成，第 7 章，扩展意识，严严（南京大学心理系 2016 级本科生，现为牛津大学精神病学系临床与治疗神经科学硕士生）；第 8 章，意识的神经病学，周士琛（澳大利亚墨尔本大学人文艺术学院本科生）；第 9 章，对感受的感受，洪焱（南京大学心理系 2020 级博士生）；第 10 章，使用意识，第 11 章，聚灯光下，陈梦妮；附录、术语统一、注释，刘沛兵（南京大学心理系 2021 级硕士生）；致谢，周仁来。由我对全书的翻译进行全面审校。衷心感谢参加翻译的各位同学！

北京湛庐文化传播有限公司编辑们在翻译与校对过程中给予了大力支持，由于日常工作繁杂，加之这两年新冠疫情的影响，翻译进度一拖再拖，而他们依然保持着耐心和友善，特别感谢！湛庐文化这几年推出了一系列国内外有影响力的著作和译著，感谢他们为传播人类思想做出的努力！

尽管达马西奥关于意识研究的成果是一道丰盛的大餐，但本书的翻译确实是一次十分艰苦的旅程。虽然已竭尽所能，但不少地方仍难达其意。不当之处，请读者们给予批评和谅解。

周仁来

于南京大学和园寓所

未来，属于终身学习者

我这辈子遇到的聪明人（来自各行各业的聪明人）没有不每天阅读的——没有，一个都没有。巴菲特读书之多，我读书之多，可能会让你感到吃惊。孩子们都笑话我。他们觉得我是一本长了两条腿的书。

——查理·芒格

互联网改变了信息连接的方式；指数型技术在迅速颠覆着现有的商业世界；人工智能已经开始抢占人类的工作岗位……

未来，到底需要什么样的人才？

改变命运唯一的策略是你要变成终身学习者。未来世界将不再需要单一的技能型人才，而是需要具备完善的知识结构、极强逻辑思考力和高感知力的复合型人才。优秀的人往往通过阅读建立足够强大的抽象思维能力，获得异于众人的思考和整合能力。未来，将属于终身学习者！而阅读必定和终身学习形影不离。

很多人读书，追求的是干货，寻求的是立刻行之有效的解决方案。其实这是一种留在舒适区的阅读方法。在这个充满不确定性的年代，答案不会简单地出现在书里，因为生活根本就没有标准确切的答案，你也不能期望过去的经验能解决未来的问题。

而真正的阅读，应该在书中与智者同行思考，借他们的视角看到世界的多元性，提出比答案更重要的好问题，在不确定的时代中领先起跑。

湛庐阅读 App：与最聪明的人共同进化

有人常常把成本支出的焦点放在书价上，把读完一本书当作阅读的终结。其实不然。

时间是读者付出的最大阅读成本

怎么读是读者面临的最大阅读障碍

“读书破万卷”不仅仅在“万”，更重要的是在“破”！

现在，我们构建了全新的“湛庐阅读”App。它将成为你“破万卷”的新居所。在这里：

- 不用考虑读什么，你可以便捷找到纸书、电子书、有声书和各种声音产品；
- 你可以学会怎么读，你将发现集泛读、通读、精读于一体的阅读解决方案；
- 你会与作者、译者、专家、推荐人和阅读教练相遇，他们是优质思想的发源地；
- 你会与优秀的读者和终身学习者为伍，他们对阅读和学习有着持久的热情和源源不绝的内驱力。

下载湛庐阅读 App，
坚持亲自阅读，
有声书、电子书、阅读服务，
一站获得。

著作权合同登记号：图字：01-2022-2194 号

图书在版编目（CIP）数据

当感受涌现时 /（葡）安东尼奥·达马西奥（Antonio Damasio）著；周仁来等译. --北京：中国纺织出版社有限公司，2022.8（2025.6重印）

书名原文：The Feeling of What Happens

ISBN 978-7-5180-9708-1

Ⅰ. ①当…　Ⅱ. ①安…　②周…　Ⅲ. ①自我意识-研究　Ⅳ. ①B844

中国版本图书馆CIP数据核字（2022）第130133号

责任编辑：刘桐妍　　责任校对：高　涵　　责任印制：储志伟

中国纺织出版社有限公司出版发行

地址：北京市朝阳区百子湾东里 A407 号楼　邮政编码：100124

销售电话：010—67004422　传真：010—87155801

http://www.c-textilep. com

中国纺织出版社天猫旗舰店

官方微博 http://weibo.com/2119887771

唐山富达印务有限公司印刷　各地新华书店经销

2022年8月第1版　2025年6月第2次印刷

开本：880 × 1230　1/16　印张：19.75　插页：1

字数：293千字　定价：109.90元
